智能数学

及其应用

肖筱南 著

厦门大学出版社
XIAMEN UNIVERSITY PRESS
国家一级出版社
全国百佳图书出版单位

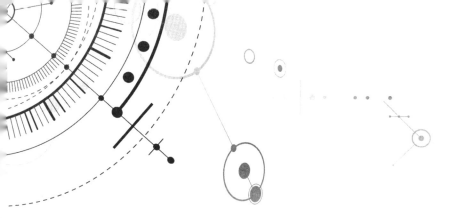

图书在版编目（CIP）数据

智能数学及其应用 / 肖筱南著. -- 厦门 ：厦门大学出版社，2023.12

ISBN 978-7-5615-9181-9

Ⅰ. ①智… Ⅱ. ①肖… Ⅲ. ①计算机科学-数学 Ⅳ. ①TP301.6

中国版本图书馆CIP数据核字(2023)第221451号

责任编辑 眭 蔚
美术编辑 李嘉彬
技术编辑 许克华

出版发行 厦门大学出版社
社 址 厦门市软件园二期望海路 39 号
邮政编码 361008
总 机 0592-2181111 0592-2181406(传真)
营销中心 0592-2184458 0592-2181365
网 址 http://www.xmupress.com
邮 箱 xmup@xmupress.com
印 刷 厦门市明亮彩印有限公司

开本 787 mm×1 092 mm 1/16
印张 16.25
字数 406 千字
版次 2023 年 12 月第 1 版
印次 2023 年 12 月第 1 次印刷
定价 48.00 元

厦门大学出版社
微信二维码

厦门大学出版社
微博二维码

内容简介

现代科学技术在高度分化的基础上出现了高度综合的大趋势，导致具有方法论意义的系统科学学科群与智能数学学科群的涌现．20世纪后半叶，随着现代人工智能的深入发展，在人工智能的研究领域中，各种不确定性现象与信息的涌现，从不同角度揭示了复杂系统内部更为深刻和更为本质的内部规律．为了解决广泛存在于人工智能中各种不确定领域中的问题，数学必须向前发展，必须抛弃那种非此即彼的二值逻辑，寻找一种研究与处理不确定现象与不确定信息的新的数学——智能数学．智能数学的产生不仅拓广了经典数学的应用范围，而且是使人工智能、计算机科学向人们的自然机理方面发展以及使决策民主化、科学化、智能化的重大突破．

20世纪初，罗素悖论的出现震动了整个数学界，引起了数学史上的第三次危机，进一步推动了智能数学的不断向前发展．

本书分五篇深入开展研究：第一篇　引论；第二篇　模糊信息开发与决策技术；第三篇　灰色系统预测与决策；第四篇　可拓决策；第五篇　展望．全书研究深入严谨，思路清晰开阔，方法独特巧妙，内容新颖丰富．

21世纪最重要的科研焦点是智能计算机，而在这场计算机革命中，智能数学将会起到很大的作用．鉴于此，本书开展的对智能数学及其应用的研究尤为重要．

PREFACE 前言

智能数学是研究、开发用于模拟、延伸和扩展人的智能理论、方法、技术及应用系统的一门新的智能算法技术科学，也是一门典型的社会科学与自然科学的交叉学科. 智能数学诞生于20世纪50年代，迄今已经取得了许多可喜的成就，并在许多领域得到广泛的应用.

智能数学的产生与发展，被誉为20世纪的重大科技成就之一. 智能数学的研究与应用领域十分广泛，涉及人工智能、专家系统、智能检索、自然语言处理、机器学习、智能机器人、模式识别、智慧交通系统、智能医疗系统以及高层次复杂的思维运动、生命运动的定量化、数字化等. 智能数学的出现与不断发展，填补了经典数学的空白，解决了经典数学在人工智能领域与智能信息处理分析无法解决的问题，产生了广泛的影响.

与传统经典数学方法不同的是，新型智能优化算法及基于计算智能的算法机制能求解复杂问题的最优解与满意解，具有较强的全局搜索能力和推广适应性，为现代人工智能学科的深入发展提供了新理论、新方法与新手段. 智能优化算法正在成为智能科学、信息科学、人工智能中最为活跃的研究方向之一，并在诸多工程领域得到迅速的推广和应用.

本书结构严谨，逻辑清晰，重点突出，紧跟学术前沿，并充分体现了学科的交叉与应用.

谨将本书奉献给读者，希望它能成为每位读者学习与研究智能数学的良师益友. 本书的出版得到了厦门大学出版社的大力支持与帮助，在此表示衷心感谢.

肖筱南

2023年10月于厦门

CONTENTS | 目 录

第一篇 引 论

第二篇 模糊信息开发与决策技术

第三篇 灰色系统预测与决策

第四篇 可拓决策

第五篇 展 望

第一篇

引　论

第一章
信息与决策科学的一次重大突破
——智能数学的产生与发展

第一节　智能数学学科群产生的科学背景

现代科学技术在高度分化的基础上出现了高度综合的大趋势，导致了具有方法论意义的系统科学学科群与智能数学学科群的涌现. 20 世纪后半叶，随着现代人工智能的快速发展，在系统科学和系统工程领域中，各种不确定性系统理论和方法不断涌现，诸如模糊信息、模糊随机信息、灰信息和可拓信息等不确定性新理论与新方法从不同角度描述处理各种不确定信息，揭示了复杂系统更为深刻和更为本质的内部规律，极大地促进了科学技术的不断发展，产生了广泛的国际影响. 这些具有广泛国际影响的不确定性系统研究的新理论与新成果，正好填补了经典数学的空白，解决了经典数学在人工智能领域与智能信息处理分析中无法解决的问题，从这一意义上来讲，智能数学的产生与发展，在当今信息社会的智能决策中占有特殊重要的地位. 智能数学学科群的产生与发展为现代人工智能学科的深入发展提供了新理论、新手段与新方法.

第二节　智能数学学科群发展的重要意义

智能数学学科的产生、发展与当今世界信息科学的发展及新的科学技术革命有着密切的关系. 它的产生不仅拓广了经典数学的应用范围，而且是使计算机科学向人类的自然机理方面发展及使决策智能化、民主化、科学化的重大突破.

在人工智能的研究理论中，许多不确定概念是无法用经典数学的"二值逻辑"来刻画的. 为了解决广泛存在于人工智能各种不确定领域中的问题，数学必须向前发展，必须抛弃那种非此即彼的二值逻辑，寻找一种研究与处理不确定现象与不确定信息的新的数学及与其相适应的新的逻辑——模糊逻辑. 这种逻辑所表现的是一种亦此亦彼的多值逻辑关系.

新技术革命浪潮推动现代科学技术不断向前发展，现代科学发展的总趋势在不断变化，已经从"以分析为主对确定性现象的研究"，转到了"以综合为主对不确定性现象的研究"，不同自然科学之间、不同社会科学之间、自然科学与社会科学之间相互渗透的趋势日益加强. 原来一条条截然分明的学科界线被打破，边缘科学大量涌现. 随着科学技术的综合化与整体化,边界不分明的现象、亦此亦彼的不确定性现象,正在以多种形式普遍地、经常地出现在科学的前沿.在现代科学技术高度发展的今天,不仅天文、物理、化学等这类无生命的机械系统需要定量化、数学化,而且高层次的复杂的思维运动、生命运动等也都需要定量化、数学化.然而,用传统数学的那种非此即彼的精确方法来刻画这类模糊数量关系显然是不适用的,必须创立一种能用来描述与处理模糊事物与模糊信息的科学理论和方法,这的确是科学技术发展的需要.

随着全球信息化时代的到来以及现代科学技术、计算机智能化快速发展的要求,数学研究领域必须不断向前发展.为了解决经典数学不能解决的问题,智能数学学科群的产生与发展成为必然的趋势.

我们知道,人的思维可以分为两类:形式化思维和模糊性思维.形式化思维的特点是具有逻辑与顺序,而模糊性思维的特点是可以同时进行综合与整体的思考,并无顺序之分.表达形式化思维的语言称为形式语言,表达模糊性思维的语言称为自然语言.英国著名的数理逻辑学家罗素(Russell)认为,人类的自然语言是彻头彻尾含糊不清的.

而在二值逻辑基础上的电子计算机尽管在运算速度、精确性与记忆力方面具有得天独厚的优势,但其"智力"只相当于 2～3 岁的小孩,这就是说它并不具有像人脑那样灵活处理客观事物的模糊性能力.若要制造出相当于成年人智力的智能计算机,即不仅要使机器人能代替人类的体力劳动,而且要能代替人类的脑力劳动,那就必须依赖于科学技术的新突破.其中一个首要问题,就是如何将人类思维和语言数学化而建立起数学模型,智能数学正好给出了一套表达自然语言的理论与方法,采用模糊数学模型编制程序,可以使部分自然语言转化为机器可以"理解"与"接受"的东西,从而便可大大提高机器人的"智力".从这个意义上来讲,智能数学的诞生将为人工智能学科打开一个新的局面.

第二章 智能决策的信息化、民主化与科学化

随着知识经济、信息时代的来临，决策方法的信息化与科学化愈来愈受到各级政府与企事业单位的高度重视，许多信息决策分析研究人员也充分运用当代前沿交叉学科的新观点、新方法，不断改进一些传统的信息决策方法，加强信息决策的科学方法研究，探索出一些信息决策新方法，进而得到一些令人满意的最优决策结果. 然而，决策作为一门科学是从 20 世纪 50 年代之后才兴起的，经过短短几十年的发展，现已逐步形成了涉及应用经济学、社会心理学、信息科学、数学、运筹学和计算技术等学科的新兴交叉学科，尤其是随着智能数学的产生与发展，智能决策更是得到了空前迅速的发展.

第一节　决策科学的现状与发展

一、决策科学的现状

(一)决策的概念

目前，国际上对决策虽无统一定义，但基本上可分为两派，即所谓狭义派与广义派. 狭义派以中国经济学家于光远为代表，他提出“决策就是做决定”. 广义派以世界著名的经济学家、诺贝尔奖获得者赫・阿・西蒙(H. A. Simon)为代表，他提出“管理就是决策”，把管理过程的行为纳入决策范畴，使决策贯穿于整个管理过程之中.

不论是狭义的决策，还是广义的决策，其基本内涵大致可概括为以下四点：

(1) 决策总是为了达到一个预定的目标，没有目标也就无从决策；

(2) 决策总是要付诸实施的，不准备实施的决策是多余的；

(3) 决策总是在一定的条件下寻求目标优化，不追求优化的决策是没有意义的；

(4) 决策总是在若干可行方案中进行选择，若只有一个方案就无从选择.

综上所述，我们认为决策就是决策者为了实现特定的目标，根据客观的可能性，在具有一定信息与经验的基础上，借助一定的工具、技巧和方法，对影响目标实现的诸因素进行准确的计算和判断优选后，对未来行动做出决定的过程.

(二)决策的分类

关于决策的分类，从不同角度研究决策，可将决策问题归结为不同的类型：

1. 按决策者职能分类

按决策者职能,可把决策分为专业决策、管理决策和公共决策.

专业决策也称为专家决策,是指各类专业人员在职业标准的范围内,根据自己或别人提供的经验和专门知识所进行的判断和抉择;管理决策是指企业、事业单位的管理者所进行的决策;公共决策也称为社会决策,是指国家、行政管理机构和社会团体所进行的决策,如涉及国家安全、国际关系、社会就业、公共福利等.

2. 按决策问题的性质分类

按决策问题的性质,可把决策问题分为程序化决策和非程序化决策.

程序化决策也称为常规决策,是指那些经常重复出现的决策问题,如学校的课程安排、医院的检查诊断、企业的生产调度与营销决策等.常规决策在它的方法、手段和技术不断进步的情况下,正在朝着准确化和程序化的方向发展.常规决策方法的使用产生了巨大的经济效益与社会效益,其应用领域和范围也在不断扩大.为了适应这一特点,以及由于常规决策日益普及和迅速发展的需要,许多重复性常规决策已编制成计算机程序,可供使用者随时调用,进而使得许多过去需要专职人员处理的常规决策实现了自动化.

非程序化决策也称非常规决策,是指那些尚未发生过、不容易重复出现的决策问题,这类决策问题比常规决策问题的数量要少,但其规模比常规决策大.它涉及的多是与国家或地区政治、经济、科技、文化的发展战略有关的问题,或是一些大规模工程的决策问题.这类决策涉及的因素很多且条件千差万别,没有一定的规律可循.如要解决这类问题,决策者必须发挥其创造性思维,而不能盲目受常规决策数学化与程序化的影响,将非常规决策加以规范化.

愈是高层的决策,非程序化的决策就愈多.还可把决策分为完全规范化决策、部分规范化决策和非规范化决策三类,这与程序化决策和非程序化决策的划分有些相似.完全规范化决策是指决策过程已经有了规范的程序,包括决策模型、数学参数名称、参数数量以及选择的明确标准等,只要外部环境基本不变,这些规范的程序就可重复使用于解决同类问题,完全不受决策人主观看法的影响.非规范决策是完全无法用常规办法来处理的一类新的决策,这类决策完全取决于决策者个人.由于参与决策的个人的经验、判断或所取得的信息不同,对于同一问题会有不同的观点,不同的决策者往往可能做出不同的决断.至于部分规范化决策则是介于两者之间的一种决策,即决策过程涉及的问题,一部分是可以规范化的,另一部分则是非规范化的,对于这类问题的解决是先按规范化办法处理规范化部分的问题,然后再由决策者在此基础上运用创造性思维对非规范化部分做出决断.

3. 按决策条件分类

按决策条件的不同,决策问题可分为确定型决策、风险型决策和不确定型决策.

确定型决策是指那些未来状态完全可以预测,有精确、可靠的数据资料支持的决策问题,如企业生产管理中的资源平衡问题等.

风险型决策是指那些具有多种未来状态和相应后果,但只能得到各种状态发生的概率而难以获得充分可靠信息的决策问题,显然这种由概率来做出判断、选择方案的决策要冒一定的风险,所以称为风险型决策.如企业在市场预测基础上的新产品决策问题等.

不确定型决策是指那些决策时条件不确定，决策者对各种可能情况出现的概率也不知道的决策问题，在这种情况下，决策只能凭经验、态度和意愿进行，如管理制度改革的决策等.

4. 按决策目标分类

按决策目标分类，可把决策问题分为单目标决策和多目标决策.

单目标决策是指要达到的目标只有一个的决策. 如个人证券、期货投资的决策即是单目标决策，很明显，在这类决策中，投资目标只有一个，即追求投资收益的极大化.

多目标决策是指要达到的目标不止一个的决策. 在实际决策中，很多决策问题都是多目标决策问题. 如企业目标决策问题，企业的目标往往除了利润目标以外，还有股东收益目标、企业形象目标、控制集团利益目标、职工利益目标等. 多目标决策问题一般比较复杂.

5. 按决策方法分类

按决策方法分类，可把决策问题分为定性决策和定量决策.

定性决策是指决策者靠定性分析、推理、判断而进行的决策，它重在对决策问题的质的把握. 当决策变量、状态变量及目标函数无法用数量来刻画时，就只能做抽象的概括与定性的描述. 如选择目标市场等.

定量决策是指决策者利用运筹学等数学方法进行的决策，它重在对决策问题的量的刻画. 这类决策问题中的决策变量、状态变量、目标函数都可以用数量来描述，且在决策过程中可运用数学模型来帮助人们寻求满意的决策方案. 如企业内部的库存控制决策、成本计划、生产安排、销售计划等.

定性和定量的划分是相对的. 在实际决策分析中，定量分析之前往往都要进行定性分析，而对于一些定性分析问题，也要尽可能使用各种方式转化为定量分析. 定性和定量分析的有机结合可以提高决策的科学化水平.

6. 按决策思维方式分类

按决策思维方式划分，可把决策问题分为理性决策与行为决策.

理性决策是以逻辑思维为主，根据现成的规则评价方案，追求清晰性和一致性的决策；而行为决策则是以直觉思维为主的决策，行为决策不像理性决策那样按一定程序有计划有步骤地进行，而是靠直觉做出判断.

此外，决策问题还可分为单变量决策和多变量决策，单项决策与序列决策，个体决策和群体决策，战略决策和战术决策，宏观经济决策和微观经济决策，高层决策、中层决策和基层决策等，在此不再一一赘述.

(三)决策的原则

1. 最优化原则

决策总是在一定的环境条件下，寻求优化目标的手段. 不追求优化，决策就没有什么意义. 科学决策的一个重要原则就是最优化原则. 例如在经济决策中，常常要求以最小的物质消耗取得最大的经济效益，以最低的成本取得最高的产量和最大的市场份额，获得最大的利润等. 此外，科学决策还存在次优原则，这是在复杂的客观世界中，由于环境的变化，许多问题不存在最优解，或无法求出最优解.

2. 系统原则

决策环境本身就是一个大系统，尤其是经济决策更是处于系统的层次之中. 国民经济系统包含着许多相互联系、相互制约的子系统，如工业系统、农业系统、交通运输系统、商业系统等，这些系统是紧密地处于相互联系的结构之中的. 因此，在决策时应注意应用系统工程的理论与方法，以系统的总体目标为核心，以满足系统优化为准绳，强化系统配套、系统完整和系统平衡，从整个系统出发来权衡利弊.

3. 信息准全原则

决策的成功或失误，不仅与决策的科学性有关，与信息是否准、全的关系更为密切. 信息是决策成功的物质基础，不仅决策前要使用信息，而且决策后也要使用信息. 通过信息反馈，可以了解决策环境的变化与决策实施结果同目标的偏离情况，以便进行反馈调节，进而由反馈信号适当修改原来的决策.

4. 可行性原则

决策必须可行，不可行就不能实现决策目标. 为此，决策前必须进行可行性研究. 可行性研究必须从技术上、经济上以及社会效益等方面全面考虑，不同的决策目标有不同的可行性研究内容.

5. 集团决策原则

随着信息社会的来临与科学技术的飞速发展，社会、经济、科技等诸多问题的复杂程度与日俱增，对不少问题进行决策已非决策者个人或少数几个人所能胜任. 因此，充分利用智囊团进行决策就成为决策科学化的重要保证，这也是集团决策的重要体现. 所谓集团决策，就是充分依靠与运用智囊团，对要决策的问题进行系统的调查研究，弄清历史和现状，掌握第一手信息，然后通过方案论证和综合评估以及对比择优，提出切实可行的方案供决策者参考. 这种决策是决策者与专家集体智慧的结晶，是经过可行性论证的，是科学的，因而也是符合实际的.

(四)决策的程序

一个完整的科学决策过程，必须经历以下步骤：

1. 通过调研明确决策问题，确定决策目标

确定决策目标是科学决策的重要一步，没有决策目标，就不存在决策. 而在确定决策目标之前，必须进行深入细致的调查研究. 所谓决策目标是指在一定的环境和条件下，在预测的基础上所希望达到的结果. 建立决策目标不能脱离被决策主体的实际背景，要切合实际，要本着充分利用被决策主体的有利条件以及提高社会经济效益的原则建立决策目标. 确立目标首先要明确问题的性质、特点、范围、背景、条件、原因等. 合理的决策目标一般需满足如下条件：一是含义准确，便于把握，易于评估；二是尽可能将目标数量化，并明确目标的时间约束条件；三是目标应有实现的可能性并富有挑战性.

2. 搜集、处理信息，预测发展趋势

准确、全面的信息以及对信息资料的科学分析是正确决策的前提. 可见进行科学决策必须重视调查研究与信息搜集工作，尽可能运用各种方法全面获取所需信息，并采用科学的方法对信息进行分析处理，对事物的发展趋势进行科学的预测，为决策优化奠定可靠的基础.

3. 制定方案，进行决策

确定了目标，取得了一定信息资料并进行了预测之后，就可以拟定各种方案进行决策. 拟定备选方案通常是一个富有启发性的非常细致的创新过程，应在广泛搜集与决策对象及环境有关的信息，以及从多角度预测各种可能达到目标的途径及每一途径可能产生的后果的基础上进行. 制定方案应特别注意具有创新精神，既要充分发挥经验与知识的作用，又要充分拓展思维，集思广益，发挥众人的想象力与创造力，力图从新的角度、新的视野去看待决策问题，以期拟定出尽可能多的新颖的可行方案.

4. 全面比较，评价方案

评价方案要根据预定的决策目标和建立的价值标准，确定方案的评价要素、评价标准和评价方法，然后对拟定的可行方案进行全面分析比较. 每个方案都应根据其价值大小、费用高低及风险特性进行分析评价.

分析评价的过程一般是先建立各方案的物理模型或数学模型，然后求得各种模型的解，并对其结果进行评价. 在这一过程中，依靠"可行性分析"和"决策技术"(包括树形决策、矩形决策、统计决策和模糊决策等)，使得各种方案的优劣得以科学地显现，然后加以全面比较，最后择优选取方案.

5. 模拟试验，验证方案

方案选定后，目标是否正确，方案是否令人满意，还要通过局部或整体试验以验证方案运行的可靠性，其中还包括选定方案对决策条件发生变化时的敏感性分析. 在条件允许时，应尽可能进行典型试验或运用计算机对有关方案进行模拟试验.

6. 实施方案，反馈修正

选定了方案并不意味着决策过程的结束，而是一个新阶段的开始——组织人力、物力及财力资源，实施决策方案. 决策制定与决策执行结合起来，才构成科学决策的全部过程. 在实施决策的过程中，决策机构必须加强监督，及时将实施过程的信息反馈给决策制定者，制定者可将执行结果与预期结果相对比，如发现偏差，则可及时采取追踪修正措施以期适应客观实际. 决策程序如图 1-1 所示.

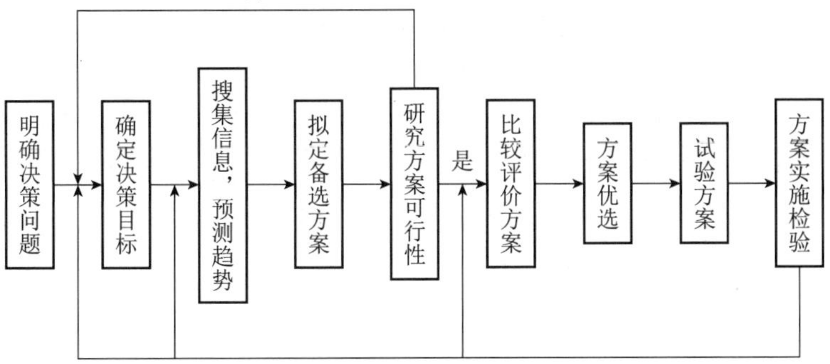

图 1-1　决策程序

二、决策科学的发展

决策学从经验决策发展到科学决策，经历了几千年的发展历程. 在原始社会，人们为了生存，艰难地同大自然搏斗，艰辛地劳动，促进了人们有意识、有目的地采取行动，总结劳动经验，提高劳动能力，使人类不断进步与发展，从而产生了人类早期的决策思想和粗犷的决策活动；农业社会、工业社会的长期实践，丰富了人类的斗争经验，决策能力得到不断的提高与加强；随着知识经济、信息时代的来临，决策科学得到进一步发展，决策理论与决策科学本身的科学范畴及结构也在日趋成熟与完善.

决策科学是随着近代工业和社会的发展而出现的一门新的、综合性很强的学科.对于这样一门新兴的学科，还需要我们在大量的科学决策活动的基础上不断分析、归纳、概括、抽象和总结，从而找到决策科学本身的科学范畴和结构，并在这一前提下进一步寻求各种优化决策的新方法.

计算机的问世及其迅速发展，为决策的科学化和现代化铺平了道路.决策支持系统与决策支持模型、单目标决策与多目标决策等现代科学决策的方法与技术，使决策科学化进入了新的发展阶段，即所谓量化发展阶段.人们利用电子计算机和数学工具，分析决策活动中的各种因素，利用决策模型，研究各因素之间的定量关系，对预测与决策方案的正确性、可行性进行评估；采用系统分析法，对各种预选方案进行评价与选择；利用预测方法对决策后果进行事前评审，这都大大提高了决策的科学水平，促进了现代决策科学的形成与发展.

现代决策科学的发展和决策研究的不断深入，以及决策实践中提出的新问题，迅速地促使决策方法数学化、模型化、计算机化，进而又要求数学处理手段不断进步，又促进了数学的发展.20世纪60年代初期，国际上出现了一股追求决策数学化、精确化与程序化的热潮，甚至部分学者认为所有决策问题都可以用数学模型来描述，忽视了决策目标的经济效益和管理决策组织行为的作用.然而，经过决策实践的检验，人们逐渐认识到，盲目地、过分地追求管理决策方法的数学化与程序化，不仅不能成功地解决决策问题，有时反而还会造成决策失误并为此付出高昂的代价.

决策科学的发展过程，经历了从经验决策到科学决策的不同阶段.决策活动从方法上经历了由个人的、直观的、定性的决策发展到规范性的决策，再发展到定量的决策，而当人们想用全部定量的方法解决决策问题时，又遇到实践上不可逾越的困难，于是又反过来向直观的定性方法求助.从辩证法的角度来看，这并不是倒退，而是一种螺旋式的上升，是一种定性与定量相结合的可以达到更高层次的科学决策.

现代决策科学的发展，加速了一系列交叉学科的发展，譬如运筹学、控制论、信息论以及系统论等学科，都在科学决策中有着重要的应用，且支撑着决策科学的发展.可以预见，在不久的将来，随着我国科学技术的不断发展与政治、经济体制改革的不断深化，决策民主化、信息化与科学化的进程将会有一个飞速的发展.

第二节　科学决策与信息分析

在当前全球性的信息化时代，随着世界经济全球化与科学技术的飞速发展，在各项事业的发展进程中，人们将越来越多地面对必须解决的科学决策问题，科学决策已经成为社会各阶层科学技术工作者与管理工作者的重要研究课题.而从战略决策的角度看,正确的决策来源于正确的判断,正确的判断来源于全面的信息收集与系统分析,从而达到对客观情况的全面而系统的把握.事实上,决策过程就是在及时、准确、全面掌握信息,深入、严格、系统地进行信息分析的基础上,依据决策对象的发展规律及其发展的内外条件,在不断变化的环境中,做出最有利于决策对象发展的决断,并具有有效的监督实施过程.就其本质而言,决策研究就是一个对大量有关信息进行分析、筛选、判断,进而进行创造性的方案拟定、评价、选择和执行的过程.社会的信息化以及技术经济发展带来的信息爆炸,使得决策过程变得越来越复杂,决策过程已经成为一个多层次、多学科、多方位的系统工程.而从本质上讲,信息分析是属于决策研究范畴中的一个重要组成部分.

在社会信息化的时代,数学化、网络化已经开始渗透到国民经济的各个部门和领域.计算机自然而然地要应用于辅助决策之中,各种各样的数据库系统、管理信息系统和决策支持系统也应运而生.许多常规决策与管理已经可以依靠计算机信息系统提供的信息顺利而有效地进行,大量的外界信息也可通过全球化的因特网查询得到.然而,就管理决策而言,计算机并不是万能的,尤其是在现代管理中占有重要地位的战略决策,因其前瞻性和极强的谋略性质,往往无常规可循,需要人们深入地分析和运用创造性思维.对此,信息分析由于其丰富的信息源优势,并通过对信息深层次的归纳分析与加工整理,将会给科学决策提供更富创造性的战略决策依据.

就本质而言,决策研究是一个通过信息分析与决断论证,达到科学决策的过程.而由于问题的复杂性与多样性,决策研究也成为一个多层次、多学科、多方位的体系.就决策研究的内容和形式而言,信息分析是基础性的工作.图 1-2 用金字塔式的结构表明信息分析在决策研究中的范围和作用.

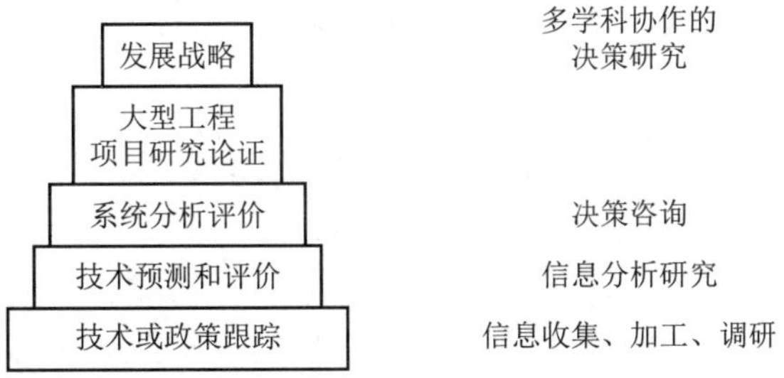

图 1-2　信息分析在决策研究中的作用

注:就性质而言,信息分析研究可以服务于任何一种决策研究;就其资源条件和历史发展而言,目前信息分析研究主要集中在比较基层的系统分析评价以下的类型.软科学研究比较重视分析评价方法和模型的建立,而信息分析研究则以利用信息进行实际工作为主.最上层的发展战略研究和大型工程论证,则主要是在上级主管部门领导下,依靠各行业和领域的专家联合决策,再经综合集成和高层集中统一而成.其中信息分析研究和软科学研究都起到了重要作用.

图 1-3 绘出了信息分析研究为决策服务的信息流程.

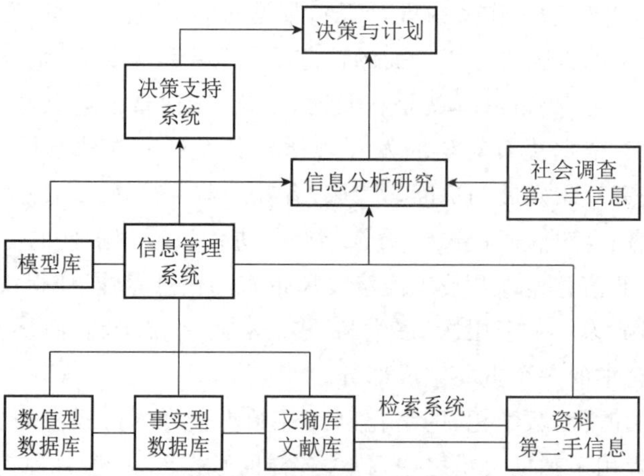

图 1-3　信息分析研究向决策提供信息的流程

当前，技术经济迅速发展带来的信息爆炸，使决策研究越来越趋于信息化．从信息论的角度来看，信息爆炸意味着人们面对着的信息包含三个层次：数据、信息、情报．大量信息，严格地说，应该称为数据．数据是直接获取的材料，具有很大的不确定性，信息则是消除了不确定性的、真实可信的东西．而信息分析的任务，就是将数据加工成便于查询检索的信息系统，通过网络提供全方位准确的信息服务．此外，由于激烈的竞争，社会各界都需要进行战略决策，战略决策要依据战略情报，战略情报实际上就是有创造性和知识发现功能的一种智力劳动，这是计算机化的信息系统做不到的，它需要信息分析研究人员的参与．信息分析人员通过对信息的深层加工与研究，便可形成好的战略情报，为战略决策的优化服务．

第三节　硬科学决策与软科学决策的民主化、科学化

硬科学决策又称数学决策，一般地硬科学决策是先建立方程式、不等式、逻辑式或概率分布函数等来反映决策问题，然后用数学手段求解，进而分析得出最优方案．硬科学决策所应用的数学工具主要是运筹学，其中包括线性规划、非线性规则、排队论、对策论、最优化理论等；另外，系统分析、系统工程、网络图论等也常用到．当然，所有这些问题的计算，都是在电子计算机的帮助下完成的．

硬科学决策使决策科学摆脱了个人经验的束缚，从而使决策科学走上了严格的逻辑论证之路．而电子计算机的使用又使得决策的时效性与准确性得到了飞速提高．硬科学决策过分追求决策的硬化，但对于一般决策问题并不要求最优，而只要求满意的决策方案．硬科学决策忽视了满意决策中各方面因素的协调作用，进而使得决策方案不一定符合实际．因此，决策的软化就成为科学决策的一个重要研究课题．这就是说，要实现决策科学化与决策民主化，就必须大力发展软科学．

软科学决策又称专家决策，它是近年来发展起来的一门新兴综合学科，它对于决策科学的发展有着重要意义．软科学决策的主要内容是指专家决策的推广和科学化，同时也包括一些硬科学决策的软化工作．软科学决策可以通过所谓“专家法”把心理学、社会学、行为科学

和思维科学等各门学科的成就应用到决策中来，并通过各种有效方式，使专家在不受干扰的情况下充分发表见解，进而使决策更加科学化、民主化.

一、硬科学决策方法概述

我们知道，硬科学决策所应用的数学工具主要是运筹学. 运筹学产生于第二次世界大战期间. 当时，军事上出现了许多超出指挥员知识范围的技术问题，为了解决这些问题，军事部门组织了许多科学家进行研究，为作战决策提供依据，于是运筹学应运而生. 战后，运筹学被运用到工业、农业、科学技术、经济学等各个领域并取得了许多成果. 同时，运筹学的理论也逐步得到完善. 现在，运筹学已经成为系统工程中定量分析的重要理论和数学工具，在管理决策中也起着十分重要的作用.

运筹学研究包括线性规划、非线性规划、整数规划、动态规划、排队论、更新论、搜索论、统筹法、优选法、投入产出法、蒙特卡洛法、价值工程等内容. 现选几种分述如下.

（一）线性规划

线性规划是对满足由一组线性方程或线性不等式构成约束条件的系统进行规划，并使由系统诸因素构成的线性方程表示的目标函数达到极值，从而求得系统诸因素最佳参数的一种数学方法.

线性规划是 20 世纪 40 年代末发展起来的一门新兴学科. 现在，线性规划已成为决策系统静态最优化数学规划的一种重要方法，它作为管理决策中的数学方法，在决策科学中具有重要的地位. 线性规划是管理决策中运用最小费用达到一定目的或力求在有限资源上取得最大效益的一种最有效的定量决策分析技术. 线性规划的数学模型可描述为

$$\text{目标函数：}\max X = c_1x_1 + c_2x_2 + \cdots + c_nx_n;$$

$$\text{约束条件：}\begin{cases} a_{11}x_1 + a_{12}x_2 + \cdots + a_{1n}x_n \leqslant b_1, \\ a_{21}x_1 + a_{22}x_2 + \cdots + a_{2n}x_n \leqslant b_2, \\ \quad\quad \vdots \\ a_{m1}x_1 + a_{m2}x_2 + \cdots + a_{mn}x_n \leqslant b_m, \\ x_1, x_2, \cdots, x_n \geqslant 0. \end{cases}$$

（二）非线性规划

在决策系统中，除许多决策问题可以归结为线性规划问题外，还存在另一类问题，即在其目标函数或约束条件下，有一个或多个是自变量的非线性函数，这样的问题就是非线性规划问题. 对于一般的非线性规划，现有的算法很多，如搜索法、梯度法、变尺度法、罚函数法、拉格朗日乘子法等. 虽然方法很多，但目前非线性规划还没有适用于各种问题的通常算法，各种方法都有自己特定的适应范围.

从数学角度来讲，非线性规划就是一元或多元非线性方程组，在有约束条件或无约束条件下求极值的问题. 但对于大量的问题，它们并不满足极值存在条件，因此，即使求出极值点，也难以判断是否属于最优解. 所以，除了极个别目标函数经过微分求得导数方程组，进一步求解方程组得到最优解外，对于一般的非线性规划问题的求解，大量使用的方法是：根据目标函数的特征，构造一类逐次使目标函数值下降的搜索方法.

非线性规划的数学模型为

$$\text{目标函数}: \max Y = f(x_1, x_2, \cdots, x_n);$$

$$\text{约束条件}: \begin{cases} \phi_1(x_1, x_2, \cdots, x_n) \geqslant 0, \\ \phi_2(x_1, x_2, \cdots, x_n) \geqslant 0, \\ \quad \vdots \\ \phi_m(x_1, x_2, \cdots, x_n) \geqslant 0. \end{cases}$$

(三)动态规划

动态规划是 20 世纪 50 年代由美国数学家贝尔曼等人根据决策系统多阶段决策问题的特征及最优化原理,提出解决这类问题的一种决策最优化的数学方法. 而动态规划决策问题,就是指对于可以分为若干相互联系阶段的一类活动过程,在每一个阶段都需要做出决策,并且每一阶段的决策确定以后,常常会影响下一阶段的决策,从而影响整个活动过程的决策. 各个阶段所确定的决策就构成一个决策序列,通常称为一个策略. 由于每一个阶段都有若干方案可供选择,因而就形成了许多决策方案(策略),策略不同,其效果也就不同. 而多阶段的决策问题,就是要在这些可供选择的策略中,选取一个最优策略,使其在预定目标下达到最优结果.

动态规划的最优化原理是:多阶段决策过程的最优策略应具有这样的性质,即不论初始状态与初始策略如何,对于前面决策所造成的某一状态而言,下属的所有决策总构成一个最优策略. 它在动态规划中起着决策作用.

根据决策系统动态过程时间参变量为离散与连续,以及状态变化的确定性与随机性,决策系统的多阶段决策问题可分为离散确定型、离散随机型、连续确定型和连续随机型. 动态规划在生产计划、工序安排、机器负荷分配、水库资源调度、最优装载、最短路线、可靠性优化、收益与投资等方面都有着广泛的应用.

(四)排队论

我们知道,在日常生活中,由于许多因素的影响,顾客到达的时间与服务台服务时长都是随机的,当在某一时刻要求服务的顾客超出服务台的服务容量时,顾客就必须排队等待. 在日常生活和生产中,排队不只是以有形的方式出现,还有无形的方式. 例如,打电话因占线而需等待,发生故障的机器等待修理,靠码头的轮船等待装卸,飞机因跑道占满等待着陆,等等,都是无形排队的例子.

顾客与服务台构成的排队系统也称为随机服务系统. 而排队论研究的目的就是要找出各种排队系统的规律,从而使顾客流与服务系统合理匹配,解决各种排队问题并使之达到最优化的程度,以减少因排队现象严重对顾客带来的损失,或因排队等待时间过长而使大批顾客离开服务系统对服务机构造成的损失.

排队现象尽管千差万别,但都可以抽象为:顾客到达服务台,不能立刻得到服务时排队等待,待服务台空闲时马上接受服务,服务完离去. 排队模型可以表示为图 1-4.

排队论研究的内容包括:

(1) 性态问题. 研究各种排队系统的概率规律性,主要是研究队伍长度分布、等待时间分布和忙期分布等,其中包括瞬时和稳态两种情形.

图 1-4 排队模型

(2) 最优化问题. 分析静态最优和动态最优，前者指最优设计，后者指现有排队系统的最优运行.

(3) 库存定量决策方法. 如何确定库存的最佳量，这是科学技术与经济管理各个领域中经常遇到的一个最优决策问题. 1915 年有人提出了存贮问题中著名的“最佳批量公式”；第二次世界大战期间，由于生产和战争的需要，出现了各种库存问题，随之产生了许多解决方法；再到 20 世纪 50 年代，形成了运筹学的一个分支——存贮论. 对于库存管理方面的决策问题，通常可以归纳如下：

① 在一定的规定时间内，合理库存量是多少？

② 何时是此库存量合理的订货时间？

为了解决上述问题，可以设计各种库存模型，并借助电子计算机，判断出应对各种库存问题的最佳决策，为社会生产实践服务.

(五)更新论

机器设备在运行期间，受各种因素的影响，其运行能力会减弱. 那么，在什么时间、选用什么技术来改善这些设备的运行能力，可以使其恢复或接近初始状态？对于这样一些问题的研究所形成的理论，就是更新论.

更新的时间间隔分为三种：(1) 期定，即在一个固定的周期内对设备予以更新；(2) 随机，即在设备发生故障时予以更新；(3) 混合，即将前两种方式结合起来使用. 更新的技术措施分为两种：一种是全部淘汰旧设备，并代之以新设备，使之完全恢复初始状态的运行能力；另一种是通过修理和更换部分零件，使之接近初始状态的运行能力. 不同的技术措施结合不同的更新时间间隔，形成了控制设备运行能力的不同策略，也带来了不同的经济效益.

更新论的内容包括：

(1) 设备运行能力、状态、种类分析和定量描述方法研究；

(2) 各种更新设备成本估算和对设备运行能力、状态关系的讨论；

(3) 各种更新模型最优控制策略研究；

(4) 维修机构的有效布置、构成和运用方式研究等.

更新论的基础是可靠性与随机服务系统理论、经济系统分析、模拟技术等. 随着现代技术设备更新率的提高，这门学科的应用将会得到迅速推广.

(六)优选法与统筹法

优选法与统筹法都是近几十年来发展起来的科学方法，它们都是属于数学科学与管理科学的交叉科学.

优选法是以数学上寻求函数的极值原理为根据的快速而较精确的计算方法. 1953 年美国数学家基弗提出了单因素优选法，即分数法和 0.618 法. 此外，还有多因素优选法，但因其涉及的问题复杂，方法和思路较多，多因素优选法的理论与方法研究还有待于进一步深入.

统筹法，顾名思义就是统一筹划的意思. 它的基本特点就是在统筹图上，对管理项目或工作的各个环节，按主次缓急标识出来，以便合理安排人力、物力、财力，对整个工程进行协调和控制，从而大大提高工作效率.

优选法和统筹法的应用范围很广，在国民经济乃至军事部门中都有着极其广泛的应用，是管理决策的一个重要工具.

(七)投入产出法

投入产出法自1936年美国经济学家列昂节夫首次提出至今，已有很大发展. 它是研究经济体系中各个部门间投入与产出相互依存关系的一种重要的数量分析方法. 投入产出法的基本内容包括理论基础、平衡表和数学模型. 其特点为：

(1) 从国民经济这个有机整体出发，综合所研究的各个部门间的数量关系，既有综合指标，又有按产品部门区分的分解指标，两者有机结合.

(2) 投入产出表采用棋盘式，纵横互相交叉，从而使它能从生产消耗和分配使用两个方面反映产品在部门之间的动态过程，即可同时反映产品的价值形式和使用价值的动态过程.

(3) 投入产出表通过各种系数，一方面反映在一定技术水平和生产组织条件下国民经济各部门之间的技术经济联系，另一方面用于测定和体现社会总产品与中间产品、社会总产品与最终产品之间的数量关系. 它既反映部门之间的直接联系，又反映部门之间的全部间接联系.

(4) 投入产出表本身就是一个经济矩阵，是一个部门联系平衡模型，且可运用现代数学方法和电子计算机进行运算. 这不仅可以保证计划计算的及时性与准确性，而且也是经济预测和发展决策的一个重要手段，为国家确定长期的战略目标和制定长远发展规划进行经济论证，并提供多种可选择的方案. 此外，投入产出法在研究价格形成、经济效果、国际贸易、人口等许多重要的经济预测与决策方面，均起到重要作用.

投入产出法已在我国得到了广泛应用，利用投入产出模型可以进行经济分析和经济预测，还可为制定科学决策提供重要依据.

二、软科学与软科学决策的民主化、科学化

软科学是研究社会经济、科学技术协调发展的一门高度综合的科学. 它以阐明现代社会复杂的政策问题为目标，应用信息技术、系统工程、行为科学、社会工程、经营工程等与决策有关的各个领域的理论与方法，借助于电子计算机等先进技术手段，通过定量和定性分析，对包括人和社会现象在内的广泛范围内的对象，进行跨学科的研究，以提供社会协同发展的合理模式.

软科学与硬科学，在科学体系上犹如人的两条腿一样，总是相辅相成的. 软科学与硬科学的发展，一般总是平行的，并与当时的生产力发展水平相适应. 在自由资本主义发展的初期，工业生产规模还小，资本家就是企业的唯一决策人，老板凭自己的经验和直觉判断，就可以处理经营决策和生产管理中的一系列重大问题，这是经验管理阶段. 到了19世纪末，资本主义发展到垄断阶段，生产规模迅速扩大，这时，企业要想在激烈的竞争中生存下去，单凭老一套的经验管理就不行了，于是生产管理必然由经验管理发展到科学管理. 而第二次世界大战以后，由于科学技术的迅猛发展，生产规模急剧扩大，企业的经营环境更加复杂多变，体力挖掘已接近极限，因而转向挖掘人的智力资源，传统的科学管理理论逐渐发展成为管理科

学.随着信息化社会的来临,在当今,不仅管理科学,而且其他如系统分析、科学技术论等,都无不以开发人的智力资源为基础在不断向前发展.

软科学研究总是与决策科学紧密相关的.软科学研究的最终目的就是保证决策科学化与民主化.只要有决策行动,就会有决策研究;只要有决策程序,则必有决策技术.实现决策的民主化与科学化,已经成为现代化建设和探索各项体制改革的必由之路.

软科学是自然科学与社会科学交融的结果.这种交融,也为决策民主化与科学化奠定了坚实基础.其主要表现为:

(1) 现代自然科学的发展为解决非线性、模糊性、随机性、突变性和可拓性等问题提供了有效工具,使社会科学与自然科学的交融成为可能,并为决策的民主化和科学化奠定了基础.

(2) 电子计算机的不断发展,特别是系统仿真技术、专家咨询系统、系统动力学等的日趋成熟,为决策科学化提供了技术手段.

(3) 控制论、信息论、系统论、耗散结构理论、协同学、紊乱学以及有序体的自组织结构分析等研究成果,为决策逻辑模型的建立以及决策的定量研究提供了有效工具.

(4) 心理学、社会心理学和管理心理学的发展,为研究决策的心理机制和心理过程提供了有价值的分析方法.

我国的软科学研究起源于20世纪50年代.著名数学家华罗庚推广的优选法、统筹法,著名科学家钱学森倡导的系统工程以及中国科学院研究的投入产出法等,都对国民经济和科学技术的发展产生了巨大的推动作用.近年来,软科学中的各种预测方法、决策方法和管理方法的成功应用实例充分说明了软科学研究的科学性与权威性.软科学研究利用现代物理学、数学和社会科学的许多理论与方法,采用电子计算机等先进计算机测试手段,通过典型调查、抽样调查、数理分析、统计分析和各种模型的推导,把定性研究和定量研究结合起来,从各个方面对大系统及其各个相关因素进行周密研究、测算,从而得到可供选择的最优方案.无论在国内还是国外,无论是经济问题、社会问题还是科学技术问题,这种研究理论和方法都是可以取得重大成功的.当然,像任何事物都有其局限性一样,软科学研究采用的方法也不是万能的.但只要我们认识到它的局限性,并在合理的范围内发挥它的作用,它就不失为一种科学有效的方法.

加强软科学研究,是时代的要求和社会发展的需要.当前,我国正在开展现代化建设,深化各项体制改革,除了正确处理党政关系,完善各项制度以外,作为健全民主制度重要内容的决策民主化,也是其中的一个重要方面.注意吸收科技工作者,特别是软科学工作者参加决策,将对决策的科学化与民主化、提高科学决策效益、进一步深化各项体制改革起到有效的推动作用.

三、管理决策的模式与程序

随着现代社会的高度发展,管理决策越来越成为各行各业管理活动的一个重要组成部分,并越来越引起各行各业高层管理者的高度重视.那么,要科学地进行管理决策,它的全过程应该包括哪些步骤与程序呢?

1978年诺贝尔经济学奖获得者,美国著名的经济学家、决策学家西蒙有句名言:"决策贯穿管理的全过程,管理就是决策."西蒙认为科学合理的决策程序应包括参谋活动阶段、设计活动阶段和选择活动阶段.即如下三个基本阶段:

(1) 找到问题的症结,确定决策的目标;

(2) 拟定各种可能的行动方案供选择;

(3) 比较各种可能方案并从中选出最合适的方案.

事物的发展、主观对客观世界的改造,无不遵从"实践—认识—再实践—再认识……"这样一个辩证的运动发展过程.在这一过程中,由不断发展的人的认识,对人们改造客观世界的实践(未来)做出一系列决定.在这种决策的指导下,人们的社会实践活动才能按照人们的理想、意图和目标前进,才能使主客观相符合,达到改造客观世界的目的.只有在这种意义上才能说,管理就是决策.它并没有划定系统范围的大小,但在时间系列上,则是一个以时间为变量的集合.实际上,这种不断的决策与实践是一个连续过程,所以又可以说,管理就是一个微分决策的积分,即是一个不断地做出一个又一个对未来实践的决定的长链条过程.在这一过程中,人们要不断地吸收客观实践的各种信息,并根据对收集到的信息所做的分析与判断,不断做出新的规定.以上把决策看作一个过程的看法,实际上就是认为"管理就是决策".这一过程可用图 1-5 表示.

$$\text{管理} = \sum_{i=1}^{n} \text{决策}\ i \cdot \Delta t_i \approx \int_0^{t_i} \text{决策}\ \mathrm{d}t$$

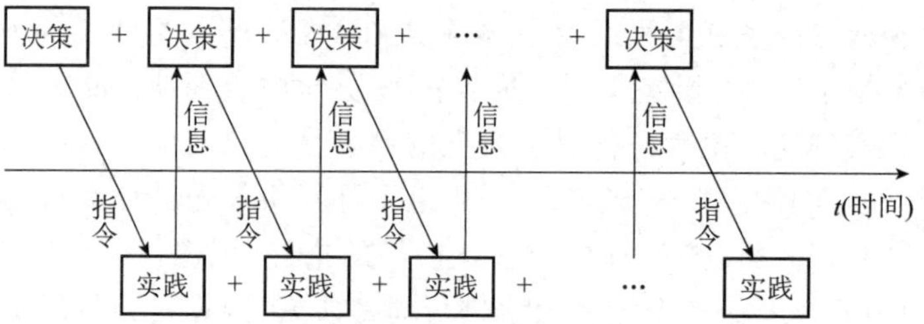

图 1-5　决策与管理的关系

现代管理是一项复杂的系统工程,面对瞬息万变的复杂系统,一个健全的管理决策程序应是一个科学的系统,而且其每一步骤都要有科学的含义,相互间又有有机的联系.为了使每一步骤都实现科学化,还必须有一整套健全的科学决策程序做保证,这个管理决策程序如图 1-6 所示.

图 1-6 所示的就是科学决策的八个阶段,即管理决策的一般行动指南.应该注意的是,不能教条地理解和对待这个程序,根据具体情况,可以允许各阶段有所交叉,且在不同的决策中,各阶段的比重也不一样,在某些决策中,省略某个阶段也是可以的.

还需指出,上述决策程序中的各项工作,并非都要由决策者亲自去做,大量的工作应给智囊团的专家去完成,特别是"决策技术",原则上都是专家们的工作,决策者只要了解这些决策技术的物理意义和作用就行了.决策者的责任是严格掌控决策程序,发挥相应专家的作用.在掌控程序时,确定目标、价值准则和方案选择是决策者必须亲自研究与处理的.

为了得到最佳决策,当原有决策的实施将危及决策目标的实现,或赖以决策的客观情况发生重大变化,或虽然客观情况不变而主观情况发生重大变化时,都不能盲目地继续实施下

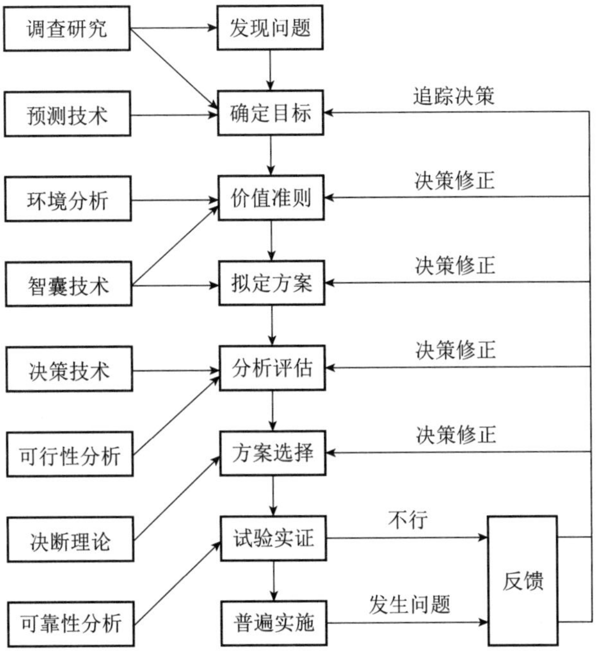

图 1-6　管理决策程序

去，而必须对目标或决策方案进行及时的根本性的修正，即进行追踪决策，并在反复的决策修正中逐步使决策更加完善.

在具体决策过程中，管理决策一般遵循如图 1-7 所示的基本模式.

图 1-7　管理决策的基本模式

管理决策的基本程序如图 1-8 所示.

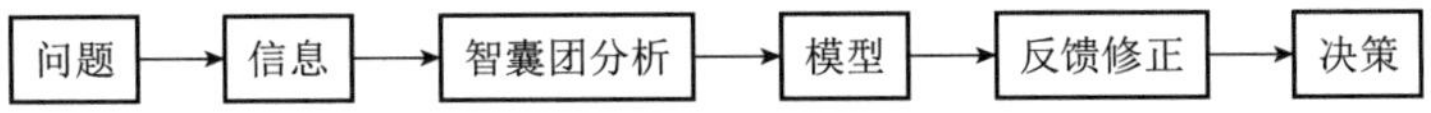

图 1-8　管理决策的基本程序

第二篇

模糊信息开发与决策技术

第一章 模糊数学与信息革命

第一节 模糊数学的产生与发展

模糊数学是研究模糊领域中事物数学化的一门崭新的数学学科. 它始于 1965 年美国著名控制论专家扎德(L. A. Zadeh)教授的开创性论文——《模糊集合》("Fuzzy Sets"). 它的产生不仅拓广了经典数学的应用范围,而且是使计算机科学向人们的自然机理方面发展及使决策民主化、科学化的重大突破.

在现实世界中,有些事物之间的关系是确定的,但有些是不确定的,而在不确定中又有随机的和模糊的. 事物的精确性、随机性和模糊性这三者是普遍存在的. 随着科学的发展,过去那些与数学无关或关系不大的学科,如生物学、心理学、语言学和社会科学等,都迫切要求定量化与数学化. 特别是软科学的兴起,决策民主化和科学化的发展,要求把"思维"这个很典型的模糊现象予以量化. 如此大量的模糊现象使经典数学方法显得无能为力,而模糊数学的产生与发展则为研究这些模糊现象提供了有力的数学工具.

经典数学的基础可归结为集合论. 根据集合论的要求,一个元素 x 是否属于集合 A 是明确的,即

$$x \in A \text{ 或 } x \notin A,$$

两者必居其一,且只居其一,绝不能模棱两可. 它的逻辑基础是二值逻辑. 集合论的这个要求,就大大地限制了它的应用范围,而使它无法处理实践中大量的不明确的模糊现象与概念.

精确性是经典数学的一大特点. 在经典数学里,对于每一个概念都应给出明确的定义,既要指出它所属的集合(外延),也要揭示它的本质属性(内涵),而对于命题则要借推理来明辨真伪. 这就突出了经典数学的三个重要特征:精确性、逻辑性和实用性.

但是现实世界是复杂的,客观实际(现象和问题)并不都是精确的. 对于随机现象、模糊现象来说,传统的经典数学工具如微分方程就显得无能为力了,因此,经典数学终于被突破,产生了随机数学和模糊数学.

17 世纪出现了一个经典数学不能解决的问题,赌徒麦尼(Mere)向数学家帕斯卡(Pascal)提出:"两个赌徒相约赌若干局,谁先胜 n 局就可赢得赌金 m,现一个胜 $a(<n)$局,赌局因故中止,问应怎样分此赌金?"问题本身出现了随机性,这是经典数学中没有先例的. 帕斯卡于 1654 年将解法寄给费马(Fermat),成为第一篇概率论文. 这样研究领域拓展到随

机现象而产生了一门专门研究度量事件发生可能性大小的数学新分支——概率论. 在概率论的基础上，又发展产生了数理统计、随机过程等分支，形成了随机数学.

由于客观世界存在着模糊现象，因此模糊数学这株新苗也就破土而出了.

对于经典数学所赖以建立的二值逻辑也是有争议的，著名的罗素悖论（Russell paradox）和“秃头悖论”即其例证.

德国人策梅洛（E. Zermelo，1871—1953）认为

$$X=\{x\mid p(x)\}$$

对于任意 x，$p(x)$ 与 $\overline{p(x)}$ 有一成立且只有一成立是无隙可乘的. 罗素提出非议，他的论点针锋相对. 设

$$X=\{x\mid x\notin X\},$$

如果 $x\in X$，则 $x\notin X$；如果 $x\notin X$，则 $x\in X$. 显然 $x\in X$ 与 $x\notin X$ 自相矛盾，从根本上否定了二值逻辑的普遍性. 这就是著名的罗素悖论，多值逻辑就是在它的启示下发展起来的.

所谓“秃头悖论”，即首先约定只有 n_0 根头发的人称为秃头，当 $n>n_0$ 时则非秃. 挑战者问：“n_0+1 秃乎？才一发之差耳！”显然不能以一发之差作为分界. 于是再约定：若 $n=n_0$ 为秃头，则 $n=n_0+1$ 亦秃，从而导致一切人都是秃头的悖论.

对于一个是非界限本来模糊不清的概念，如果勉强用“是非”标准来划分，必将导致谬论. 秃头悖论就是对经典数学挑战的信号，它说明这类命题是不能用二值逻辑来判断的.

实践的范围是广泛的，事物是复杂的. 正如前面所述，随着科学的发展，过去许多与数学毫无关系或关系不大的学科都迫切要求定量化和数学化，这就使人们要遇到大量的模糊概念，这也正是这些学科本身的特点所决定的.

力学、热学、电磁学等所研究的运动变化规律与人脑的思维活动相比，就只能算是简单过程了. 当研究人脑这样的复杂过程时，复杂性与精确性往往是不相容的. 这就是说，一个系统的复杂性增大了，它的精确性必将减小. 这点类似于收音机中灵敏度与选择性之间的关系. 根据这一不相容原理，我们在模拟大脑功能时，不应该片面追求精确性，恰恰相反，需要的倒是它的反面——模糊性，关键是要善于综合和处理模糊信息. 因此，有人认为，若用经典数学方法来建立人工智能，就会像追求永动机或点石成金那样徒劳无功，用中国的一句古话来说，这就好比是“缘木求鱼”. 这是因为人类智慧与机器功能之间有着本质的区别，人脑善于判别和处理不精确的、非定量的模糊现象，经过抽象、概括、综合和推理，从而得出具有一定精度的结论.

事实上，在人的思维和语言中，许多概念的内涵与外延都是不明确的. 如“高个”与“矮个”、“年轻”与“年老”、“胖子”与“瘦子”、“体强”与“体弱”等都找不到明确的界限. 从差异的一方到差异的另一方，中间经历了一个从量变到质变的连续过渡的过程，这种现象就叫作差异的中介过渡性. 这种中介过渡性造成的划分上的不确定性叫作模糊性.

划分的不确定性，就造成了元素对集合隶属关系的不确定性. “张三年轻”“李四性情温和”这类命题的判定也不是绝对的只分真假. 也许有人认为“张三不太年轻”或者“张三年轻”只有 60% 是对的，而李四“性情不够温和”. 这说明二值逻辑的局限，它只能反映事物的某一侧面. 实际上，这些都是模糊概念和模糊命题，只是经典数学难以给出它的数学描述而已.

事实上，“年轻人”或“性情温和的人”都是某些特定人群的某子集. 对于这样的集合，不

能指明哪些元素一定属于它，哪些元素一定不属于它.为此，扎德曾提出，要想确定一个模糊集合$\underset{\sim}{A}$，我们无需去鉴别谁是或者谁不是它的成员，而只需对每个元素u确定一个数$\mu_{\underset{\sim}{A}}(x)$，用这个数来表示该元素对所言集合的隶属度，这就是他在1965年提出的模糊子集论.扎德用隶属度来描述差异的中介过渡，这是用精确的数学语言对模糊性的一种描述，它把传统数学从二值逻辑的基础扩展到连续值上来，从“亦此亦彼”中提取了“非此即彼”的信息，其意义是深远的.

可见，模糊数学正是为了填补经典数学的空白而生的.它给我们提供了一种综合与处理模糊信息的新的数学工具，给我们架起了一座由经典数学到充满了模糊性的现实世界的桥梁.它不是让数学变成模模糊糊的东西，而是要让数学进入模糊领域研究解决问题.

第二节　模糊数学与信息革命

模糊数学从它诞生的那一天起，便和电子计算机的发展与信息决策息息相关，相辅相成.可以预言，随着模糊数学的不断完善与发展，它将为信息革命提供一种新的、富有魅力的数学工具和手段.因为利用模糊数学构造数学模型，来编制计算机情绪与信息决策模型，可以更广泛、更深入地模拟人的思维，全方位深入挖掘各种决策信息，从而可以大大提高电子计算机的“智力”与信息决策的科学性、准确性.

我们知道，电子计算机在运算速度、精确性与“记忆力”上虽有得天独厚的优势，但其“智力”却只相当于2～3岁小孩的水平.若要实现相当于成年人智力水平的智能机器人——就是要使机器人不仅能代替人类的体力劳动，而且要能代替人类的脑力劳动，那就必须依赖于科学技术的新突破，其中一个首要问题，就是如何将人类思维和语言数学化而建立起数学模型.模糊数学正好给出了一套表现自然语言的理论和数学方法.采用模糊数学模型编制程序可以使部分自然语言转化成机器可以“理解”与“接受”的东西，从而大大提高机器人的“智力”.从这个意义上来讲，模糊数学在谱写一曲新的“信息论”.

信息革命要求计算机应用的触角深入软科学的腹地，昔日数学的一些禁地，如哲学、心理学、教育学、语言学、生物学、医学等今日逐渐变为数学的开垦区.这些学科之所以难以运用数学，不是因为它们太简单而无需运用数学，恰恰相反，是因为它们所面对的系统太复杂而找不到适当的数学工具.其中最关键的问题就是在这些系统中大量存在着模糊性，而模糊数学的一个重要的历史使命就是要为各门学科，尤其是人文学科提供新的数学描述的语言和工具，使软科学的研究定量化.

当前人工智能研究正在艰难的征途上奋力前进，而以模糊数学为基础发展起来的新的模糊技术将在第五代、第六代计算机的发展中扮演越来越重要的角色，模糊数学将作为具有时代特征的新军屹立于世界数学之林.

模糊数学虽然是新兴学科，但它对决策科学的影响是很深远的.模糊数学的主要贡献在于它将模糊性与数学统一在一起.它的方法不是让数学放弃精确性去迁就模糊性，而是要将数学方法深入具有模糊现象的禁区，从而为解决一些复杂大系统涉及模糊因素的科学决策问题开辟一条新路.

曾经有人认为,模糊数学是研究不确定的现象,它应该是概率论的分支,或可以被概率论取代.事实上,概率论是研究和处理偶然现象(随机现象)规律性的数学分支,虽然事件的发生与否是不确定的(随机的),但事件的结果却是分明的.它从不充分的因果关系中去把握广义的因果律——概率规律,使数学的应用范围从必然现象扩展到偶然现象的领域.

恩格斯说:"在表面上是偶然性在起作用的地方,这种偶然性始终是受内部的隐蔽着的规律支配的,而问题只是在于发现这些规律."概率论的任务就在于研究与揭示这些随机事件的规律.而模糊数学则是研究和处理模糊性现象的数学分支,它所研究的是另一类不确定问题,事件的本身是模糊的,但发生与否则是确定的,不是随机的.它是从中介过渡性中寻找非中介的倾向性——隶属程度,使数学的应用范围从精确现象扩展到模糊现象,因此不能混为一谈.

第二章 模糊集合与隶属函数

第一节 模糊现象与模糊集合

我们知道，在康托的集合论中，一事物要么属于某集合，要么不属于某集合，在这里绝不能模棱两可. 然而在现实生活中，却充满了模糊事物与模糊概念.

在经典数学里，每一个概念都必须给出明确的定义，例如"平行四边形"定义为"两组对边平行(内涵)的四边形(外延)". 但是，在人们的思维中，不是所有的概念都能做到如此明确地定义. 比如大、小，胖、瘦，强、弱，虚、实，长、短，冷、热等概念，都是边界不清的、模糊的，很难用经典数学来描述.

在普通集合里，设 A 是论域 X 的子集，则 X 中的元素 x 是否属于 A 可由特征函数

$$C_A(x)=\begin{cases}1 & x\in A,\\ 0 & x\notin A\end{cases}$$

来表明其隶属情况. 显然这种非此即彼、绝对化的二值逻辑，与许多实际问题是不尽相符的.

那么，该怎样来描述一个模糊集合呢？

在描述一个模糊集合时，我们可以在普通集合的基础上，把特征函数的取值范围从集合 $\{0,1\}$ 扩大到在 $[0,1]$ 区间连续取值，这样一来，就能借助经典数学这一工具，来定量地描述模糊集合了.

例 2-1 设 $X=\{1,2,3,4\}$，这四个元素有大小之分，现在要组成一个"小数"的子集. 显然元素 1 是 100% 的小数，应该属于这个子集. 元素 4 不算小数，不属于这个子集. 而如何来考虑元素 2 和 3 呢？它们能否放在这个子集内？我们可以认为元素 2"也还小"，或者算"八成小"，也把它放在这个子集内，同时声明 2 是 80% 的小数；元素 3 是"勉强小"，或者算"二成小"，也把它放在这个子集内，同时声明是 20% 的小数. 显然按照以上方法所组成的小数子集不是普通子集，而是模糊子集. 为了对这两类不同的集合加以区分，我们把小数子集记为 $\underset{\sim}{A}$，它的元素仍为 1，2，3，4，同时给出各元素在该小数子集中的隶属程度，即

$$\underset{\sim}{A}=\{(1|1),(2|0.8),(3|0.2),(4|0)\}.$$

扎德又将它写成

$$\underset{\sim}{A}=\frac{1}{1}+\frac{0.8}{2}+\frac{0.2}{3}+\frac{0}{4},$$

在此，不要误将上式右端当作分式求和．分母位置放置的是论域中的元素，分子位置放置的是相应元素的隶属度．当隶属度为零时，此项也可不写入．

定义 2-1 若对论域 X 中的每一元素 x，都规定从 X 到闭区间[0,1]的一个映射

$$\mu_{\underset{\sim}{A}}: X \to [0,1],$$
$$x \to \mu_{\underset{\sim}{A}}(x),$$

则在 X 上定义了一个模糊集合$\underset{\sim}{A}$：

$$\underset{\sim}{A}=\left\{\left.\frac{\mu_{\underset{\sim}{A}}(x)}{x}\right|_{x\in X}\right\},$$

$\mu_{\underset{\sim}{A}}(x)$称为$\underset{\sim}{A}$的隶属函数(membership function)，$\mu_{\underset{\sim}{A}}(x_i)$称为元素$x_i$的隶属度(grade of membership)．

模糊集合$\underset{\sim}{A}$完全由其隶属函数所刻画．

当 X 是可数集合 $X=\{x_1,x_2,\cdots,x_n\}$时，则离散型模糊集合$\underset{\sim}{A}$可表为

$$\underset{\sim}{A}=\sum_{i=1}^{n}\frac{\mu_{\underset{\sim}{A}}(x_i)}{x_i}.$$

当 X 为可数无穷集合 $X=\{x_1,x_2,\cdots\}$时，只需在上式中将 n 换为∞；而当 X 中的元素不可数时，则拟连续型模糊集合$\underset{\sim}{A}$借用积分号记为

$$\underset{\sim}{A}=\int_{x\in X}\frac{\mu_{\underset{\sim}{A}}(x)}{x},$$

这里的积分号$\int$仅借以表示无穷多个元素合并起来．此处规定

$$0\leqslant\mu_{\underset{\sim}{A}}(x)\leqslant 1$$

表示元素 x 的隶属度$\mu_{\underset{\sim}{A}}(x)$可为[0,1]区间上的任一实数．当

$$\mu_{\underset{\sim}{A}}(x_i)=0$$

时，表示元素 x_i 不属于这个模糊集合；当

$$\mu_{\underset{\sim}{A}}(x_i)=1$$

时，表示元素x_i百分之百属于这个模糊集合；当

$$\mu_{\underset{\sim}{A}}(x_i)=0.8$$

时，表示元素x_i百分之八十属于这个模糊集合．

显然，以上说法更真实地反映了实际情况，比如一个半圆，问它是圆或不是圆，不如说“它隶属于圆的程度是50%”更符合实际．由此可见，模糊数学填补了经典数学的空白，更真实地反映了现实．模糊集合是经典集合的一般化，而经典集合是模糊集合的特殊情形．

第二节　隶属函数的确定及分布

隶属函数是模糊集合赖以建立的基础，那么如何来确定一个模糊集合的隶属函数呢？

在例 2-1 中，$\mu_{\underset{\sim}{A}}(x)$可用分布列表示：

x	1	2	3	4
$\mu_{\underset{\sim}{A}}(x)$	1	0.8	0.2	0

或者写成

$$\mu_{\underset{\sim}{A}}(x)\begin{cases}1, & x=1,\\ 0.8, & x=2,\\ 0.2, & x=3,\\ 0, & x=4.\end{cases}$$

显然$\mu_{\underset{\sim}{A}}(2)=0.8$，$\mu_{\underset{\sim}{A}}(3)=0.2$是有争议的. 如果有人给定

$$\mu_{\underset{\sim}{A}}(x)\begin{cases}1, & x=1,\\ \dfrac{2}{3}, & x=2,\\ \dfrac{1}{3}, & x=3,\\ 0, & x=4,\end{cases}$$

进而用线性函数表示：

$$\mu_{\underset{\sim}{A}}(x)=\frac{1}{3}(4-x),x=1,2,3,4.$$

这样选取隶属函数是无可非议的.

应该指出，模糊集合中隶属函数值的确定本质上是客观的，但又带有主观性，通常是根据经验推理或统计而定，也可以由某个权威给出，它实质上带有约定的性质.

一般来说，隶属函数的表达式，对于离散型可用分布列表示，而对于拟连续型则有以下四种基本分布：

一、正态型(对称型)

形如

$$\mu_{\underset{\sim}{A}}(x)=\mathrm{e}^{-\left(\frac{x-a}{b}\right)^2}\ (b>0)$$

的隶属函数的模糊集合称为正态型模糊集，以上$\mu_{\underset{\sim}{A}}(x)$称为正态型隶属函数. 函数$\mathrm{e}^{-\left(\frac{x-a}{b}\right)^2}$是概率论中很重要的一种概率分布(正态分布)的概率密度函数(见图 2-1). 式中a,b都是给定的常数，在概率论中a叫作数学期望，$b=\sqrt{2}\sigma$(σ为标准差)，e是自然对数的底. 这是最常见的一种分布.

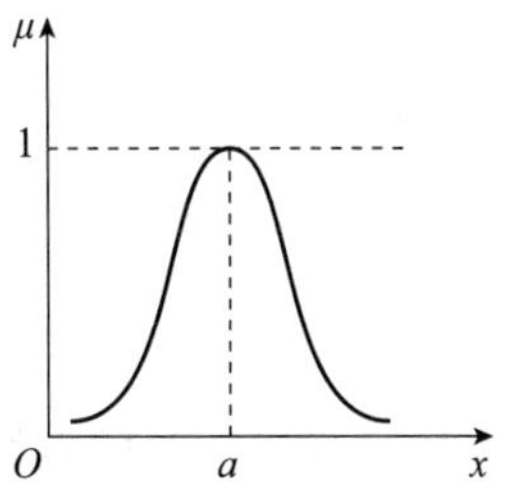

图 2-1　正态型隶属函数

二、戒上型(偏小型)

形如

$$\mu_{\underset{\sim}{A}}(x)=\begin{cases}1, & x\leqslant c,\\ \dfrac{1}{1+[a+(x-c)]^b}, & x>c\end{cases}$$

(其中 $a>0,b>0$)的隶属函数的模糊集合称为戒上型模糊集,以上$\mu_{\underset{\sim}{A}}(x)$称为戒上型隶属函数,它的图形如图 2-2 所示.

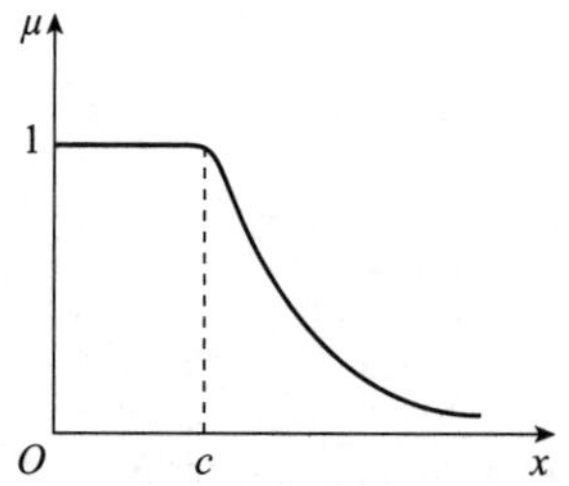

图 2-2　戒上型隶属函数

三、戒下型(偏大型)

形如

$$\mu_{\underset{\sim}{A}}(x)=\begin{cases}0, & x\leqslant c,\\ \dfrac{1}{1+[a+(x-c)]^{-b}}, & x>c\end{cases}$$

(其中 $a>0,b>0$)的隶属函数的模糊集合称为戒下型模糊集,以上 $\mu_{\underset{\sim}{A}}(x)$称为戒下型隶属函数,它的图形如图 2-3 所示.

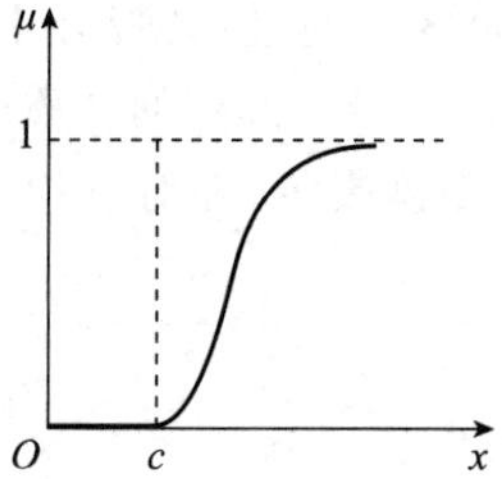

图 2-3　戒下型隶属函数

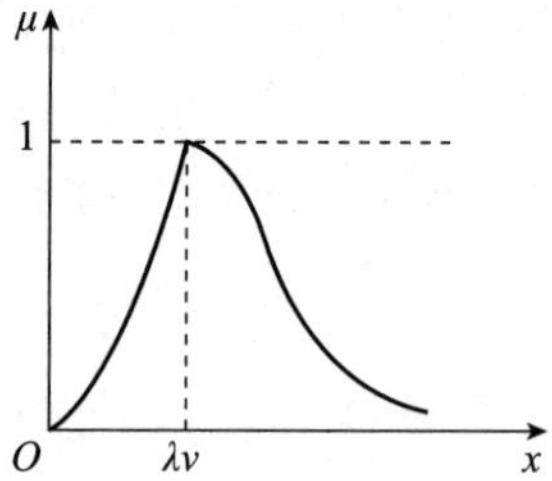

图 2-4　Γ 型隶属函数

四、Γ 型

形如

$$\mu_{\underset{\sim}{A}}(x)=\begin{cases}0, & x<0,\\ \left(\dfrac{x}{\lambda v}\right)^{v}\cdot \mathrm{e}^{v-\frac{x}{\lambda}}, & x\geqslant 0\end{cases}$$

(其中 $\lambda>0,v>0$)的隶属函数的模糊集合称为 Γ 型模糊集,以上$\mu_{\underset{\sim}{A}}(x)$称为 Γ 型隶属函数.当 $v-\dfrac{x}{\lambda}=0$ 即 $x=\lambda v$ 时,隶属度为 1,如图 2-4 所示.

在实际问题中,若用模糊数学去处理模糊概念,选择适当的隶属函数是很重要的.如果选取不当,则会远离实际情况,从而影响效果.

例 2-2　描述"年轻"这个模糊集合,一般认为 25 岁以下是标准的年轻,年过 25 岁,则年轻的程度将递减,故应属戒上型.扎德曾给出"年轻"这个模糊集合的隶属函数

$$\mu_{\underset{\sim}{年轻}}(x)=\begin{cases}1, & 0\leqslant x\leqslant 25,\\ \dfrac{1}{1+\left(\dfrac{x-25}{5}\right)^{2}}, & 25<x\leqslant 200,\end{cases}$$

其中论域 $X=[0,200]$，常数 5 表示以 5 岁为一级，是为计算方便而给定的. 这里，X 是一个连续的实数区间. 现计算几个年龄的隶属度如下：

x	0	25	28	30	40	50
$\mu_{\underset{\sim}{年轻}}(x)$	1	1	0.74	0.5	0.1	0.04

同样扎德给出了模糊集合“年老”的隶属函数

$$\mu_{\underset{\sim}{年老}}(x)=\begin{cases}0, & 0\leqslant x\leqslant 50,\\ \dfrac{1}{1+\left(\dfrac{x-50}{5}\right)^{-2}}, & 50<x\leqslant 200,\end{cases}$$

其隶属度可计算如下：

x	0	50	55	60	70	80
$\mu_{\underset{\sim}{年老}}(x)$	0	0	0.5	0.8	0.94	0.97

年龄越大其隶属度也越大，模糊集合“年老”应属戒下型. 50 岁也是被公认为开始年老的年龄.

例 2-3　设波长 λ 的论域 $U=[400,800]$（单位：nm），则红光、绿光、蓝光等都是论域 U 上的模糊集合. 绿光波长 $\lambda\in[460,570]$（单位：nm），$\lambda=540$ nm 是标准的绿光，其分布图是以 $\lambda=540$ 为对称轴的正态分布. 实际描出其分布图的幅度 $b=30$，可给出其隶属函数为

$$\mu_{\underset{\sim}{绿}}(\lambda)=\mathrm{e}^{-\left(\frac{\lambda-540}{30}\right)^{2}}.$$

根据上式可以标出 $\lambda=570$（或 510）时淡绿光的隶属度为

$$\mu_{\underset{\sim}{绿}}(570)=\mu_{\underset{\sim}{绿}}(510)=\mathrm{e}^{-1}=0.3679\approx 0.37.$$

同样可以给出红光、蓝光的隶属函数分别为

$$\mu_{\underset{\sim}{红}}(\lambda)=\mathrm{e}^{-\left(\frac{\lambda-700}{60}\right)^{2}},\mu_{\underset{\sim}{蓝}}(\lambda)=\mathrm{e}^{-\left(\frac{\lambda-460}{20}\right)^{2}}.$$

例 2-4　设 $U=\{a,b,c,d,e\}$，其中 a,b,c,d,e 是图 2-5 中的五个小块. 按照圆的程度可以确定模糊集合 $\underset{\sim}{A}$ 的隶属度如下：

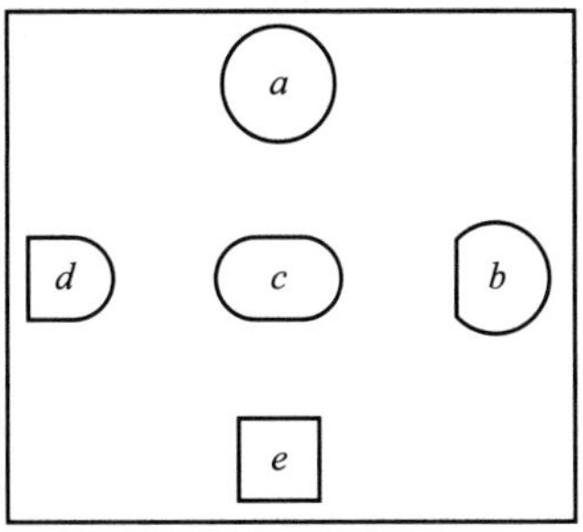

图 2-5　圆的程度

$$\mu_{\underset{\sim}{A}}(a)=1,\mu_{\underset{\sim}{A}}(b)=\frac{3}{4},\mu_{\underset{\sim}{A}}(c)=\frac{1}{2},\mu_{\underset{\sim}{A}}(d)=\frac{1}{4},\mu_{\underset{\sim}{A}}(e)=0.$$

于是模糊集合

$$\underset{\sim}{A}=\frac{1}{a}+\frac{3/4}{b}+\frac{1/2}{c}+\frac{1/4}{d}+\frac{0}{e}.$$

它们的含义是说，a 是 100%的圆，b 是 3/4 的圆，c 是半圆，d 只算 1/4 的圆，e 不能算圆. 其隶属函数可以表示为

$$\mu_{\underset{\sim}{A}}(x)=\begin{cases}1, & x=a,\\ 3/4, & x=b,\\ 1/2, & x=c,\\ 1/4, & x=d,\\ 0, & x=e,\end{cases}$$

或用分布列表示：

x	a	b	c	d	e
$\mu_{\underset{\sim}{A}}(x)$	1	$\frac{3}{4}$	$\frac{1}{2}$	$\frac{1}{4}$	0

同样，按照方的程度可以确定模糊集合$\underset{\sim}{B}$的隶属函数为

$$\mu_{\underset{\sim}{B}}(x)=\begin{cases}0, & x=a,\\ 1/4, & x=b,\\ 1/2, & x=c,\\ 3/4, & x=d,\\ 1, & x=e,\end{cases}$$

由此得模糊集合 $\underset{\sim}{B}=\frac{0}{a}+\frac{1/4}{b}+\frac{1/2}{c}+\frac{3/4}{d}+\frac{1}{e}$，这是与实际情况相符的.

例 2-5 针麻手术规定无痛(－)、轻痛(＋)、中痛(＋＋)、剧痛(＋＋＋)四级，可以据此定出手术$\underset{\sim}{A}$的隶属函数：

$$\mu_{\underset{\sim}{A}}(x)=\begin{cases}0, & \text{优(无痛)},\\ 0.1\sim0.3, & \text{良(轻痛)},\\ 0.4\sim0.7, & \text{可(中痛)},\\ 0.8\sim1, & \text{劣(剧痛)}.\end{cases}$$

医生根据临床经验还可以通过血压、脉搏在这四级中各自波动的范围来确定隶属函数，这样更为准确客观. 如给出下表：

级别	血压波动	脉搏波动	隶属度
轻痛	20 mmHg 内	20 次/分以内	0.1～0.3
中痛	20～30 mmHg	20～30 次/分	0.4～0.7
剧痛	30 mmHg 以上	30 次/分以上	0.8～1

总之，隶属函数的确定是客观事物本质属性在人脑中的反映，既有客观标准，也有主观因素. 探求的方法也是多种多样的. 一定要力求准确真实，并通过检验证实才有实用价值.

第三章 模糊集合的运算

我们知道,模糊数学是用精确数学的方法处理模糊现象的数学.为了寻找架在形式化思维和模糊复杂系统之间的桥梁,必须找到一套描述模糊事物、处理模糊现象的数学方法.为此,首先讨论模糊集合的运算.

第一节 模糊集合运算的概念

模糊集合(简称模糊集)的运算是普通集合(简称普通集)运算的拓广.由于模糊集是用隶属函数来表征的,因此两个模糊集间的运算,实际上就是逐点对隶属度做相应的运算.下面我们首先来探讨模糊集中空集、全集、等集、子集的概念,这些概念实际上是普通集相应概念的推广;进而再来讨论模糊集中补集、并集、交集的运算.

一、空集

设有模糊集$\underset{\sim}{A}$,当且仅当对于所有元素 x 的隶属函数恒为 0 时,则称 A 为空模糊集,记作$\underset{\sim}{A}=\varnothing$,即

$$\underset{\sim}{A}=\varnothing\Leftrightarrow\mu_{\underset{\sim}{A}}(x)=0.$$

显然模糊集中的空集就是一个普通集.

二、全集

模糊集中的全集也是普通集,它的隶属函数是 1,即

$$\underset{\sim}{A}=E\Leftrightarrow\mu_{\underset{\sim}{A}}(x)=1.$$

三、等集

两个模糊集$\underset{\sim}{A}$,$\underset{\sim}{B}$,当且仅当对于所有元素 x 的隶属函数都相等时,称两个模糊集相等,记为$\underset{\sim}{A}=\underset{\sim}{B}$,则

$$\underset{\sim}{A}=\underset{\sim}{B}\Leftrightarrow\mu_{\underset{\sim}{A}}(x)=\mu_{\underset{\sim}{B}}(x).$$

四、子集

设有模糊集$\underset{\sim}{A}$和$\underset{\sim}{B}$，对于所有元素 x，当且仅当$\mu_{\underset{\sim}{A}}(x)\leqslant\mu_{\underset{\sim}{B}}(x)$时，称$\underset{\sim}{A}$包含于$\underset{\sim}{B}$，此时称$\underset{\sim}{A}$为$\underset{\sim}{B}$的子集，记为 $\underset{\sim}{A}\subseteq\underset{\sim}{B}$，即

$$\underset{\sim}{A}\subseteq\underset{\sim}{B}\Leftrightarrow\mu_{\underset{\sim}{A}}(x)\leqslant\mu_{\underset{\sim}{B}}(x).$$

当且仅当$\mu_{\underset{\sim}{A}}(x)<\mu_{\underset{\sim}{B}}(x)$时，称$\underset{\sim}{A}$真包含于$\underset{\sim}{B}$，此时称$\underset{\sim}{A}$为$\underset{\sim}{B}$的真子集，记为$\underset{\sim}{A}\subset\underset{\sim}{B}$.

例如，设$\underset{\sim}{A}$为“少年”的模糊集，$\underset{\sim}{B}$为“年轻”的模糊集，任何人属于$\underset{\sim}{A}$的隶属程度总是小于属于$\underset{\sim}{B}$的隶属程度，因此，“少年”是“年轻”的模糊子集.

五、补集

模糊集$\underset{\sim}{A}$的绝对补集记为$\bar{\underset{\sim}{A}}$，定义如下：具有隶属函数

$$\mu_{\bar{\underset{\sim}{A}}}(x)=1-\mu_{\underset{\sim}{A}}(x)$$

的模糊集$\bar{\underset{\sim}{A}}$称为$\underset{\sim}{A}$的绝对补集，即$\underset{\sim}{A}$的补集

$$\bar{\underset{\sim}{A}}(\text{或}\neg\underset{\sim}{A})\Leftrightarrow\mu_{\bar{\underset{\sim}{A}}}(x)=1-\mu_{\underset{\sim}{A}}(x).$$

若$\underset{\sim}{A}$和$\underset{\sim}{B}$均为模糊集，则$\underset{\sim}{A}$关于$\underset{\sim}{B}$的相对补集记为$\underset{\sim}{B}-\underset{\sim}{A}$，由下式

$$\mu_{\underset{\sim}{B}-\underset{\sim}{A}}(x)=\mu_{\underset{\sim}{B}}(x)-\mu_{\underset{\sim}{A}}(x)$$

定义，其中规定$\mu_{\underset{\sim}{B}}(x)\geqslant\mu_{\underset{\sim}{A}}(x)$.

例如，设$\underset{\sim}{A}$为“高个子”的模糊集，$\bar{\underset{\sim}{A}}$为“非高个子”的模糊集，对于身高为 1.78 m 的 x_1 来说，若$\mu_{\underset{\sim}{A}}(x_1)=0.9$，则他属于“非高个子”的隶属度（或资格）为

$$\mu_{\bar{\underset{\sim}{A}}}(x_1)=1-0.9=0.1.$$

又如，设$\underset{\sim}{A}$为“胖子”的模糊集，$\underset{\sim}{B}$为“高个子”的模糊集，某人 x_1 属于“胖子”的隶属度$\mu_{\underset{\sim}{A}}(x_1)=0.6$，而属于“高个子”的隶属度$\mu_{\underset{\sim}{B}}(x_1)=0.9$，则$x_1$属于“胖子”关于“高个子”的相对补集的隶属度（或资格）为

$$\mu_{\underset{\sim}{B}-\underset{\sim}{A}}(x_1)=\mu_{\underset{\sim}{B}}(x_1)-\mu_{\underset{\sim}{A}}(x_1)=0.9-0.6=0.3.$$

上式表示某人x_1属于“高个子”的资格比属于“胖子”的资格要强 0.3.

六、并集

设论域 X 上两模糊集$\underset{\sim}{A}$和$\underset{\sim}{B}$的隶属函数分别是$\mu_{\underset{\sim}{A}}(x)$和$\mu_{\underset{\sim}{B}}(x)$，它们的并是一个模糊集，用$\underset{\sim}{C}$来表示，记为$\underset{\sim}{C}=\underset{\sim}{A}\cup\underset{\sim}{B}$，其隶属函数与$\underset{\sim}{A}$和$\underset{\sim}{B}$的隶属函数之间有关系

$$\mu_{\underset{\sim}{C}}(x)=\max\{\mu_{\underset{\sim}{A}}(x),\mu_{\underset{\sim}{B}}(x)\},\ \forall x\in X,$$

即

$$\underset{\sim}{C}=\underset{\sim}{A}\cup\underset{\sim}{B}\Leftrightarrow\mu_{\underset{\sim}{C}}(x)=\max\{\mu_{\underset{\sim}{A}}(x),\mu_{\underset{\sim}{B}}(x)\}.$$

例如，设$\underset{\sim}{A}$为“胖子”的模糊集，$\underset{\sim}{B}$为“高个子”的模糊集，今有 5 人组成的集合

$$X=\{x_1,x_2,x_3,x_4,x_5\},$$

他们分别属于“胖子”集合$\underset{\sim}{A}$和“高个子”集合$\underset{\sim}{B}$的隶属度为

$$\begin{cases}\mu_{\underset{\sim}{A}}(x_1)=0.5, & \mu_{\underset{\sim}{B}}(x_1)=0.6, \\ \mu_{\underset{\sim}{A}}(x_2)=0.8, & \mu_{\underset{\sim}{B}}(x_2)=0.5, \\ \mu_{\underset{\sim}{A}}(x_3)=0.4, & \mu_{\underset{\sim}{B}}(x_3)=1, \\ \mu_{\underset{\sim}{A}}(x_4)=0.6, & \mu_{\underset{\sim}{B}}(x_4)=0.3, \\ \mu_{\underset{\sim}{A}}(x_5)=0.4, & \mu_{\underset{\sim}{B}}(x_5)=0.4.\end{cases}$$

这时，$\underset{\sim}{A}$，$\underset{\sim}{B}$的并集$\underset{\sim}{C}=\underset{\sim}{A}\cup\underset{\sim}{B}$表示“或胖或高的人”的模糊集，其隶属函数为

$$\mu_{\underset{\sim}{C}}(x_1)=\max\{\mu_{\underset{\sim}{A}}(x_1),\mu_{\underset{\sim}{B}}(x_1)\}=0.5\vee 0.6=0.6,$$

$$\mu_{\underset{\sim}{C}}(x_2)=0.8\vee 0.5=0.8,$$

$$\mu_{\underset{\sim}{C}}(x_3)=0.4\vee 1=1,$$

$$\mu_{\underset{\sim}{C}}(x_4)=0.6\vee 0.3=0.6,$$

$$\mu_{\underset{\sim}{C}}(x_5)=0.4\vee 0.4=0.4,$$

其中“$\vee$”称为取大运算.

模糊集并运算也可表示为

$$\underset{\sim}{A}\cup\underset{\sim}{B}\Leftrightarrow\mu_{\underset{\sim}{A}\cup\underset{\sim}{B}}(x)=\mu_{\underset{\sim}{A}}(x)\vee\mu_{\underset{\sim}{B}}(x).$$

在上述模糊集并运算的定义中，如果隶属函数只取 1 或 0，那么就成了普通集的并运算.因此，普通集只是模糊集的一个特例，模糊集的并运算是普通集并运算的拓展和推广.

七、交集

$\underset{\sim}{A}$，$\underset{\sim}{B}$的交集也是一个模糊集，记为$\underset{\sim}{D}=\underset{\sim}{A}\cap\underset{\sim}{B}$，其隶属函数规定为$\mu_{\underset{\sim}{D}}(x)=\min\{\mu_{\underset{\sim}{A}}(x),\mu_{\underset{\sim}{B}}(x)\}$，$\forall x\in X$，即

$$\underset{\sim}{D}=\underset{\sim}{A}\cap\underset{\sim}{B}\Leftrightarrow\mu_{\underset{\sim}{D}}(x)=\min\{\mu_{\underset{\sim}{A}}(x),\mu_{\underset{\sim}{B}}(x)\}.$$

上式也可表示为

$$\underset{\sim}{A}\cap\underset{\sim}{B}\Leftrightarrow\mu_{\underset{\sim}{A}\cap\underset{\sim}{B}}(x)=\mu_{\underset{\sim}{A}}(x)\wedge\mu_{\underset{\sim}{B}}(x).$$

其中“$\wedge$”称为取小运算.

如对于上述的五人集合，可有

$$\begin{cases}\mu_{\underset{\sim}{A}\cap\underset{\sim}{B}}(x_1)=0.5, \\ \mu_{\underset{\sim}{A}\cap\underset{\sim}{B}}(x_2)=0.5, \\ \mu_{\underset{\sim}{A}\cap\underset{\sim}{B}}(x_3)=0.4, \\ \mu_{\underset{\sim}{A}\cap\underset{\sim}{B}}(x_4)=0.3, \\ \mu_{\underset{\sim}{A}\cap\underset{\sim}{B}}(x_5)=0.4,\end{cases}$$

这里，交集$\underset{\sim}{A}\cap\underset{\sim}{B}$表示“又胖又高的人”所组成的模糊集.

论域 X 中各元素的$\mu_{\underset{\sim}{A}}(x)$，$\mu_{\underset{\sim}{B}}(x)$，$\mu_{\underset{\sim}{A}\cup\underset{\sim}{B}}(x)$，$\mu_{\underset{\sim}{A}\cap\underset{\sim}{B}}(x)$如图 2-6、图 2-7 所示.

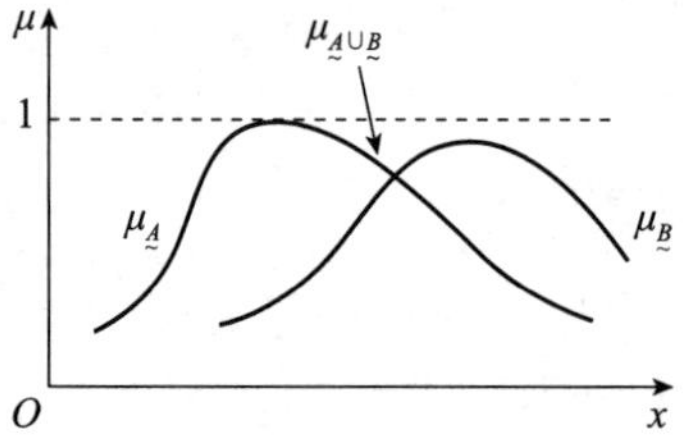

图 2-6　$\underset{\sim}{A}\cup\underset{\sim}{B}$

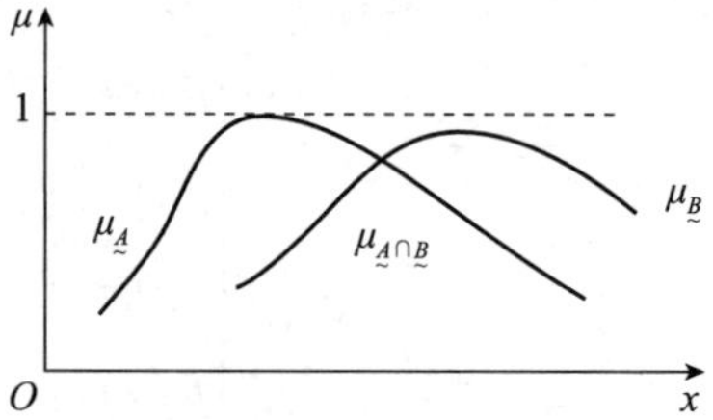

图 2-7　$\underset{\sim}{A}\cap\underset{\sim}{B}$

模糊集交运算的定义也是普通集交运算定义的拓广. 只要隶属函数只取 1 或 0，模糊集的交就成了普通集的交.

模糊集的并、交运算，不仅与普通集的同类运算相通，而且也具有实际意义. 例如，在统一招收研究生时，考了英语与日语两门外语. 如有名考生英语得 90 分，日语得 60 分. 这时，假如有的导师只要求考生掌握一门外语，那就可以以 90 分代表该生的外语水平(取大)；如果有的导师要求掌握两门外语，那就只能以 60 分来代表该生的外语水平(取小)了.

以上结论也可写成如下定理：

定理 2-1　模糊集的运算通过它的隶属函数实现：

$$\underset{\sim}{A}=\varnothing\Leftrightarrow\mu_{\underset{\sim}{A}}(x)=0;$$

$$\underset{\sim}{A}=E\Leftrightarrow\mu_{\underset{\sim}{A}}(x)=1;$$

$$\underset{\sim}{A}=\underset{\sim}{B}\Leftrightarrow\mu_{\underset{\sim}{A}}(x)=\mu_{\underset{\sim}{B}}(x);$$

$$\underset{\sim}{A}\subseteq\underset{\sim}{B}\Leftrightarrow\mu_{\underset{\sim}{A}}(x)\leqslant\mu_{\underset{\sim}{B}}(x);$$

$$\bar{\underset{\sim}{A}}\Leftrightarrow\mu_{\bar{\underset{\sim}{A}}}(x)=1-\mu_{\underset{\sim}{A}}(x);$$

$$\underset{\sim}{A}\cup\underset{\sim}{B}\Leftrightarrow\mu_{\underset{\sim}{A}\cup\underset{\sim}{B}}(x)=\mu_{\underset{\sim}{A}}(x)\vee\mu_{\underset{\sim}{B}}(x);$$

$$\underset{\sim}{A}\cap\underset{\sim}{B}\Leftrightarrow\mu_{\underset{\sim}{A}\cap\underset{\sim}{B}}(x)=\mu_{\underset{\sim}{A}}(x)\wedge\mu_{\underset{\sim}{B}}(x).$$

例 2-6　设 $X=\{1,2,3,4\}$，则

小数集　$\underset{\sim}{A}=\frac{1}{1}+\frac{0.8}{2}+\frac{0.2}{3}+\frac{0}{4}$；

大数集　$\underset{\sim}{B}=\frac{0}{1}+\frac{0.2}{2}+\frac{0.8}{3}+\frac{1}{4}$；

较小数集　$\underset{\sim}{C}=\frac{0.5}{1}+\frac{1}{2}+\frac{0.5}{3}+\frac{0}{4}$；

不较小数集　$\bar{\underset{\sim}{C}}=\frac{0.5}{1}+\frac{0}{2}+\frac{0.5}{3}+\frac{1}{4}$；

小或较小数集

$$\begin{aligned}\underset{\sim}{A}\cup\underset{\sim}{C}&=\frac{1\vee 0.5}{1}+\frac{0.8\vee 1}{2}+\frac{0.2\vee 0.5}{3}+\frac{0\vee 0}{4}\\&=\frac{1}{1}+\frac{1}{2}+\frac{0.5}{3}+\frac{0}{4};\end{aligned}$$

既小又大的数集

$$\underset{\sim}{A}\cap\underset{\sim}{B}=\frac{1\wedge 0}{1}+\frac{0.8\wedge 0.2}{2}+\frac{0.2\wedge 0.8}{3}+\frac{0\wedge 1}{4}$$

$$=\frac{0}{1}+\frac{0.2}{2}+\frac{0.2}{3}+\frac{0}{4}.$$

本例提供了将模糊语言数学化的范例.

第二节 模糊集合的运算性质

普通集中的各种运算性质除互补律外对于模糊集也都成立，但其证明不能用文氏图或真值表，而必须利用表示模糊集特征的隶属函数来证明.

定理 2-2 模糊集具有以下的运算性质：

(1) 幂等律 $\underset{\sim}{A}\cup\underset{\sim}{A}=\underset{\sim}{A},\underset{\sim}{A}\cap\underset{\sim}{A}=\underset{\sim}{A}$；

(2) 交换律 $\underset{\sim}{A}\cup\underset{\sim}{B}=\underset{\sim}{B}\cup\underset{\sim}{A},\underset{\sim}{A}\cap\underset{\sim}{B}=\underset{\sim}{B}\cap\underset{\sim}{A}$；

(3) 结合律 $(\underset{\sim}{A}\cup\underset{\sim}{B})\cup\underset{\sim}{C}=\underset{\sim}{A}\cup(\underset{\sim}{B}\cup\underset{\sim}{C})$，

$(\underset{\sim}{A}\cap\underset{\sim}{B})\cap\underset{\sim}{C}=\underset{\sim}{A}\cap(\underset{\sim}{B}\cap\underset{\sim}{C})$；

(4) 吸收律 $\underset{\sim}{A}\cup(\underset{\sim}{A}\cap\underset{\sim}{B})=\underset{\sim}{A},\underset{\sim}{A}\cap(\underset{\sim}{A}\cup\underset{\sim}{B})=\underset{\sim}{A}$；

(5) 分配律 $\underset{\sim}{A}\cup(\underset{\sim}{B}\cap\underset{\sim}{C})=(\underset{\sim}{A}\cup\underset{\sim}{B})\cap(\underset{\sim}{A}\cup\underset{\sim}{C})$，

$\underset{\sim}{A}\cap(\underset{\sim}{B}\cup\underset{\sim}{C})=(\underset{\sim}{A}\cap\underset{\sim}{B})\cup(\underset{\sim}{A}\cap\underset{\sim}{C})$；

(6) 复原律 $\overline{\overline{\underset{\sim}{A}}}=\underset{\sim}{A}$ 或 $\neg(\neg\underset{\sim}{A})=\underset{\sim}{A}$；

(7) 对偶律 $\overline{\underset{\sim}{A}\cup\underset{\sim}{B}}=\overline{\underset{\sim}{A}}\cap\overline{\underset{\sim}{B}},\overline{\underset{\sim}{A}\cap\underset{\sim}{B}}=\overline{\underset{\sim}{A}}\cup\overline{\underset{\sim}{B}}$；

(8) 定常律. 设 $\underset{\sim}{A}$ 是论域 X 上的模糊集合，则

$$\underset{\sim}{A}\cup X=X,\underset{\sim}{A}\cap X=\underset{\sim}{A},$$
$$\underset{\sim}{A}\cup\varnothing=\underset{\sim}{A},\underset{\sim}{A}\cap\varnothing=\varnothing.$$

例 2-7 证明吸收律：$\underset{\sim}{A}\cup(\underset{\sim}{A}\cap\underset{\sim}{B})=\underset{\sim}{A}$.

证
$$\begin{aligned}\mu_{\underset{\sim}{A}\cup(\underset{\sim}{A}\cap\underset{\sim}{B})}(x)&=\mu_{\underset{\sim}{A}}(x)\vee(\mu_{\underset{\sim}{A}\cap\underset{\sim}{B}}(x))\\&=\mu_{\underset{\sim}{A}}(x)\vee(\mu_{\underset{\sim}{A}}(x)\wedge\mu_{\underset{\sim}{B}}(x))\\&=\begin{cases}\mu_{\underset{\sim}{A}}(x)\vee\mu_{\underset{\sim}{B}}(x),\mu_{\underset{\sim}{A}}(x)\geqslant\mu_{\underset{\sim}{B}}(x),\\ \mu_{\underset{\sim}{A}}(x)\vee\mu_{\underset{\sim}{A}}(x),\mu_{\underset{\sim}{A}}(x)<\mu_{\underset{\sim}{B}}(x),\end{cases}\\&=\mu_{\underset{\sim}{A}}(x),\end{aligned}$$

所以 $\underset{\sim}{A}\cup(\underset{\sim}{A}\cap\underset{\sim}{B})=\underset{\sim}{A}$.

例 2-8 证明对偶律(德·摩根律)：$\overline{\underset{\sim}{A}\cup\underset{\sim}{B}}=\overline{\underset{\sim}{A}}\cap\overline{\underset{\sim}{B}}$.

证
$$\begin{aligned}\mu_{\overline{\underset{\sim}{A}\cup\underset{\sim}{B}}}(x)&=1-\mu_{(\underset{\sim}{A}\cup\underset{\sim}{B})}(x)\\&=1-[\mu_{\underset{\sim}{A}}(x)\vee\mu_{\underset{\sim}{B}}(x)],\end{aligned}$$
$$\begin{aligned}\mu_{\overline{\underset{\sim}{A}}\cap\overline{\underset{\sim}{B}}}(x)&=\mu_{\overline{\underset{\sim}{A}}}(x)\wedge\mu_{\overline{\underset{\sim}{B}}}(x)\\&=[1-\mu_{\underset{\sim}{A}}(x)]\wedge[1-\mu_{\underset{\sim}{B}}(x)].\end{aligned}$$

当 $\mu_{\underset{\sim}{A}}(x)>\mu_{\underset{\sim}{B}}(x)$ 时，

$$\mu_{\overline{\underset{\sim}{A}\cup\underset{\sim}{B}}}(x)=1-\mu_{\underset{\sim}{A}}(x),\mu_{\overline{\underset{\sim}{A}}\cap\overline{\underset{\sim}{B}}}(x)=1-\mu_{\underset{\sim}{A}}(x);$$

当$\mu_{\underset{\sim}{A}}(x)\leqslant\mu_{\underset{\sim}{B}}(x)$时，

$$\mu_{\overline{\underset{\sim}{A}\cup\underset{\sim}{B}}}(x)=1-\mu_{\underset{\sim}{B}}(x),\mu_{\bar{\underset{\sim}{A}}\cap\bar{\underset{\sim}{B}}}(x)=1-\mu_{\underset{\sim}{B}}(x).$$

从而$\mu_{\overline{\underset{\sim}{A}\cup\underset{\sim}{B}}}(x)=\mu_{\bar{\underset{\sim}{A}}\cap\bar{\underset{\sim}{B}}}(x)$，所以$\overline{\underset{\sim}{A}\cup\underset{\sim}{B}}=\bar{\underset{\sim}{A}}\cap\bar{\underset{\sim}{B}}$.

例 2-9 验证普通集中互补律在模糊集中不成立（举例）：

$$\underset{\sim}{A}\cup\bar{\underset{\sim}{A}}\neq E,\underset{\sim}{A}\cap\bar{\underset{\sim}{A}}\neq\varnothing,$$

即

$$\mu_{\underset{\sim}{A}}(x)\vee\mu_{\bar{\underset{\sim}{A}}}(x)\neq1,\mu_{\underset{\sim}{A}}(x)\wedge\mu_{\bar{\underset{\sim}{A}}}(x)\neq0.$$

证 例如，$\mu_{\underset{\sim}{A}}(x)=0.3$，则$\mu_{\bar{\underset{\sim}{A}}}(x)=0.7$，而

$$\mu_{\underset{\sim}{A}}(x)\vee\mu_{\bar{\underset{\sim}{A}}}(x)=0.3\vee0.7=0.7\neq1,$$

$$\mu_{\underset{\sim}{A}}(x)\wedge\mu_{\bar{\underset{\sim}{A}}}(x)=0.3\wedge0.7=0.3\neq0.$$

第四章 模糊集合与普通集合的相互转化

第一节 λ 水平截集

模糊集是通过隶属函数来定义的，它可以转化为普通集. 例如，“高个子”是个模糊集，可是“身高 1.70 m 以上的人”就是个普通集了，因为它具有明确的界线；同样，“老人”是个模糊集，而“70 岁以上的人”却是个普通集. 下面引进一个新的概念来揭示模糊集与普通集间的联系.

定义 2-2 设给定模糊集$\underset{\sim}{A}$，对于任意实数 $\lambda\in[0,1]$，称普通集$A_\lambda=\{x\mid\mu_{\underset{\sim}{A}}(x)\geqslant\lambda\}$为$\underset{\sim}{A}$的 λ 水平截集，简称 λ 截集(λ cut sets).

所谓取一个模糊集的截集 A_λ，也就是将隶属函数按下式转化成特征函数：

$$C_{A_\lambda}(x)=\begin{cases}1, & 当\mu_{\underset{\sim}{A}}(x)\geqslant\lambda 时,\\ 0, & 当\mu_{\underset{\sim}{A}}(x)<\lambda 时.\end{cases}$$

其直观意义是：当 x 对$\underset{\sim}{A}$的隶属度达到或超过 λ 时，就算是 A_λ 的元素. 称 λ 为置信水平(confidence level)，又可通俗地解释为“门槛”或“阈值”. 以上转化如图 2-8 所示.

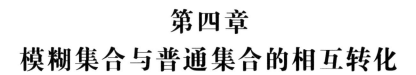

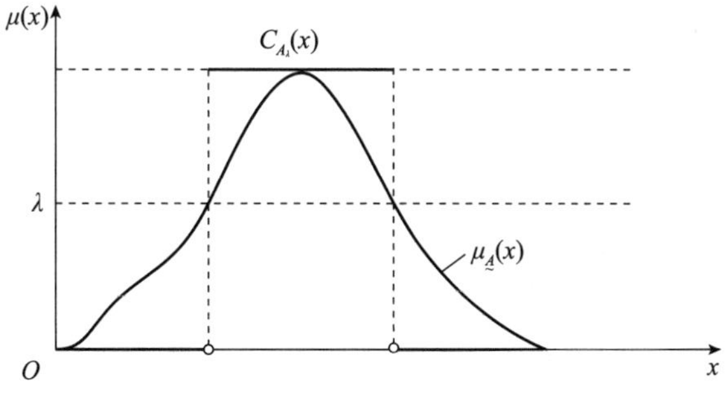

图 2-8 A_λ 的特征函数

例如在本篇第二章第二节例 2-4 中，

$$\underset{\sim}{A}=\frac{1}{a}+\frac{0.75}{b}+\frac{0.5}{c}+\frac{0.25}{d}+\frac{0}{e}.$$

取 $\lambda=1$，凡不满 1 的隶属度都看作 0，于是

$$A_1=\{a\}.$$

从图 2-5 看出，只有 a 才是圆，A_1 中只有一个元素 a，这个“水平”很高.

取 $\lambda=0.6$，即隶属度在 0.6 以上的都看成 1，不满 0.6 的看作 0，于是

$$A_{0.6}=\{a,b\},$$

即圆降低到六成的水平（门槛低了一点），b 也算是圆了，$A_{0.6}$ 中有两个元素 a,b.

取 $\lambda=0.5$，则

$$A_{0.5}=\{a,b,c\}.$$

将圆的水平再降低到五成，连半圆 c 也算是圆了.

同样，$A_{0.2}=\{a,b,c,d\}$，$A_0=U=\{a,b,c,d,e\}$.

λ 截集具有以下性质：

性质 1 $(\underset{\sim}{A}\cup\underset{\sim}{B})_\lambda=A_\lambda\cup B_\lambda$，$(\underset{\sim}{A}\cap\underset{\sim}{B})_\lambda=A_\lambda\cap B_\lambda$.

证 设

$$\begin{aligned}&x\in(\underset{\sim}{A}\cup\underset{\sim}{B})_\lambda\quad(0\leqslant\lambda\leqslant1)\\&\Leftrightarrow\mu_{\underset{\sim}{A}\cup\underset{\sim}{B}}(x)\geqslant\lambda\\&\Leftrightarrow\mu_{\underset{\sim}{A}}(x)\vee\mu_{\underset{\sim}{B}}(x)\geqslant\lambda\\&\Leftrightarrow\mu_{\underset{\sim}{A}}(x)\geqslant\lambda\text{ 或 }\mu_{\underset{\sim}{B}}(x)\geqslant\lambda\\&\Leftrightarrow x\in A_\lambda\text{ 或 }x\in B_\lambda\\&\Leftrightarrow x\in(A_\lambda\cup B_\lambda),\end{aligned}$$

所以 $(\underset{\sim}{A}\cup\underset{\sim}{B})_\lambda=A_\lambda\cup B_\lambda$.

类似可证 $(\underset{\sim}{A}\cap\underset{\sim}{B})_\lambda=A_\lambda\cap B_\lambda$. 证毕.

性质 2 若 $\lambda,\mu\in[0,1]$ 且 $\lambda<\mu$，则 $A_\lambda\supseteq A_\mu$.

亦即截集水平越低，A_λ 越大；反之，截集水平越高，A_λ 也就越小. 证明是显然的.

当 $\lambda=1$ 时，A_λ 最小. 若 $A_\lambda=1$ 时，则称它是 $\underset{\sim}{A}$ 的“核”. 为此有如下定义：

定义 2-3 如果一个模糊集 $\underset{\sim}{A}$ 的核是非空的，则称 $\underset{\sim}{A}$ 为正规模糊集，否则称为非正规模糊集.

以下定义模糊集 $\underset{\sim}{A}$ 的支（撑）集（$\mathrm{supp}\,\underset{\sim}{A}$）.

定义 2-4 模糊集 $\underset{\sim}{A}$ 的支集 $\mathrm{supp}\,\underset{\sim}{A}$ 为

$$\mathrm{supp}\,\underset{\sim}{A}=\{x\mid x\in U,\mu_{\underset{\sim}{A}}(x)>0\}\text{（图 2-9）}.$$

$\mathrm{supp}\,\underset{\sim}{A}$ 有时也记作 A_{0^+}，表示 $\underset{\sim}{A}$ 的支集是论域 U 中 $\mu_{\underset{\sim}{A}}(x)$ 为正的点的集合，并称 $\mathrm{supp}\,\underset{\sim}{A}-A_1$ 为 $\underset{\sim}{A}$ 的边界.

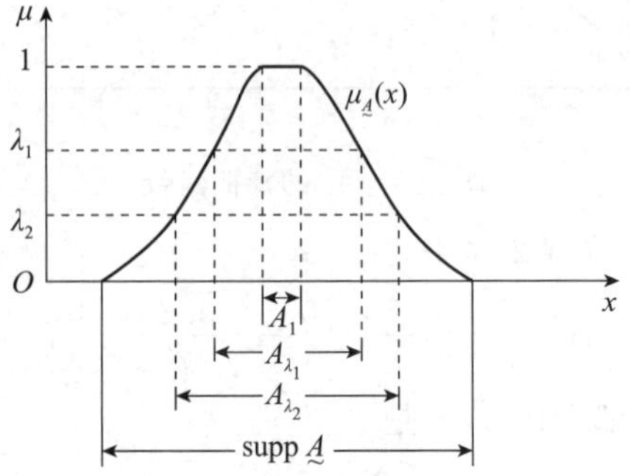

图 2-9　截集与支集

由以上可知，核 A_1 是完全隶属于$\underset{\sim}{A}$的成员，以后随着阈值从 1 下降趋于 0（不到达 0），A_λ从$\underset{\sim}{A}$的核扩张为$\underset{\sim}{A}$的支集. 因此，普通子集族

$$\{A_\lambda \mid 0<\lambda\leqslant 1\}$$

象征着一个具有游移边界的集合、一个具有弹性边界的集合和一个可变的运动的集合.

例如在本篇第二章第二节例 2-4 的

$$\underset{\sim}{A}=\frac{1}{a}+\frac{0.75}{b}+\frac{0.5}{c}+\frac{0.25}{d}+\frac{0}{e}$$

中，$A_1=\{a\}$是$\underset{\sim}{A}$的核，而 $A_{0^+}=\{a,b,c,d\}$.

第二节　分解定理和扩张原理

模糊数学的基本理论除了模糊集合外，还有分解定理（decomposition theorem）与扩张原理（extension principle），前者把模糊集合论的问题化为普通集合论的问题来解，而后者把普通集合论的方法扩展到模糊集合中去.

下面首先介绍分解定理：

设$\underset{\sim}{A}$为论域 U 的一个模糊集，A_λ是$\underset{\sim}{A}$的 λ 截集，$\lambda\in[0,1]$，$C_{A_\lambda}(x)$为A_λ的特征函数，则

$$\mu_{\underset{\sim}{A}}(x)=\bigvee_{\lambda\in[0,1]}[\lambda\wedge C_{A_\lambda}(x)].$$

以上定理说明，为求$\underset{\sim}{A}$中某元素 x 的隶属函数，可以先求 λ 与其特征函数 $C_{A_\lambda}(x)$的最小值

$$\lambda\wedge C_{A_\lambda}(x),$$

再就所有不同的 λ（即在$[0,1]$中遍取 λ）取最大值

$$\bigvee_{\lambda\in[0,1]}[\lambda\wedge C_{A_\lambda}(x)]$$

以下先举例说明，然后再加以证明. 由于要就所有不同的 λ 遍取是不可能取全的，因此这个说明并不是严格的.

例 2-10　设$\underset{\sim}{A}=\frac{1}{a}+\frac{0.75}{b}+\frac{0.5}{c}+\frac{0.25}{d}+\frac{0}{e}$，求 $\mu_{\underset{\sim}{A}}(c)$.

解　取 5 个 λ 截集：

$\lambda=1$：　$A_1=\{a\}$，　$\lambda\wedge C_{A_\lambda}(c)=1\wedge 0=0$，

$\lambda=0.6$：　$A_{0.6}=\{a,b\}$，　$\lambda\wedge C_{A_\lambda}(c)=0.6\wedge 0=0$，

$\lambda=0.5$：　$A_{0.5}=\{a,b,c\}$，　$\lambda\wedge C_{A_\lambda}(c)=0.5\wedge 1=0.5$，

$\lambda=0.2$：　$A_{0.2}=\{a,b,c,d\}$，　$\lambda\wedge C_{A_\lambda}(c)=0.2\wedge 1=0.2$，

$\lambda=0$：　$A_0=\{a,b,c,d\}$，　$\lambda\wedge C_{A_\lambda}(c)=0\wedge 1=0$，

则

$$\begin{aligned}\bigvee_{\lambda\in[0,1]}[\lambda\wedge C_{A_\lambda}(C)]&=(1\wedge 0)\vee(0.6\wedge 0)\vee(0.5\wedge 1)\vee(0.2\wedge 1)\vee(0\wedge 1)\\&=0\vee 0\vee 0.5\vee 0.2\vee 0=0.5,\end{aligned}$$

所以

$$\mu_{\underset{\sim}{A}}(c)=0.5.$$

注: 如果要求$\mu_{\underset{\sim}{A}}(c)$,则所取的 5 个 λ 截集一定要包含开始出现 c 的 $\lambda=0.5$,否则验证就不正确了.

分解定理的证明:因为$C_{A_\lambda}(x)$是A_λ的特征函数,即

$$C_{A_\lambda}(x)=\begin{cases}0, & \mu_{\underset{\sim}{A}}(x)<\lambda,\\ 1, & \mu_{\underset{\sim}{A}}(x)\geqslant\lambda,\end{cases}$$

而在[0,1]内遍取 λ,可以将 λ 分为两类:

$$\mu_{\underset{\sim}{A}}(x)<\lambda \text{ 与 } \mu_{\underset{\sim}{A}}(x)\geqslant\lambda,$$

于是

$$\bigvee_{\lambda\in[0,1]}[\lambda\wedge C_{A_\lambda}(c)]=\Big[\bigvee_{\mu_{\underset{\sim}{A}}(x)<\lambda}(\lambda\wedge C_{A_\lambda}(x))\Big]\vee\Big[\bigvee_{\mu_{\underset{\sim}{A}}(x)\geqslant\lambda}(\lambda\wedge C_{A_\lambda}(x))\Big].$$

但

$$\bigvee_{\mu_{\underset{\sim}{A}}(x)<\lambda}(\lambda\wedge C_{A_\lambda}(x))=\bigvee_{\mu_{\underset{\sim}{A}}(x)<\lambda}(\lambda\wedge 0)=0,$$

$$\bigvee_{\mu_{\underset{\sim}{A}}(x)\geqslant\lambda}(\lambda\wedge C_{A_\lambda}(x))=\bigvee_{\mu_{\underset{\sim}{A}}(x)\geqslant\lambda}(\lambda\wedge 1)=\bigvee_{\mu_{\underset{\sim}{A}}(x)\geqslant\lambda}(\lambda),$$

所以

$$\bigvee_{\lambda\in[0,1]}\{\lambda\wedge C_{A_\lambda}(c)\}=\bigvee_{\mu_{\underset{\sim}{A}}(x)\geqslant\lambda}(\lambda)=\mu_{\underset{\sim}{A}}(x).$$

截集概念及分解定理是联系普通集与模糊集的桥梁.

扩张原理是扎德于 1975 年引进的,这个原理允许将一个映射或关系的定义域从 X 中的普通集拓展为 X 中的模糊集,从而提供了为处理模糊量而把非模糊的数学概念进行扩充的一般方法.

在普通集合中,我们已讨论过有关集合的像与集合的原像的问题. 设给定两个集合 X 和 Y,且有映射

$$f:X\to Y.$$

如果在 X 上给定一普通子集 A,则可以通过映射 f 得到一个集合 $B=f(A)$,且 $B\subseteq Y$. 但是若在 X 上给定一模糊集$\underset{\sim}{A}$,则经过映射 f 之后变成什么呢? 对此扎德在 1975 年引入了所谓"扩张原理",它可以作为公理来使用,现表述如下:

设 f 是从 X 到 Y 的一个映射,$\underset{\sim}{A}$是 X 上的一个模糊集:

$$\underset{\sim}{A}=\frac{\mu_1}{x_1}+\frac{\mu_2}{x_2}+\cdots+\frac{\mu_n}{x_n},$$

则由映射 f 产生的$\underset{\sim}{A}$的像为

$$f(\underset{\sim}{A})=\frac{\mu_1}{f(x_1)}+\frac{\mu_2}{f(x_2)}+\cdots+\frac{\mu_n}{f(x_n)}.$$

这就是说,$\underset{\sim}{A}$经过映射 f 后,映射成 $f(\underset{\sim}{A})$时,其隶属函数可以无保留地传递下去,亦即经过映射后,模糊集$\underset{\sim}{A}$和 $f(\underset{\sim}{A})$在论域中的相应元素的隶属度保持不变.

若$\underset{\sim}{A}$是一个连续集,即

$$\underset{\sim}{A}=\int_X\frac{\mu_{\underset{\sim}{A}}(x)}{x},$$

则

$$f(\underset{\sim}{A})=\int_{Y}\frac{\mu_{\underset{\sim}{A}}(x)}{f(x)}.$$

如果不是单值映射时，则规定像的隶属度取最大值.

以上"扩张原理"的合理性留待以后证明，下面我们通过图 2-10、图 2-11 来进行说明.

从图 2-10 可以看出，模糊集$\underset{\sim}{A}$的隶属函数为$\mu_{\underset{\sim}{A}}(x)$，经过映射 f 后，得模糊集 $f(\underset{\sim}{A})=\underset{\sim}{B}$，其隶属函数变为$\mu_{\underset{\sim}{B}}(y)$，但各相应点隶属度不变. 例如：

x_1点：$\mu_{\underset{\sim}{A}}(x_1)=a_1$，相应点$y_1$，$\mu_{\underset{\sim}{B}}(y_1)=b_1=a_1$；

x_2点：$\mu_{\underset{\sim}{A}}(x_2)=a_2$，相应点$y_2$，$\mu_{\underset{\sim}{B}}(y_2)=b_2=a_2$；

x_3点：$\mu_{\underset{\sim}{A}}(x_3)=a_3$，相应点$y_3$，$\mu_{\underset{\sim}{B}}(y_3)=b_3=a_3$.

此处 a_1,a_2,a_3 和 b_1,b_2,b_3 都是[0,1]闭区间的实数.

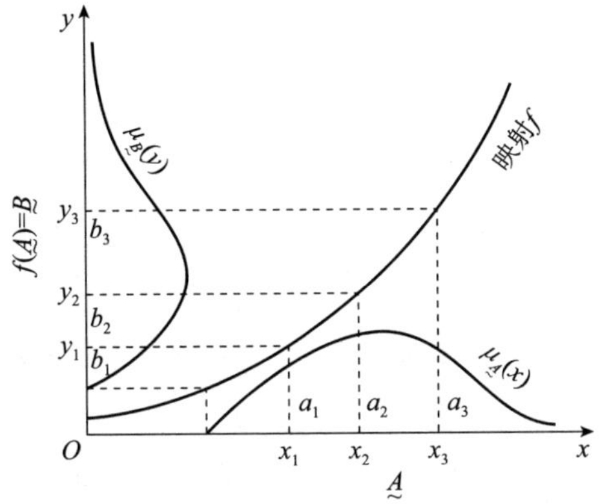

图 2-10　映射后隶属度保持不变

另外还可以用图 2-11 来解释，若不是单值映射时，像的隶属度应取最大者.

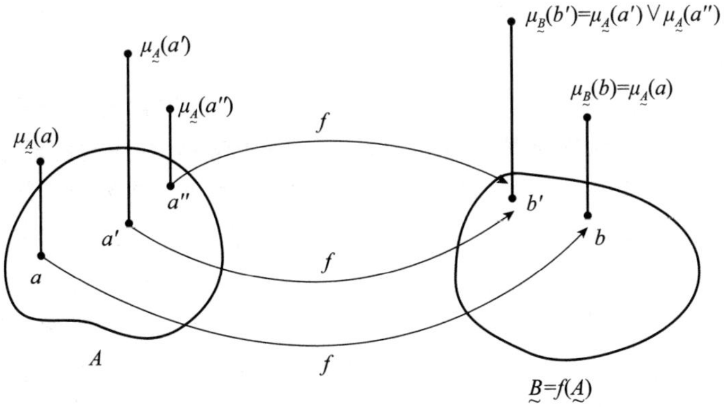

图 2-11　映射图

设

$$\underset{\sim}{A}=\frac{\mu_{\underset{\sim}{A}}(a)}{a}+\frac{\mu_{\underset{\sim}{A}}(a')}{a'}+\frac{\mu_{\underset{\sim}{A}}(a'')}{a''},$$

经过映射 f 后

$$f(\underset{\sim}{A})=\underset{\sim}{B}=\frac{\mu_{\underset{\sim}{B}}(b)}{b}+\frac{\mu_{\underset{\sim}{B}}(b')}{b'},$$

其中 a 经 f 后对应 b，a' 和 a'' 经 f 后对应 b'，则有

$$\mu_{\underset{\sim}{B}}(b)=\mu_{\underset{\sim}{A}}(a),\mu_{\underset{\sim}{B}}(b')=\mu_{\underset{\sim}{A}}(a')\vee\mu_{\underset{\sim}{A}}(a'').$$

分解定理和扩张原理是模糊数学很重要的理论基础.

例 2-11 设 $X=\{0,1,2,3,\cdots,9\}$，并令 f 是平方运算，令{小的}是 X 上的一个模糊集，其定义为

$$\{小的\}=\frac{1}{0}+\frac{1}{1}+\frac{0.7}{2}+\frac{0.5}{3}+\frac{0.2}{4}.$$

因 f 是平方运算，即 $f(x)=x^2$，则有

$$\begin{aligned}f\{小的\}&=\frac{1}{0^2}+\frac{1}{1^2}+\frac{0.7}{2^2}+\frac{0.5}{3^2}+\frac{0.2}{4^2}\\&=\frac{1}{0}+\frac{1}{1}+\frac{0.7}{4}+\frac{0.5}{9}+\frac{0.2}{16}.\end{aligned}$$

第三节　模糊数学与经典数学的关系

在模糊数学的理论研究中有两大支柱：一是模糊集合的概念，它是普通集合论的推广，模糊集合将在{0,1}两点上取值的特征函数推广到可在[0,1]闭区间上取任意值的隶属函数，具有深远意义；二是分解定理和扩张原理，即从方法论的角度来看，任何模糊数学的定理都可通过分解定理化为普通集合论的问题来处理，而扩张原理又是把普通集合论的方法扩张到模糊数学中去. 因此我们认为，从概念上来说模糊数学是经典数学的推广和发展，但从方法上来说模糊数学又使用传统的普通集合论的方法. 可见，模糊数学和经典数学之间有着难解难分的密切关系. 因此，决不能把模糊数学和传统数学分割开来，模糊数学与经典数学之间存在着深刻的辩证关系.

传统数学并不是想象的那样“天衣无缝”，绝对化的二值逻辑的思想实质上是扬弃了事物本身的模糊性而抽象出倾向于某一极端的思想，其精确对于某些问题却蕴含着不精确性，因为它所扬弃的恰恰是客观存在的事物的“亦此亦彼”的中介过渡性. 而模糊数学的产生，就正好可以用精确的方法去描述模糊现象，将模糊概念数学化.

模糊数学绝不是把数学变成模糊的东西，它同样具有经典数学的特性：条理分明，一丝不苟，即使描述模糊概念(现象)，也会描述得清清楚楚. 模糊数学将数学的应用范围从精确现象扩展到了模糊现象的领域，它给人们研究事物数学化增添了一种新的思维方法和一个难得的数学工具. 比如计算机和人工智能技术，尽管计算机可以完成每秒上亿次的运算，但它却难以完成诸如“把电视图像调得更清晰一些”这一连小孩都能轻易完成的指令. 因为何为“清晰”，它的外延是一个模糊集，而要使计算机完成这一带有模糊性指令的程序，就必须要用精确的数学表达式去描述模糊现象，去刻画模糊集. 诸如此类的应用问题，在信息决策、国民经济各领域中也是很多的.

第五章
模糊聚类分析

客观世界的各事物之间普遍存在着联系，描述事物之间联系的数学模型之一就是关系. 关系是集合论中最基本的概念之一，而作为通常关系的扩张与拓广的模糊关系，在模糊集合论中占有极为重要的地位，具有广泛应用，特别是在模糊聚类分析中具有重要应用.

第一节　直积、关系、模糊关系

例 2-12　设 $A=\{a,b,c\}$，$B=\{0,1\}$，求由 A，B 两集合中元素之间的任意搭配所产生的新集合.

若按先 A 后 B 的顺序，则新集合为

$$\{(a,0)(a,1)(b,0)(b,1)(c,0)(c,1)\}. \tag{1}$$

若按相反的顺序，则为

$$\{(0,a)(1,a)(0,b)(1,b)(0,c)(1,c)\}. \tag{2}$$

定义 2-5　集合 A 和 B 的直积(direct product)$A\times B$ 规定为序对(a,b)的集合：

$$A\times B=\{(a,b)\mid a\in A, b\in B\}.$$

又称为笛卡儿乘积.

在例 2-12 中(1)为 $A\times B$，(2)为 $B\times A$.

在笛卡儿坐标系中，若以 X 表示横轴，Y 表示纵轴，则 $X\times Y=\{(x,y)\mid x\in X, y\in Y\}$便表示坐标平面，也就是我们通常说的笛卡儿空间(descartes space).

两个集合的直积可以推广到多个集合上去. 设 $A_1, A_2, \cdots, A_n$ 是 n 个集合，则多个集合的直积定义为

$$A_1\times A_2\times\cdots\times A_n=\{(x_1,x_2,\cdots,x_n)\mid x_1\in A_1, x_2\in A_2,\cdots,x_n\in A_n\}.$$

例 2-13　设集合 $A=\{0,1\}$，$B=\{a,b\}$，$C=\{*,\times,\triangle\}$，则 $A\times B\times C$ 就是由$(0,a,*)$，$(0,a,\times)$，$(0,a,\triangle)$，$\cdots$，$(1,b,*)$，$(1,b,\times)$，$(1,b,\triangle)$等 12 个元素所组成的集合.

笛卡儿乘积是两集合元素之间的一种有序的无约束搭配. 若给搭配以约束，便体现了一种特殊关系，关系的内容寓于搭配的约束之中. 因此，所谓“关系”，事实上就是被包含在笛卡儿乘积中的一个子集(通俗地说，就是笛卡儿乘积中的一种有约束的搭配).

定义 2-6　集合 A，B 的直积 $A\times B$ 的一个子集 R 称为从 A 到 B 的一个二元关系，简称关系，记作

$$A \xrightarrow{R} B,$$

当 $A=B$ 时，R 称为 A 上的关系.

一般地，定义$A_1 \times A_2 \times \cdots \times A_n$的子集为 $A_1, A_2, \cdots, A_n$ 之间的 n 元关系.

用集合表示关系是现代数学的一个重要思想.

例如：

$$A=\{张三,李四,王五\},$$

$$B=\{优,良,中,差\},$$

$A \times B$ 就是张三、李四、王五这三人在考试中可能出现的情况，它共有 $3\times4=12$ 种搭配方式. 设在某次考试中，张三得“优”，李四、王五得“中”，则构成一个从 A 到 B 的关系，亦即

$$R=\{(张三,优),(李四,中),(王五,中)\}.$$

显然 R 是 $A\times B$ 的一个子集.

关系也可用图来表示. 在例 2-13 中，若用“1”表示$(a,b)\in R$，用“0”表示$(a,b)\notin R$，如(张三，优)$\in R$ 记作“1”，(张三，良)$\notin R$ 则记作“0”，于是还可列表来表示以上关系：

R	优	良	中	差
张三	1	0	0	0
李四	0	0	1	0
王五	0	0	1	0

将此表格写成矩阵形式便得到关系矩阵 $\boldsymbol{R}$ 如下：

$$\boldsymbol{R}=\begin{bmatrix}1&0&0&0\\0&0&1&0\\0&0&1&0\end{bmatrix}.$$

关系矩阵对应着关系图：若$(a,b)\in R$，则从 a 到 b 连一条直线，如图 2-12 所示.

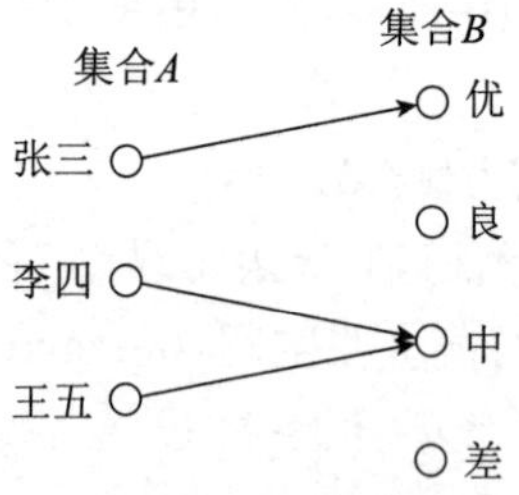

图 2-12　关系图

以上关系图也表示从集合 A 到集合 B 的关系.

现在我们把普通集中的关系拓广到模糊集中来.

定义 2-7　称直积空间 $X\times Y=\{(x,y)\mid x\in X, y\in Y\}$上的一个模糊集$\underset{\sim}{R}$为从 X 到 Y 的一个模糊关系(fuzzy relation)，记作

$$X \xrightarrow{\underset{\sim}{R}} Y.$$

模糊关系$\underset{\sim}{R}$由其隶属函数

$$\mu_{\underset{\sim}{R}}(x,y): X\times Y \to [0,1]$$

所刻画. $\mu_{\underset{\sim}{R}}(x_0,y_0)$叫作$(x_0,y_0)$具有关系$\underset{\sim}{R}$的程度.

从 X 到 Y 的二元模糊关系还可列表如下：

$\underset{\sim}{R}$	y_1	y_2	$\cdots$	y_n
x_1	r_{11}	r_{12}	$\cdots$	r_{1n}
x_2	r_{21}	r_{22}	$\cdots$	r_{2n}
$\vdots$	$\vdots$	$\vdots$		$\vdots$
x_m	r_{m1}	r_{m2}	$\cdots$	r_{mn}

其中(x_i,y_j)具有关系$\underset{\sim}{R}$的程度 $r_{ij}\in[0,1]$,$\underset{\sim}{R}$可以记为

$$\underset{\sim}{R}=\left\{\frac{\mu_{\underset{\sim}{R}}(x,y)}{(x,y)}\bigg|_{x\in X,y\in Y}\right\}.$$

当 $X=Y$ 时,称 X 到 Y 的模糊关系为 X 上的(二元)模糊关系.

若论域是 n 个集合的直积空间,$X_1\times X_2\times\cdots\times X_n$时,模糊关系$\underset{\sim}{R}$是这个空间的模糊集,它的隶属函数$\mu_{\underset{\sim}{R}}(x_1,x_2,\cdots,x_n)$是 n 个变量的多元函数,记为

$$\mu_{\underset{\sim}{R}}(x_1,x_2,\cdots,x_n):X_1\times X_2\times\cdots\times X_n\to[0,1].$$

例 2-14　某中学对 1238 名学生就身高论域 $X=\{140,150,160,80,170,180\}$(单位:cm),体重论域 $Y=\{40,50,60,70,80\}$(单位:kg)的统计如下表:

R	40	50	60	70	80	合计
140	20	16	4	2	0	42
150	80	100	80	20	10	290
160	30	120	150	120	30	450
170	15	30	120	150	120	435
180	0	1	2	8	10	21
合计	145	267	356	300	170	1238

表中第二行身高 140 cm 的学生中 40 kg 的人数最多,将它的权数定为 1,其余依比例定为 0.8,0.2,0.1 和 0;同样第三行身高 150 cm 的学生中 50 kg 的人数最多,将它的权数定为 1,于是第三行的加权数是 0.8,1,0.8,0.2,0.1;第四行是 0.2,0.8,1,0.8,0.2;第五行是0.1,0.2,0.8,1,0.8;第六行是 0,0.1,0.2,0.8,1.这样上表所示 $X\to Y$ 的关系可改写成下表:

$\underset{\sim}{R}$	40	50	60	70	80
140	1	0.8	0.2	0.1	0
150	0.8	1	0.8	0.2	0.1
160	0.2	0.8	1	0.8	0.2
170	0.1	0.2	0.8	1	0.8
180	0	0.1	0.2	0.8	1

以上给出了身高-体重的模糊关系$\underset{\sim}{R}$.

本例提供了将统计数据改造成为隶属度并构造模糊关系的方法.

第二节　模糊矩阵

一、模糊矩阵和关系图

设 $X=\{x_1,x_2,\cdots,x_n\}$，X 上的模糊集

$$\underset{\sim}{A}=\frac{a_1}{x_1}+\frac{a_2}{x_2}+\cdots+\frac{a_n}{x_n},a_i=\mu_{\underset{\sim}{A}}(x_i),$$

称 $\mathbf{A}$ 为 n 维模糊向量(fuzzy vector)，记为

$$\underset{\sim}{\mathbf{A}}=(a_1,a_2,\cdots,a_n),$$

它的 n 个分量 $a_1,a_2,\cdots,a_n\in[0,1]$.

模糊向量可以看成一元模糊集的另一种表达形式. 模糊向量与普通向量的区别在于前者的诸分量 $a_i\in[0,1]$. 如果分量仅取 0,1 二值，即 $a_i\in\{0,1\}$，则称为布尔向量(boolean vector).

二元模糊关系可以用模糊矩阵来表示，和普通矩阵一样，$m\times n$ 模糊矩阵可以看成由 m 个模糊向量组成，它的元素

$$r_{ij}=(x_i,y_i):X\times Y\rightarrow[0,1].$$

当 $r_{ij}=0$ 或 1 时，称为布尔矩阵. 布尔矩阵可以表达普通的关系. 例 2-14 中的模糊关系可用模糊矩阵表示如下：

$$\begin{bmatrix} 1 & 0.8 & 0.2 & 0.1 & 0 \\ 0.8 & 1 & 0.8 & 0.2 & 0.1 \\ 0.2 & 0.8 & 1 & 0.8 & 0.2 \\ 0.1 & 0.2 & 0.8 & 1 & 0.8 \\ 0 & 0.1 & 0.2 & 0.8 & 1 \end{bmatrix}.$$

模糊矩阵是研究模糊关系及其性质的重要工具，后面我们将做比较详细的讨论.

下面我们再看一个可以用模糊矩阵和关系图表示的模糊关系的例子.

例 2-15　设有一组同学为

$$X=\{张三,李四,王五\},$$

他们可以选学英语、法语、德语、日语四种外语中的任意几门. 令 Y 表示这四门外语课所组成的集合：

$$Y=\{英语,法语,德语,日语\}.$$

设他们的结业成绩如下：

姓名	语种	成绩
张三	英语	86
张三	法语	84
李四	德语	96
王五	日语	66
王五	英语	78

若用考分来描述掌握的程度，则把他们的成绩都除以 100 而折合成隶属度，由上表可以构造出一个模糊矩阵$\underset{\sim}{\boldsymbol{R}}$，用它来表示“掌握”的模糊关系：

$$\underset{\sim}{\boldsymbol{R}}=\begin{bmatrix}0.86 & 0.84 & 0 & 0\\ 0 & 0 & 0.96 & 0\\ 0.78 & 0 & 0 & 0.66\end{bmatrix}\begin{matrix}\text{张三}\\ \text{李四.}\\ \text{王五}\end{matrix}$$

英语　法语　德语　日语

这个矩阵还可用相应的图来表示，此图称为关系图. 例 2-15 所对应的关系图如图 2-13 所示.

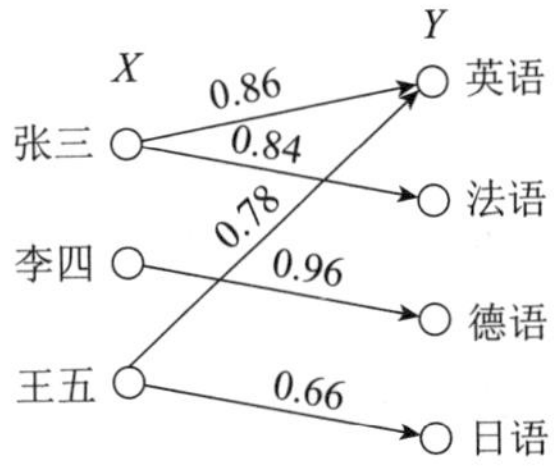

图 2-13　关系图

二、模糊矩阵的运算

为讨论方便，以下设模糊矩阵$\underset{\sim}{\boldsymbol{A}}$，$\underset{\sim}{\boldsymbol{B}}$为 n 阶方阵.

设模糊矩阵$\underset{\sim}{\boldsymbol{A}}=(a_{ij})$，$\underset{\sim}{\boldsymbol{B}}=(b_{ij})$，$a_{ij}\in[0,1]$，$b_{ij}\in[0,1]$$(i,j=1,2,\cdots,n)$，

(1) 相等：若$a_{ij}=b_{ij}(i,j=1,2,\cdots,n)$，则称$\underset{\sim}{\boldsymbol{A}}=\underset{\sim}{\boldsymbol{B}}$.

(2) 包含：若$a_{ij}\leqslant b_{ij}(i,j=1,2,\cdots,n)$，则称$\underset{\sim}{\boldsymbol{A}}\subseteq\underset{\sim}{\boldsymbol{B}}$. 例如

$$\begin{bmatrix}0.4 & 0\\ 1 & 0.5\end{bmatrix}\subseteq\begin{bmatrix}0.5 & 0.1\\ 1 & 0.7\end{bmatrix}.$$

(3) 并：设$c_{ij}=a_{ij}\vee b_{ij}(i,j=1,2,\cdots,n)$，称$\underset{\sim}{\boldsymbol{C}}=(c_{ij})$为$\underset{\sim}{\boldsymbol{A}}$，$\underset{\sim}{\boldsymbol{B}}$的并，记为$\underset{\sim}{\boldsymbol{C}}=\underset{\sim}{\boldsymbol{A}}\cup\underset{\sim}{\boldsymbol{B}}$.

(4) 交：设$c_{ij}=a_{ij}\wedge b_{ij}(i,j=1,2,\cdots,n)$，称$\underset{\sim}{\boldsymbol{C}}=(c_{ij})$为$\underset{\sim}{\boldsymbol{A}}$，$\underset{\sim}{\boldsymbol{B}}$的交，记为$\underset{\sim}{\boldsymbol{C}}=\underset{\sim}{\boldsymbol{A}}\cap\underset{\sim}{\boldsymbol{B}}$.

(5) 补(余)：称$\overline{\underset{\sim}{\boldsymbol{A}}}=(1-a_{ij})$为$\underset{\sim}{\boldsymbol{A}}$的补矩阵.

例 2-16　设模糊矩阵$\underset{\sim}{\boldsymbol{A}}=\begin{bmatrix}0.5 & 0.3\\ 0.4 & 0.8\end{bmatrix}$，$\underset{\sim}{\boldsymbol{B}}=\begin{bmatrix}0.8 & 0.5\\ 0.3 & 0.7\end{bmatrix}$，则

$$\underset{\sim}{\boldsymbol{A}}\cup\underset{\sim}{\boldsymbol{B}}=\begin{bmatrix}0.5\vee 0.8 & 0.3\vee 0.5\\ 0.4\vee 0.3 & 0.8\vee 0.7\end{bmatrix}=\begin{bmatrix}0.8 & 0.5\\ 0.4 & 0.8\end{bmatrix},$$

$$\underset{\sim}{\boldsymbol{A}}\cap\underset{\sim}{\boldsymbol{B}}=\begin{bmatrix}0.5\wedge 0.8 & 0.3\wedge 0.5\\ 0.4\wedge 0.3 & 0.8\wedge 0.7\end{bmatrix}=\begin{bmatrix}0.5 & 0.3\\ 0.3 & 0.7\end{bmatrix},$$

$$\overline{\underset{\sim}{\boldsymbol{A}}}=\begin{bmatrix}1-0.5 & 1-0.3\\ 1-0.4 & 1-0.8\end{bmatrix}=\begin{bmatrix}0.5 & 0.7\\ 0.6 & 0.2\end{bmatrix}.$$

(6) 合成

先介绍普通关系的合成运算.

设 U 是某一人群，弟兄(R)、父子(S)是 U 中的两个普通关系，叔侄(Q)也是 U 中的一个

普通关系，在这三个关系之间，有这样的联系：

x 是 z 的叔叔($(x,z)\in Q$)$\Leftrightarrow$至少有一个 y，使 y 是 x 的哥哥($(x,y)\in R$)而且 y 是 z 的父亲($(y,z)\in S$). 我们称叔侄关系是弟兄关系与父子关系的合成，记作

$$叔侄=弟兄\circ父子.$$

一般地，设给定集合 X,Y，并设 R 是 $X\times Y$ 上的普通关系，亦即 $X\times Y$ 的一个子集，再设另有集合 Z，S 是 $Y\times Z$ 上的普通关系，则 R 和 S 的合成关系

$$Q=R\circ S$$

就是由 X (经 Y)到 Z 的一个关系. 例如：

$$X=\{x_1,x_2,x_3,x_4\},$$

$$Y=\{y_1,y_2\},$$

$$Z=\{z_1,z_2,z_3\},$$

$$R=\{(x_1,y_1),(x_2,y_1),(x_2,y_2),(x_4,y_2)\},$$

$$S=\{(y_1,z_1),(y_1,z_2),(y_2,z_2),(y_2,z_3)\},$$

则可画图表示合成关系 $Q=R\circ S$，它就是图 2-14 中能够连接起来的从 X 到 Z 的点. 因此

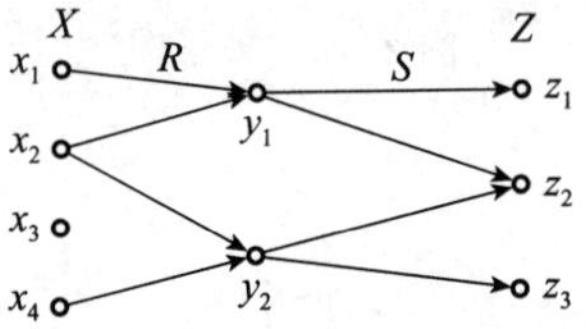

图 2-14　合成关系 $Q=R\circ S$

$$Q=\{(x_1,z_1),(x_1,z_2),(x_2,z_1),(x_2,z_2),(x_2,z_3),(x_4,z_2),(x_4,z_3)\}.$$

关系 R,S,Q 分别对应着普通关系矩阵，亦即布尔矩阵：

$$\boldsymbol{R}=\begin{array}{c} \\ x_1\\x_2\\x_3\\x_4\end{array}\begin{array}{c} \begin{array}{cc} y_1 & y_2\end{array}\\ \begin{bmatrix}1&0\\1&1\\0&0\\0&1\end{bmatrix}\end{array},$$

$$\boldsymbol{S}=\begin{array}{c} \\ y_1\\y_2\end{array}\begin{array}{c} \begin{array}{ccc} z_1 & z_2 & z_3\end{array}\\ \begin{bmatrix}1&1&0\\0&1&1\end{bmatrix}\end{array},$$

$$\boldsymbol{Q}=\begin{array}{c} \\ x_1\\x_2\\x_3\\x_4\end{array}\begin{array}{c} \begin{array}{ccc} z_1 & z_2 & z_3\end{array}\\ \begin{bmatrix}1&1&0\\1&1&1\\0&0&0\\0&1&1\end{bmatrix}\end{array},$$

而 $\boldsymbol{Q}=\boldsymbol{R}\circ\boldsymbol{S}$，此处“$\circ$”表示合成运算. 回忆线性代数中的普通矩阵的乘法，设 $\boldsymbol{A},\boldsymbol{B}$ 分别为矩阵

$$\boldsymbol{A}=(a_{ij})_{m\times n},\boldsymbol{B}=(b_{ij})_{n\times p},$$

因 $\boldsymbol{A}$ 的列数 n 等于 $\boldsymbol{B}$ 的行数 n，故可相乘，设

$$C=A\cdot B=(c_{ij})_{m\times p},$$

其中 $c_{ij}=\sum_{k=1}^{n}a_{ik}b_{kj}(i=1,2,\cdots,m;j=1,2,\cdots,p)$.

现在只需把上式中的普通乘法换为最小运算“∧”，把普通加法换为最大运算“∨”即可得

$$c_{ij}=\bigvee_{k=1}^{n}(a_{ik}\wedge b_{kj})(i=1,2,\cdots,m;j=1,2,\cdots,p).$$

对于前例，可把a_{ij}代以r_{ij}，b_{ij}代以s_{ij}，c_{ij}代以q_{ij}，同时注意到 $m=4,n=2,p=3$，并按最大、最小运算法则，亦即

$$q_{ij}=\bigvee_{k=1}^{2}(r_{ik}\wedge s_{kj})(i=1,2,3,4;j=1,2,3,4),$$

即得 $Q=R\circ S$ 这个合成关系所对应的矩阵运算为

$$\begin{bmatrix}1&0\\1&1\\0&0\\0&1\end{bmatrix}\circ\begin{bmatrix}1&1&0\\0&1&1\end{bmatrix}=\begin{bmatrix}1&1&0\\1&1&1\\0&0&0\\0&1&1\end{bmatrix},$$

由此，可以给出模糊关系合成的定义：

定义 2-8　设矩阵$\underset{\sim}{\boldsymbol{A}}=(a_{ij})_{m\times n}$表示 X 到 Y 的模糊关系，矩阵 $\underset{\sim}{\boldsymbol{B}}=(b_{ij})_{n\times p}$表示 Y 到 Z 的模糊关系，则 $\underset{\sim}{\boldsymbol{A}}$ 与 $\underset{\sim}{\boldsymbol{B}}$ 的合成

$$\underset{\sim}{\boldsymbol{C}}=\underset{\sim}{\boldsymbol{A}}\circ\underset{\sim}{\boldsymbol{B}}$$

定义为 X 到 Z 的模糊关系，其隶属函数为

$$\begin{aligned}\mu_{\underset{\sim}{C}}(x,z)&=\mu_{\underset{\sim}{A}\circ\underset{\sim}{B}}(x,z)\\&=\sup_{y\in Y}\{\min[\mu_{\underset{\sim}{A}}(x,y),\mu_{\underset{\sim}{B}}(y,z)]\}\end{aligned}$$

或

$$c_{ij}=\bigvee_{k=1}^{n}(a_{ik}\wedge b_{kj})(i=1,2,\cdots,m;j=1,2,\cdots,p),$$

其中 x,y,z 分别表示论域 X,Y,Z 中的元素，$\sup\limits_{y\in Y}$表示对所有的 $y\in Y$ 取最小上界. $\underset{\sim}{\boldsymbol{C}}$叫作矩阵$\underset{\sim}{\boldsymbol{A}}$与$\underset{\sim}{\boldsymbol{B}}$的合成，也称为$\underset{\sim}{\boldsymbol{A}}$与$\underset{\sim}{\boldsymbol{B}}$的模糊乘积.

例 2-17　设模糊矩阵

$$\underset{\sim}{\boldsymbol{A}}=\begin{bmatrix}0.3&0.7&0.2\\1&0&0.4\\0&0.5&1\\0.6&0.7&0.8\end{bmatrix}_{4\times3},\underset{\sim}{\boldsymbol{B}}=\begin{bmatrix}0.1&0.9\\0.9&0.1\\0.6&0.4\end{bmatrix}_{3\times2},\underset{\sim}{\boldsymbol{A}}\circ\underset{\sim}{\boldsymbol{B}}=\underset{\sim}{\boldsymbol{C}}=\begin{bmatrix}0.7&0.3\\0.4&0.9\\0.6&0.4\\0.7&0.6\end{bmatrix}_{4\times2},$$

其中

$$\begin{aligned}c_{11}&=(a_{11}\wedge b_{11})\vee(a_{12}\wedge b_{21})\vee(a_{13}\wedge b_{31})\\&=(0.3\wedge0.1)\vee(0.7\wedge0.9)\vee(0.2\wedge0.6)\\&=0.1\vee0.7\vee0.2=0.7,\end{aligned}$$

如此等等.

可见模糊矩阵的乘法与普通矩阵的乘法相比较，运算过程一样，只不过是将实数加法改成∨(逻辑加)，将实数乘法改成∧(逻辑乘)罢了：

$$+\rightarrow\vee(\max),$$

$$\cdot \to \wedge(\min).$$

当然，模糊矩阵的乘法除了用“∨”和“∧”算子进行运算外，还可以普通的加、乘运算为基础，使用“有界和与普通实数乘法”算子，将矩阵$\underset{\sim}{A}$与$\underset{\sim}{B}$的合成矩阵$\underset{\sim}{C}$中元素 c_{ij} 的计算

$$c_{ij}=\bigvee_{k=1}^{n}(a_{ik}\wedge b_{kj})(i=1,2,\cdots,m;j=1,2,\cdots,p),$$

换成
$$c_{ij}=\sum_{k=1}^{n}a_{ik}\cdot b_{kj}(i=1,2,\cdots,m;j=1,2,\cdots,p).$$

如例 2-17 中，使用“有界和与普通实数乘法”算子可以得到

$$\underset{\sim}{A}\circ\underset{\sim}{B}=\underset{\sim}{C}=\begin{bmatrix}0.78 & 0.42\\0.34 & 1.06\\1.05 & 0.45\\1.17 & 0.93\end{bmatrix},$$

其中 $c_{11}=0.3\times0.1+0.7\times0.9+0.2\times0.6=0.78$，等等.

例 2-18 设模糊矩阵

$$\underset{\sim}{A}=\begin{bmatrix}0.8 & 0.7\\0.5 & 0.3\end{bmatrix},\underset{\sim}{B}=\begin{bmatrix}0.2 & 0.4\\0.6 & 0.9\end{bmatrix},$$

$$\underset{\sim}{A}\circ\underset{\sim}{B}=\begin{bmatrix}(0.8\wedge0.2)\vee(0.7\wedge0.6) & (0.8\wedge0.4)\vee(0.7\wedge0.9)\\(0.5\wedge0.2)\vee(0.3\wedge0.6) & (0.5\wedge0.4)\vee(0.3\wedge0.9)\end{bmatrix}$$

$$=\begin{bmatrix}0.2\vee0.6 & 0.4\vee0.7\\0.2\vee0.3 & 0.4\vee0.3\end{bmatrix}=\begin{bmatrix}0.6 & 0.7\\0.3 & 0.4\end{bmatrix}.$$

仿此可求得

$$\underset{\sim}{B}\circ\underset{\sim}{A}=\begin{bmatrix}0.2\vee0.4 & 0.2\vee0.3\\0.6\vee0.5 & 0.6\vee0.3\end{bmatrix}=\begin{bmatrix}0.4 & 0.3\\0.6 & 0.6\end{bmatrix}.$$

可见模糊矩阵的合成不满足交换律，即

$$\underset{\sim}{A}\circ\underset{\sim}{B}\neq\underset{\sim}{B}\circ\underset{\sim}{A}.$$

可以证明，它满足结合律，即

$$(\underset{\sim}{A}\circ\underset{\sim}{B})\circ\underset{\sim}{C}=\underset{\sim}{A}\circ(\underset{\sim}{B}\circ\underset{\sim}{C});$$

满足对并的分配律，即

$$(\underset{\sim}{A}\cup\underset{\sim}{B})\circ\underset{\sim}{C}=(\underset{\sim}{A}\circ\underset{\sim}{C})\cup(\underset{\sim}{B}\circ\underset{\sim}{C}),$$
$$\underset{\sim}{C}\circ(\underset{\sim}{A}\cup\underset{\sim}{B})=(\underset{\sim}{C}\circ\underset{\sim}{A})\cup(\underset{\sim}{C}\circ\underset{\sim}{B}).$$

但不满足对交的分配律，即

$$(\underset{\sim}{A}\cap\underset{\sim}{B})\circ\underset{\sim}{C}\neq(\underset{\sim}{A}\circ\underset{\sim}{C})\cap(\underset{\sim}{B}\circ\underset{\sim}{C}),$$
$$\underset{\sim}{C}\circ(\underset{\sim}{A}\cap\underset{\sim}{B})\neq(\underset{\sim}{C}\circ\underset{\sim}{A})\cap(\underset{\sim}{C}\circ\underset{\sim}{B}).$$

例 2-19 设某家庭中子女与父母外貌的相似关系为一模糊关系：

$\underset{\sim}{R}$	父	母
子	0.8	0.5
女	0.2	0.6

用矩阵表示即为

$$\underset{\sim}{\boldsymbol{R}}=\begin{bmatrix}0.8 & 0.5\\0.2 & 0.6\end{bmatrix}.$$

父母与祖父母的外貌相似关系为另一模糊关系：

$\underset{\sim}{S}$	祖父	祖母
父	0.7	0.5
母	0.1	0

用矩阵表示即为

$$\underset{\sim}{\boldsymbol{S}}=\begin{bmatrix}0.7 & 0.5\\0.1 & 0\end{bmatrix}.$$

两模糊关系的合成：

$$\underset{\sim}{\boldsymbol{R}}\circ\underset{\sim}{\boldsymbol{S}}=\begin{bmatrix}0.8 & 0.5\\0.2 & 0.6\end{bmatrix}\circ\begin{bmatrix}0.7 & 0.5\\0.1 & 0\end{bmatrix}=\begin{bmatrix}0.7 & 0.5\\0.2 & 0.2\end{bmatrix},$$

即其模糊关系为：

$\underset{\sim}{R}\circ\underset{\sim}{S}$	祖父	祖母
子	0.7	0.5
女	0.2	0.2

也就是说，在该家庭中孙子与祖父、祖母的相似程度分别为 0.7、0.5；而孙女与祖父、祖母的相似程度只有 0.2. 以上说明，祖父母与其孙颇为相像，而与孙女则不很像.

此例给我们提供了模糊矩阵相乘时先取小后取大的一个现实范例.

(7) 转置

设模糊矩阵$\underset{\sim}{\boldsymbol{A}}=(a_{ij})$，称$(a_{ji})$为$\underset{\sim}{\boldsymbol{A}}$的转置矩阵，记为

$$\underset{\sim}{\boldsymbol{A}}^{\mathrm{T}}=(a_{ji})$$

例如

$$\underset{\sim}{\boldsymbol{A}}=\begin{bmatrix}0.1 & 0.5\\0.3 & 0.7\end{bmatrix},\underset{\sim}{\boldsymbol{A}}^{\mathrm{T}}=\begin{bmatrix}0.1 & 0.3\\0.5 & 0.7\end{bmatrix}.$$

模糊矩阵的转置具有以下性质：

① $(\underset{\sim}{\boldsymbol{A}}\cup\underset{\sim}{\boldsymbol{B}})^{\mathrm{T}}=\underset{\sim}{\boldsymbol{A}}^{\mathrm{T}}\cup\underset{\sim}{\boldsymbol{B}}^{\mathrm{T}}$；

② $(\underset{\sim}{\boldsymbol{A}}\cap\underset{\sim}{\boldsymbol{B}})^{\mathrm{T}}=\underset{\sim}{\boldsymbol{A}}^{\mathrm{T}}\cap\underset{\sim}{\boldsymbol{B}}^{\mathrm{T}}$；

③ $(\underset{\sim}{\boldsymbol{A}}\circ\underset{\sim}{\boldsymbol{B}})^{\mathrm{T}}=\underset{\sim}{\boldsymbol{B}}^{\mathrm{T}}\circ\underset{\sim}{\boldsymbol{A}}^{\mathrm{T}}$；

④ $(\underset{\sim}{\boldsymbol{A}}^{\mathrm{T}})^{\mathrm{T}}=\underset{\sim}{\boldsymbol{A}}$；

⑤ $(\overline{\underset{\sim}{\boldsymbol{A}}^{\mathrm{T}}})=(\overline{\underset{\sim}{\boldsymbol{A}}})^{\mathrm{T}}$；

⑥ 若$\underset{\sim}{\boldsymbol{A}}\subseteq\underset{\sim}{\boldsymbol{B}}$，则$\underset{\sim}{\boldsymbol{A}}^{\mathrm{T}}\subseteq\underset{\sim}{\boldsymbol{B}}^{\mathrm{T}}$.

这里省略它们的证明，而用下例加以说明.

例 2-20　设模糊矩阵$\underset{\sim}{\boldsymbol{A}}=\begin{bmatrix}0.1 & 0.5\\0.3 & 0.7\end{bmatrix}$，$\underset{\sim}{\boldsymbol{B}}=\begin{bmatrix}0.1 & 0.6\\0.5 & 1\end{bmatrix}$，则

$$\underset{\sim}{A}\cup\underset{\sim}{B}=\begin{bmatrix}0.1 & 0.6\\0.5 & 1\end{bmatrix},\underset{\sim}{A}\cap\underset{\sim}{B}=\begin{bmatrix}0.1 & 0.5\\0.3 & 0.7\end{bmatrix},$$

$$\underset{\sim}{A}^{\mathrm{T}}=\begin{bmatrix}0.1 & 0.3\\0.5 & 0.7\end{bmatrix},\underset{\sim}{B}^{\mathrm{T}}=\begin{bmatrix}0.1 & 0.5\\0.6 & 1\end{bmatrix},$$

$$(\underset{\sim}{A}\cup\underset{\sim}{B})^{\mathrm{T}}=\begin{bmatrix}0.1 & 0.5\\0.6 & 1\end{bmatrix},\underset{\sim}{A}^{\mathrm{T}}\cup\underset{\sim}{B}^{\mathrm{T}}=\begin{bmatrix}0.1 & 0.5\\0.6 & 1\end{bmatrix},$$

$$(\underset{\sim}{A}\cap\underset{\sim}{B})^{\mathrm{T}}=\begin{bmatrix}0.1 & 0.3\\0.5 & 0.7\end{bmatrix},\underset{\sim}{A}^{\mathrm{T}}\cap\underset{\sim}{B}^{\mathrm{T}}=\begin{bmatrix}0.1 & 0.3\\0.5 & 0.7\end{bmatrix},$$

$$\overline{\underset{\sim}{A}}=\begin{bmatrix}0.9 & 0.5\\0.7 & 0.3\end{bmatrix},(\overline{\underset{\sim}{A}})^{\mathrm{T}}=\begin{bmatrix}0.9 & 0.7\\0.5 & 0.3\end{bmatrix},$$

$$(\overline{\underset{\sim}{A}^{\mathrm{T}}})=\begin{bmatrix}0.9 & 0.7\\0.5 & 0.3\end{bmatrix},\underset{\sim}{A}\circ\underset{\sim}{B}=\begin{bmatrix}0.5 & 0.5\\0.5 & 0.7\end{bmatrix},$$

$$(\underset{\sim}{A}\circ\underset{\sim}{B})^{\mathrm{T}}=\begin{bmatrix}0.5 & 0.5\\0.5 & 0.7\end{bmatrix},\underset{\sim}{B}^{\mathrm{T}}\circ\underset{\sim}{A}^{\mathrm{T}}=\begin{bmatrix}0.5 & 0.5\\0.5 & 0.7\end{bmatrix}.$$

(8) 模糊矩阵的幂

$$\underset{\sim}{A}^2=\underset{\sim}{A}\circ\underset{\sim}{A},\underset{\sim}{A}^3=\underset{\sim}{A}^2\circ\underset{\sim}{A},\cdots,\underset{\sim}{A}^n=\underset{\sim}{A}^{n-1}\circ A.$$

显然指数法则成立，即 m,n 为正整数时有

$$\underset{\sim}{A}^m\circ\underset{\sim}{A}^n=\underset{\sim}{A}^{m+n}.$$

注意：模糊矩阵的运算不满足互补律. 例如：

$$\underset{\sim}{A}=\begin{bmatrix}0.8 & 0.5\\0.2 & 0.7\end{bmatrix},\overline{\underset{\sim}{A}}=\begin{bmatrix}0.2 & 0.5\\0.8 & 0.3\end{bmatrix};$$

$$\underset{\sim}{A}\cup\overline{\underset{\sim}{A}}=\begin{bmatrix}0.8 & 0.5\\0.8 & 0.7\end{bmatrix},\text{而不是}\begin{bmatrix}1 & 1\\1 & 1\end{bmatrix};$$

$$\underset{\sim}{A}\cap\overline{\underset{\sim}{A}}=\begin{bmatrix}0.2 & 0.5\\0.2 & 0.3\end{bmatrix},\text{而不是}\begin{bmatrix}0 & 0\\0 & 0\end{bmatrix}.$$

在模糊矩阵中称

$$O=\begin{bmatrix}0 & 0 & \cdots & 0\\0 & 0 & \cdots & 0\\\vdots & \vdots & & \vdots\\0 & 0 & \cdots & 0\end{bmatrix},I=\begin{bmatrix}1 & 0 & \cdots & 0\\0 & 1 & \cdots & 0\\\vdots & \vdots & & \vdots\\0 & 0 & \cdots & 1\end{bmatrix}$$

$$E=\begin{bmatrix}1 & 1 & \cdots & 1\\1 & 1 & \cdots & 1\\\vdots & \vdots & & \vdots\\1 & 1 & \cdots & 1\end{bmatrix}$$

分别为零矩阵、幺矩阵、全矩阵. 显然

$$O\cup\underset{\sim}{A}=\underset{\sim}{A},O\cap\underset{\sim}{A}=O;$$

$$E\cup\underset{\sim}{A}=E,E\cap\underset{\sim}{A}=\underset{\sim}{A};$$

$$\underset{\sim}{A}\cup\overline{\underset{\sim}{A}}\neq E,\underset{\sim}{A}\cap\overline{\underset{\sim}{A}}\neq O.$$

第三节　λ截矩阵

λ截矩阵的概念是λ截集的概念在模糊矩阵中的拓广.

定义 2-9　设给定模糊矩阵$\underset{\sim}{\boldsymbol{R}}=(r_{ij})$，$r_{ij}\in[0,1]$，对任意$\lambda\in[0,1]$，记

$$\boldsymbol{R}_\lambda=(\lambda r_{ij}),$$

其中

$$\lambda r_{ij}=\begin{cases}1, & r_{ij}\geqslant\lambda,\\0, & r_{ij}<\lambda,\end{cases}$$

则称$\boldsymbol{R}_\lambda=(\lambda r_{ij})$为$\underset{\sim}{\boldsymbol{R}}$的λ截矩阵，其对应关系叫作$\underset{\sim}{\boldsymbol{R}}$的截关系，并称λ为置信水平. 显然$\boldsymbol{R}_\lambda$是布尔矩阵.

注意：λr_{ij}已如上述定义，并不是λ乘r_{ij}. 例如，设

$$\underset{\sim}{\boldsymbol{R}}=\begin{bmatrix}0.9 & 0.3 & 0.6\\0.4 & 0.7 & 0.1\\0.5 & 0.8 & 1\end{bmatrix},$$

取$\lambda=0.7$，则$\underset{\sim}{\boldsymbol{R}}$中的元素凡$r_{ij}\geqslant0.7$时取值为1，否则为0，即

$$\boldsymbol{R}_{0.7}=\begin{bmatrix}1 & 0 & 0\\0 & 1 & 0\\0 & 1 & 1\end{bmatrix}.$$

降低置信水平，取$\lambda=0.5$，则

$$\boldsymbol{R}_{0.5}=\begin{bmatrix}1 & 0 & 1\\0 & 1 & 0\\1 & 1 & 1\end{bmatrix},$$

易见：$0.7>0.5$，而$\boldsymbol{R}_{0.7}\subseteq\boldsymbol{R}_{0.5}$.

λ截矩阵具有以下性质：

(1) $\underset{\sim}{\boldsymbol{A}}\subseteq\underset{\sim}{\boldsymbol{B}}\Leftrightarrow\boldsymbol{A}_\lambda\subseteq\boldsymbol{B}_\lambda$，$\lambda\in[0,1]$；

(2) 若$\lambda_1>\lambda_2$，则$\boldsymbol{A}_{\lambda_1}\subseteq\boldsymbol{A}_{\lambda_2}$；

(3) $(\underset{\sim}{\boldsymbol{A}}\cup\underset{\sim}{\boldsymbol{B}})_\lambda=\boldsymbol{A}_\lambda\cup\boldsymbol{B}_\lambda$，$(\underset{\sim}{\boldsymbol{A}}\cap\underset{\sim}{\boldsymbol{B}})_\lambda=\boldsymbol{A}_\lambda\cap\boldsymbol{B}_\lambda$.

例如，设模糊矩阵

$$\underset{\sim}{\boldsymbol{A}}=\begin{bmatrix}0.4 & 0.6\\0.5 & 0.2\end{bmatrix},\boldsymbol{B}=\begin{bmatrix}0.7 & 0.8\\0.6 & 0.3\end{bmatrix},$$

则$\underset{\sim}{\boldsymbol{A}}\subseteq\underset{\sim}{\boldsymbol{B}}$，取$\lambda=0.6$，有

$$\boldsymbol{A}_{0.6}=\begin{bmatrix}0 & 1\\0 & 0\end{bmatrix},\boldsymbol{B}_{0.6}=\begin{bmatrix}1 & 1\\1 & 0\end{bmatrix},$$

显然$\boldsymbol{A}_{0.6}\subseteq\boldsymbol{B}_{0.6}$，符合性质(1). 又

$$(\underset{\sim}{\boldsymbol{A}}\cup\underset{\sim}{\boldsymbol{B}})_{0.6}=\begin{bmatrix}1 & 1\\1 & 0\end{bmatrix},\boldsymbol{A}_{0.6}\cup\boldsymbol{B}_{0.6}=\begin{bmatrix}1 & 1\\1 & 0\end{bmatrix}.$$

符合性质(3)的第一式.

同理

$$(\underset{\sim}{A}\cap\underset{\sim}{B})_{0.6}=\begin{bmatrix}0&1\\0&0\end{bmatrix},\text{而}A_{0.6}\cap B_{0.6}=\begin{bmatrix}0&1\\0&0\end{bmatrix}.$$

符合性质(3)的第二式.

第四节　模糊等价矩阵与相似矩阵

定义 2-10　设 X 上的一个模糊矩阵

$$\underset{\sim}{R}=(r_{ij})_{n\times n}$$

满足:

(1) 自反性:$r_{ij}=1(i,j=1,2,\cdots,n)$,即主对角线上元素都是 1;

(2) 对称性:$r_{ij}=r_{ji}$,即$\underset{\sim}{R}$为对称方阵;

(3) 传递性:$\underset{\sim}{R}\circ\underset{\sim}{R}\subseteq\underset{\sim}{R}$,即

$$\underset{\sim}{R}^2\subseteq\underset{\sim}{R}(\mu_{\underset{\sim}{R}^2}\leqslant\mu_{\underset{\sim}{R}}).$$

以上传递关系是指:$\underset{\sim}{R}$包含与它自身的合成,则称$\underset{\sim}{R}$是 X 上的一个模糊等价矩阵(fuzzy equivalent matrix).

满足自反性和对称性而不满足传递性的模糊矩阵称为模糊相似矩阵(fuzzy similar matrix).

模糊相似矩阵是模糊数学中最常遇见的.

例 2-21　验证$\underset{\sim}{R}=\begin{bmatrix}1&0&0\\0&1&0.5\\0&0.5&1\end{bmatrix}$为模糊等价矩阵.

证　自反性和对称性是显然的. 又

$$\underset{\sim}{R}\circ\underset{\sim}{R}=\begin{bmatrix}1&0&0\\0&1&0.5\\0&0.5&1\end{bmatrix}=\underset{\sim}{R},$$

故$\underset{\sim}{R}$是模糊等价矩阵.

例 2-22　验证

$$\underset{\sim}{R}=\begin{bmatrix}1&0.1&0.8&0.2&0.3\\0.1&1&0&0.3&1\\0.8&0&1&0.7&0\\0.2&0.3&0.7&1&0.6\\0.3&1&0&0.6&1\end{bmatrix}$$

为模糊相似矩阵.

证　$r_{ii}=1$, $r_{ij}=r_{ji}$,满足自反性与对称性,但

$$\underset{\sim}{R}\circ\underset{\sim}{R}=\begin{bmatrix}1 & 0.3 & 0.8 & 0.7 & 0.3\\0.3 & 1 & 0.3 & 0.6 & 1\\0.8 & 0.3 & 1 & 0.7 & 0.6\\0.7 & 0.6 & 0.7 & 1 & 0.6\\0.3 & 1 & 0.6 & 0.6 & 1\end{bmatrix}\supseteq\underset{\sim}{R},$$

不满足传递性,故$\underset{\sim}{R}$为模糊相似矩阵.

第五节　模糊聚类分析

对事物按一定要求进行分类的数学方法,称为聚类分析.它原是数理统计中多元分析的方法之一,有广泛的实际应用.

由于事物本身在很多情况下都带有模糊性,因此将模糊数学方法引入聚类分析,就能使分类更切合实际.

模糊聚类分析(*fuzzy cluster analysis*)在气象、地质、林业、农业、生物、经济、人文及社会等科学中有着广泛的应用.人们在实践中总结了多种模糊聚类分析方法,但大致可分为两类:一是系统聚类分析法,这种方法是模糊关系理论的一种应用;另一种是非系统聚类分析法,它是先把样品粗略地分类一下,然后按其最优原理进行分类,经过多次迭代直到分类比较合理为止,这种方法又称为逐步聚类分析法.本节着重介绍系统聚类分析法.

一、λ 截矩阵法

普通等价关系(即同时具备自反、对称、传递三性的关系)决定一个分类,彼此等价的元素同属于一类.

例如,"同年龄"是人群中的一个等价关系,按照年龄便可将人群分类.

"直系亲属"不是人群中的等价关系,因为它不满足传递性.岳父与妻子是直系亲属,妻子与丈夫是直系亲属,但岳父与女婿不是直系亲属.按直系亲属无法将人群分类.

所谓某一集合的一个分类是指,将集合按一定要求分成若干子集 $A_1, A_2, \cdots, A_n$,必须满足两条:

(1) 所分成的各子集要各不相同,即

$$A_i \cap A_j = \varnothing \quad (i \neq j; i,j=1,2,\cdots,n);$$

(2) 各子集的总和就是原集合,即

$$\bigcup_{i=1,2,\cdots,n} A_i = X.$$

利用等价矩阵可以进行模糊聚类分析,是以下述定理为依据的.

定理 2-3　模糊矩阵是模糊等价矩阵的充要条件是对于任意的 $\lambda\in[0,1]$,λ 截矩阵 $\boldsymbol{R}_\lambda$ 均为等价布尔矩阵.(为节省篇幅,略去其数学证明.)

据此定理可知,模糊等价关系确定之后,对给定的 $\lambda\in[0,1]$,便可相应地得到一个普通等价关系 $\boldsymbol{R}_\lambda$,这也就是说,可以决定一个 λ 水平的分类.

现举例说明这种聚类分析法.

例 2-23 设

$$\underset{\sim}{\boldsymbol{R}}=\begin{bmatrix}1&0&0\\0&1&0.5\\0&0.5&1\end{bmatrix},$$

由于

$$\underset{\sim}{\boldsymbol{R}}^2=\begin{bmatrix}1&0&0\\0&1&0.5\\0&0.5&1\end{bmatrix}=\underset{\sim}{\boldsymbol{R}},$$

故$\underset{\sim}{\boldsymbol{R}}$为模糊等价矩阵.

$$\boldsymbol{R}_1=\begin{bmatrix}1&0&0\\0&1&0\\0&0&1\end{bmatrix},\boldsymbol{R}_1^2=\begin{bmatrix}1&0&0\\0&1&0\\0&0&1\end{bmatrix}=\boldsymbol{R}_1,$$

$$\boldsymbol{R}_{0.5}=\begin{bmatrix}1&0&0\\0&1&1\\0&1&1\end{bmatrix},\boldsymbol{R}_{0.5}^2=\begin{bmatrix}1&0&0\\0&1&1\\0&1&1\end{bmatrix}=\boldsymbol{R}_{0.5},$$

故 $\boldsymbol{R}_\lambda$ 都是等价布尔矩阵.

$\boldsymbol{R}_1$可以看成反映 $X=\{x_1,x_2,x_3\}$的如下关系：

$\boldsymbol{R}_1$	x_1	x_2	x_3
x_1	1	0	0
x_2	0	1	0
x_3	0	0	1

它们只能各成一类,即$\{x_1\},\{x_2\},\{x_3\}$.

$\boldsymbol{R}_{0.5}$可以看成另一种关系：

$\boldsymbol{R}_{0.5}$	x_1	x_2	x_3
x_1	1	0	0
x_2	0	1	1
x_3	0	1	1

易见x_2,x_3归并成为一类$\{x_2,x_3\}$,x_1 仍独自成为一类$\{x_1\}$.

一般来说,每一个$\boldsymbol{R}_\lambda$描述出一个普通的等价关系,可以将论域中的元素进行归并分类,当λ从 1 降至 0 时,由于$\boldsymbol{R}_\lambda$的不断变化,分类就由细变粗,逐渐归并,形成一个动态的分类图,λ就是分类的依据或置信水平.

例 2-24 设论域

$$X=\{x_1,x_2,x_3,x_4,x_5\},$$

给定模糊关系：

$\underset{\sim}{R}$	x_1	x_2	x_3	x_4	x_5
x_1	1	0.4	0.8	0.5	0.5
x_2	0.4	1	0.4	0.4	0.4
x_3	0.8	0.4	1	0.5	0.5
x_4	0.5	0.4	0.5	1	0.6
x_5	0.5	0.4	0.5	0.6	1

试对 X 进行分类.

解 将给定的模糊关系表写成模糊矩阵：

$$\underset{\sim}{R}=\begin{bmatrix}1 & 0.4 & 0.8 & 0.5 & 0.5\\0.4 & 1 & 0.4 & 0.4 & 0.4\\0.8 & 0.4 & 1 & 0.5 & 0.5\\0.5 & 0.4 & 0.5 & 1 & 0.6\\0.5 & 0.4 & 0.5 & 0.6 & 1\end{bmatrix},$$

易证$\underset{\sim}{R}$为模糊等价矩阵.

其自反性和对称性是显然的，且有

$$\underset{\sim}{R}\circ\underset{\sim}{R}=\begin{bmatrix}1 & 0.4 & 0.8 & 0.5 & 0.5\\0.4 & 1 & 0.4 & 0.4 & 0.4\\0.8 & 0.4 & 1 & 0.5 & 0.5\\0.5 & 0.4 & 0.5 & 1 & 0.6\\0.5 & 0.4 & 0.5 & 0.6 & 1\end{bmatrix}=\underset{\sim}{R},$$

故$\underset{\sim}{R}$为一个模糊等价矩阵，现根据不同的水平 λ 进行分类：

取 $\lambda=1$(凡小于 1 的 $r_{ij}=0$)，得

$$\boldsymbol{R}_1=\begin{bmatrix}1 & 0 & 0 & 0 & 0\\0 & 1 & 0 & 0 & 0\\0 & 0 & 1 & 0 & 0\\0 & 0 & 0 & 1 & 0\\0 & 0 & 0 & 0 & 1\end{bmatrix},$$

它代表的关系为：

$\boldsymbol{R}_1$	x_1	x_2	x_3	x_4	x_5
x_1	1	0	0	0	0
x_2	0	1	0	0	0
x_3	0	0	1	0	0
x_4	0	0	0	1	0
x_5	0	0	0	0	1

即x_i与其他元素没有关系，$x_i(i=1,2,\cdots,5)$自成一类. 故对于 $\lambda=1$，X 可分为五类：

$$\{x_1\},\quad \{x_2\},\quad \{x_3\},\quad \{x_4\},\quad \{x_5\}.$$

令 λ 逐渐减小，取 $\lambda=0.8$（凡小于 0.8 的 $r_{ij}=0$，$0.8\leqslant r_{ij}\leqslant 1$ 时，令其为 1），得

$$\boldsymbol{R}_{0.8}=\begin{bmatrix}1&0&1&0&0\\0&1&0&0&0\\1&0&1&0&0\\0&0&0&1&0\\0&0&0&0&1\end{bmatrix},$$

它代表的关系是：

$\boldsymbol{R}_{0.8}$	x_1	x_2	x_3	x_4	x_5
x_1	1	0	1	0	0
x_2	0	1	0	0	0
x_3	1	0	1	0	0
x_4	0	0	0	1	0
x_5	0	0	0	0	1

关系中第一行与第三行的元素相同，可归并为一类 $\{x_1,x_3\}$，故对于 $\lambda=0.8$，X 可分为四类：

$$\{x_1,x_3\},\quad \{x_2\},\quad \{x_4\},\quad \{x_5\}.$$

取 $\lambda=0.6$，得

$$\boldsymbol{R}_{0.6}=\begin{bmatrix}1&0&1&0&0\\0&1&0&0&0\\1&0&1&0&0\\0&0&0&1&1\\0&0&0&1&1\end{bmatrix},$$

关系中第一行与第三行相同，第四行与第五行相同，于是对于 $\lambda=0.6$，X 可分为三类：

$$\{x_1,x_3\},\quad \{x_2\},\quad \{x_4,x_5\}$$

取 $\lambda=0.5$，得矩阵

$$\boldsymbol{R}_{0.5}=\begin{bmatrix}1&0&1&1&1\\0&1&0&0&0\\1&0&1&1&1\\1&0&1&1&1\\1&0&1&1&1\end{bmatrix},$$

关系中第一、三、四、五行相同，故对于 $\lambda=0.5$，X 可分为两类：

$$\{x_1,x_3x_4,x_5\},\quad \{x_2\}$$

取 $\lambda=0.4$，得全矩阵

$$\boldsymbol{R}_{0.4}=\begin{bmatrix}1&1&1&1&1\\1&1&1&1&1\\1&1&1&1&1\\1&1&1&1&1\\1&1&1&1&1\end{bmatrix}=\boldsymbol{E},$$

这时 X 归并为一类：

$$\{x_1, x_2, x_3 x_4, x_5\}.$$

综合以上分析结果，可得动态聚类图（图 2-15）. 从图中可以看出各类归并情况.

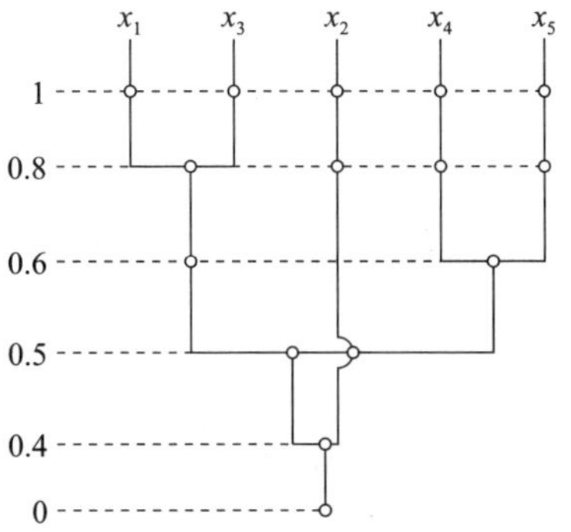

图 2-15　动态聚类图

上例是一个由模糊等价关系完成一个聚类分析问题的实例.

这种分类的优点是可以按照我们的需要，调整 λ 的值以便得到恰当分类，λ 的取值可视具体实际问题来定.

应用系统聚类分析法对样本进行分类的效果如何，关键在于统计指标选择是否合理. 即统计指标应有明确的实际意义，有较强的分辨力和代表性，有一定的普遍意义.

在选定了统计指标之后，进行模糊聚类分析的方法大致可分为以下三步：

第一步，首先要将各分类样本的统计指标的数据做标准化处理（又称正规化），以便于分析和比较.

标准化值可按下式计算：

$x_i' = \dfrac{x_i - \bar{x}}{s}$（$i=1,2,\cdots,m$；$m$ 为分类样本的统计指标个数），式中 x_i 为原始数据；$\bar{x}$ 为原始数据的平均值，可按 $\bar{x} = \dfrac{1}{m}\sum\limits_{i=1}^{m} x_i$ 计算；s 为原始数据的标准差，可按 $s = \sqrt{\dfrac{1}{m}\sum\limits_{i=1}^{m}(x_i - \bar{x})^2}$ 计算.

若将标准化数据压缩到闭区间[0,1]，可按下式求得极值标准化值：

$$x_i' = \frac{x_i - x_{\min}}{x_{\max} - x_{\min}} (i=1,2,\cdots,m).$$

当 $x_i = x_{\max}$ 时，则 $x_i' = 1$；当 $x_i = x_{\min}$ 时，则 $x_i' = 0$.

第二步，算出衡量被分类样本之间相似程度的统计量（相似系数）r_{ij}（$i,j=1,2,\cdots,n$；n 为被分类样本的个数），从而建立起论域 U 上的相似关系 $\underset{\sim}{R} = (r_{ij})_n$，这步工作叫作标定. 原则上，可以照搬普通聚类分析相似系数的确定方法.

设 $U = \{u_1, u_2, \cdots, u_n\}$ 为待分类样本的全体，u_i 具有 m 种特性，将其数量化后由一组统计数据 $x_{i1}, x_{i2}, \cdots, x_{im}$ 来表征，则 U 上的模糊相似矩阵 $\underset{\sim}{\boldsymbol{R}} = (r_{ij})_{n \times n}$ 可由下述各种方法中选择一种来确定.

(1) 数量积法

$$r_{ij}=\begin{cases}1, & i=j,\\ \sum_{k=1}^{m} x_{ik}x_{jk}/M, & i\neq j,\end{cases}$$

其中 M 为一适当选择的正数,满足

$$M\geqslant \max_{i\neq j}\left\{\sum_{k=1}^{m} x_{ik}x_{jk}\right\}.$$

(2) 夹角余弦法

$$r_{ij}=\frac{\left|\sum_{k=1}^{m} x_{ik}x_{jk}\right|}{\sqrt{\left(\sum_{k=1}^{m} x_{ik}^{2}\right)\left(\sum_{k=1}^{m} x_{jk}^{2}\right)}}.$$

(3) 相关系数法

$$r_{ij}=\frac{\sum_{k=1}^{m} |x_{ik}-\bar{x}_i|\,|x_{jk}-\bar{x}_j|}{\sqrt{\sum_{k=1}^{m}(x_{ik}-\bar{x}_i)^2}\cdot\sqrt{\sum_{k=1}^{m}(x_{jk}-\bar{x}_j)^2}},$$

其中

$$\bar{x}_i=\frac{1}{m}\sum_{k=1}^{m} x_{ik},\bar{x}_j=\frac{1}{m}\sum_{k=1}^{m} x_{jk}.$$

(4) 指数相似系数法

$$r_{ij}=\frac{1}{m}\sum_{k=1}^{m}\left[e^{-\frac{3}{4}\cdot\frac{(x_{ik}-\bar{x}_k)^2}{s_k^2}}\right],$$

其中 $s_k=\frac{1}{n}\sum_{i=1}^{n}(x_{ik}-\bar{x}_k)^2$,而 $\bar{x}_k=\frac{1}{n}\sum_{i=1}^{n} x_{ik}(k=1,2,\cdots,m)$.

(5) 非参数方法

令

$$x_{ik}'=x_{ik}-\bar{x}_i,$$

设 n^+ 为 $\{x_{i1}'x_{j1}',x_{i2}'x_{j2}',\cdots,x_{in}'x_{jn}'\}$ 中大于 0 的个数,n^- 为上面那组数中小于 0 的个数,取

$$r_{ij}=\frac{|n^+-n^-|}{n^++n^-}.$$

(6) 最大最小方法

$$r_{ij}=\frac{\sum_{k=1}^{m}\min\{x_{ik},x_{jk}\}}{\sum_{k=1}^{m}\max(x_{ik},x_{jk})}.$$

(7) 算术平均最小方法

$$r_{ij}=\frac{\sum_{k=1}^{m}\min\{x_{ik},x_{jk}\}}{\frac{1}{2}\sum_{k=1}^{m}(x_{ik}+x_{jk})}.$$

(8) 几何平均最小方法

$$r_{ij}=\frac{\sum_{k=1}^{m}\min\{x_{ik},x_{jk}\}}{\sum_{k=1}^{m}\sqrt{x_{ik}x_{jk}}}.$$

(9) 绝对值指数方法

$$r_{ij}=\mathrm{e}^{-\sum_{k=1}^{m}|x_{ik}-x_{jk}|}.$$

(10) 绝对值倒数方法

$$r_{ij}=\begin{cases}1, & i=j,\\ \dfrac{M}{\sum_{k=1}^{m}|x_{ik}-x_{jk}|}, & i\neq j,\end{cases}$$

其中 M 适当选取,使 $0\leqslant r_{ij}\leqslant 1$.

(11) 绝对值减数方法:

$$r_{ij}=\begin{cases}1, & i=j,\\ 1-C\sum_{k=1}^{m}|x_{ik}-x_{jk}|, & i\neq j,\end{cases}$$

其中 C 适当选取,使 $0\leqslant r_{ij}\leqslant 1$.

(12) 主观评定法——打分

一般可用百分制,然后再除以 100 即得闭区间[0,1]上的一个小数. 为避免主观,也可采用多人评分再平均取值的方法来确定 r_{ij}.

上述方法究竟选用哪一种好不能一概而论,应视实际情况来定,这也正是聚类分析方法能否运用成功的关键.

第三步,聚类. 用上述方法建立起来的关系,一般说来只满足自反性和对称性,不满足传递性,不是模糊等价关系,需将$\underset{\sim}{R}$改造成模糊等价关系$\underset{\sim}{R}^*$,然后再得到聚类图. 在适当的阈值上进行截取,便可得到所需要的分类.

下面我们进一步讨论如何将模糊相似关系改造成模糊等价关系,然后再进行聚类分析.

二、模糊相似矩阵的聚类分析

我们知道模糊等价矩阵可以做聚类分析,模糊相似矩阵是否也能聚类呢? 这一问题的关键在于能否将模糊相似矩阵改造成模糊等价矩阵.

定理 2-4　给定一个模糊相似矩阵,可以用合成运算寻求模糊等价矩阵$\underset{\sim}{\boldsymbol{R}}^*$,然后再对$\underset{\sim}{\boldsymbol{R}}^*$进行聚类分析.

证　由于$\underset{\sim}{\boldsymbol{R}}$是模糊相似矩阵,即$\underset{\sim}{\boldsymbol{R}}$满足自反性和对称性而不满足传递性,亦即

$$\underset{\sim}{\boldsymbol{R}}\circ\underset{\sim}{\boldsymbol{R}}=\underset{\sim}{\boldsymbol{R}}^2\supseteq\underset{\sim}{\boldsymbol{R}}.$$

对于$\underset{\sim}{\boldsymbol{R}}^2$的元素,有

$$\mu_{\underset{\sim}{\boldsymbol{R}}^2}\geqslant\mu_{\underset{\sim}{\boldsymbol{R}}}.$$

再进行一次合成,则

$$\underset{\sim}{\boldsymbol{R}}\circ\underset{\sim}{\boldsymbol{R}}^2=\underset{\sim}{\boldsymbol{R}}^3\supseteq\underset{\sim}{\boldsymbol{R}},$$

又有

$$\mu_{\underset{\sim}{\boldsymbol{R}}^3}\geqslant\mu_{\underset{\sim}{\boldsymbol{R}}^2}\geqslant\mu_{\underset{\sim}{\boldsymbol{R}}},$$

这样继续下去，即有

$$\mu_{\underset{\sim}{\boldsymbol{R}}}\leqslant\mu_{\underset{\sim}{\boldsymbol{R}}^2}\leqslant\mu_{\underset{\sim}{\boldsymbol{R}}^3}\leqslant\cdots\leqslant 1,$$

这是一个单调上升的序列，有上界 1，必有极限，记为 $\mu_{\underset{\sim}{\boldsymbol{R}}^*}$，于是

$$\underset{\sim}{\boldsymbol{R}}\subseteq\underset{\sim}{\boldsymbol{R}}^2\subseteq\underset{\sim}{\boldsymbol{R}}^3\subseteq\cdots\subseteq\underset{\sim}{\boldsymbol{R}}^*,$$

因为$\underset{\sim}{\boldsymbol{R}}$具有自反性与对称性，对任意的 n，$\boldsymbol{R}^n$ 也有自反性与对称性，显然$\underset{\sim}{\boldsymbol{R}}^*$ 也有自反性与对称性. 现在证明$\underset{\sim}{\boldsymbol{R}}^*$ 还有传递性.

事实上，由于$\underset{\sim}{\boldsymbol{R}}^n$ 单调上升且收敛于$\underset{\sim}{\boldsymbol{R}}^*$，因此对任意正整数 n 和 m，都有

$$\underset{\sim}{\boldsymbol{R}}^n\circ\underset{\sim}{\boldsymbol{R}}^m\subseteq\underset{\sim}{\boldsymbol{R}}^*,$$

令 $n\to\infty$，$m\to\infty$，则有

$$\underset{\sim}{\boldsymbol{R}}^*\circ\underset{\sim}{\boldsymbol{R}}^*=\underset{\sim}{\boldsymbol{R}}^*,$$

即$\underset{\sim}{\boldsymbol{R}}^*$ 是模糊等价矩阵.

例 2-25 设有 X 上的模糊关系：

$\underset{\sim}{R}$	x_1	x_2	x_3	x_4	x_5
x_1	1	0.1	0.8	0.2	0.3
x_2	0.1	1	0	0.3	1
x_3	0.8	0	1	0.7	0
x_4	0.2	0.3	0.7	1	0.6
x_5	0.3	1	0	0.6	1

试对 $X=\{x_1,x_2,x_3x_4,x_5\}$进行分类.

解 将模糊关系表写成矩阵形式：

$$\underset{\sim}{\boldsymbol{R}}=\begin{bmatrix}1 & 0.1 & 0.8 & 0.2 & 0.3\\0.1 & 1 & 0 & 0.3 & 1\\0.8 & 0 & 1 & 0.7 & 0\\0.2 & 0.3 & 0.7 & 1 & 0.6\\0.3 & 1 & 0 & 0.6 & 1\end{bmatrix},$$

显然$\underset{\sim}{\boldsymbol{R}}$满足自反性与对称性. 又

$$\underset{\sim}{\boldsymbol{R}}^2=\underset{\sim}{\boldsymbol{R}}\circ\underset{\sim}{\boldsymbol{R}}=\begin{bmatrix}1 & 0.3 & 0.8 & 0.7 & 0.3\\0.3 & 1 & 0.3 & 0.6 & 1\\0.8 & 0.3 & 1 & 0.7 & 0.6\\0.7 & 0.6 & 0.7 & 1 & 0.6\\0.3 & 1 & 0.6 & 0.6 & 1\end{bmatrix},$$

故$\underset{\sim}{\boldsymbol{R}}$不满足传递性，是模糊相似矩阵. 现求$\underset{\sim}{\boldsymbol{R}}^*$：

$$\underset{\sim}{R}^4=\underset{\sim}{R}^2\circ\underset{\sim}{R}^2=\begin{bmatrix}1 & 0.6 & 0.8 & 0.7 & 0.6\\0.6 & 1 & 0.6 & 0.6 & 1\\0.8 & 0.6 & 1 & 0.7 & 0.6\\0.7 & 0.6 & 0.7 & 1 & 0.6\\0.6 & 1 & 0.6 & 0.6 & 1\end{bmatrix}\supseteq\underset{\sim}{R}^2,$$

$$\underset{\sim}{R}^8=\underset{\sim}{R}^4\circ\underset{\sim}{R}^4=\begin{bmatrix}1 & 0.6 & 0.8 & 0.7 & 0.6\\0.6 & 1 & 0.6 & 0.6 & 1\\0.8 & 0.6 & 1 & 0.7 & 0.6\\0.7 & 0.6 & 0.7 & 1 & 0.6\\0.6 & 1 & 0.6 & 0.6 & 1\end{bmatrix}=\underset{\sim}{R}^4=\boldsymbol{R}^*,$$

故可选定$\underset{\sim}{R}^*=\underset{\sim}{R}^4$为模糊等价矩阵,对 X 进行聚类.

取 $\lambda=1$,

$$\boldsymbol{R}_1=\begin{bmatrix}1 & 0 & 0 & 0 & 0\\0 & 1 & 0 & 0 & 1\\0 & 0 & 1 & 0 & 0\\0 & 0 & 0 & 1 & 0\\0 & 1 & 0 & 0 & 1\end{bmatrix},$$

X 可分为四类:

$$\{x_1\},\{x_2,x_5\},\{x_3\},\{x_4\}.$$

取 $\lambda=0.8$,

$$\boldsymbol{R}_{0.8}=\begin{bmatrix}1 & 0 & 1 & 0 & 0\\0 & 1 & 0 & 0 & 1\\1 & 0 & 1 & 0 & 0\\0 & 0 & 0 & 1 & 0\\0 & 1 & 0 & 0 & 1\end{bmatrix},$$

X 可分为三类:

$$\{x_1,x_3\},\{x_2,x_5\},\{x_4\}.$$

取 $\lambda=0.7$

$$\boldsymbol{R}_{0.7}=\begin{bmatrix}1 & 0 & 1 & 1 & 0\\0 & 1 & 0 & 0 & 1\\1 & 0 & 1 & 1 & 0\\1 & 0 & 1 & 1 & 0\\0 & 1 & 0 & 0 & 1\end{bmatrix},$$

X 可分为两类:

$$\{x_1,x_3,x_4\},\{x_2,x_5\}.$$

取 $\lambda=0.6$,$\boldsymbol{R}_{0.6}=\boldsymbol{E}$, X 只有一类:

$$\{x_1,x_2,x_3,x_4,x_5\}=X.$$

综上所述作出的聚类图,如图 2-16 所示.

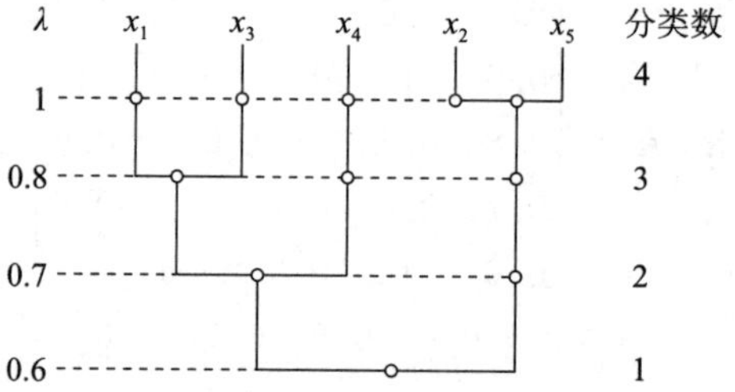

图 2-16　动态聚类图

注意:如果忽略$\underset{\sim}{\boldsymbol{R}}$是模糊相似矩阵,而直接对$\underset{\sim}{\boldsymbol{R}}$进行分类,将出现如下错误:对$\underset{\sim}{\boldsymbol{R}}$取 $\lambda=1$, 0.8 得到的分类与前面的结果相同,但取 $\lambda=0.7$ 时,

$$\boldsymbol{R}'_{0.7}=\begin{bmatrix}1&0&1&0&0\\0&1&0&0&1\\1&0&1&1&0\\0&0&1&1&0\\0&1&0&0&1\end{bmatrix},$$

可分为四类:

$$\{x_1,x_3\},\{x_3,x_4\},\{x_1,x_3,x_4\},\{x_2,x_5\}.$$

这里出现两处错误:

第一,不满足分类的标准:

$$\{x_1,x_3,x_4\}\cap\{x_1,x_3\}\neq\varnothing;$$

第二,不满足聚类分析的定理,因为

$$\boldsymbol{R}'^{2}_{0.7}=\begin{bmatrix}1&0&1&1&0\\0&1&0&0&1\\1&0&1&1&0\\1&0&1&1&0\\0&1&0&0&1\end{bmatrix}\supseteq\boldsymbol{R}'_{0.7},$$

不是模糊等价矩阵.

例 2-26(环境单元聚类)　设每个环境单元的因素集 V 为{空气,水分,土壤,作物},环境单元 U 的污染状况由污染物在 4 个因素中含量的超限度来描述. 设有 5 个环境单元,它们的污染数据如下:

U	V			
	空气	水分	土壤	作物
Ⅰ	5	5	3	2
Ⅱ	2	3	4	5
Ⅲ	5	5	2	3
Ⅳ	1	5	3	1
Ⅴ	2	4	5	1

取论域 $U=\{\text{I},\text{II},\text{III},\text{IV},\text{V}\}$，试将 U 进行聚类分析，看这 5 个单元哪些可以聚为一类.

解 原始数据给出的关系构成 5×4 的矩阵 (x_{ij})，根据聚类的条件，所给矩阵至少应是模糊相似方阵. 下面介绍用“绝对值减数法”将 $(x_{ij})_{5\times4}$ 转化为模糊相似方阵 $\underset{\sim}{\boldsymbol{R}}$.

取因素个数与环境单元数的大者，$n=5$.

设 $\boldsymbol{R}=(r_{ij})_5$，令

$$r_{ij}=\begin{cases}1, & i=j,\\ 1-C\sum_{k=1}^{4}|x_{ik}-x_{jk}|, & i\neq j,\end{cases}$$

这个方法构造的特征是：

(1) $\boldsymbol{R}=(r_{ij})_5$ 保证 $\underset{\sim}{\boldsymbol{R}}$ 是方阵；

(2) $r_{ij}=1$ 保证自反性；

(3) $|x_{ik}-x_{jk}|(i\neq j)$ 保证对称性；

(4) 调整参数 C，使

$$0\leqslant 1-C\sum_{k=1}^{4}|x_{ik}-x_{jk}|\leqslant 1(i\neq j),$$

保证 $r_{ij}\in[0,1]$.

现在示范计算 $r_{11},r_{12},r_{13},r_{14},r_{15}$ 如下：取 $C=0.1$，则

$$\begin{aligned}r_{11}&=1,\\ r_{12}&=1-0.1\times(3+2+1+3)\\ &=1-0.9=0.1,\\ r_{13}&=1-0.1\times(0+0+1+1)\\ &=1-0.2=0.8,\\ r_{14}&=1-0.1\times(4+0+0+1)\\ &=1-0.5=0.5,\\ r_{15}&=1-0.1\times(3+1+2+1)\\ &=1-0.7=0.3.\end{aligned}$$

仿此可以算出所有 r_{ij} 的值，得

$$\underset{\sim}{\boldsymbol{R}}=\begin{bmatrix}1 & 0.1 & 0.8 & 0.5 & 0.3\\ 0.1 & 1 & 0.1 & 0.2 & 0.4\\ 0.8 & 0.1 & 1 & 0.3 & 0.1\\ 0.5 & 0.2 & 0.3 & 1 & 0.6\\ 0.3 & 0.4 & 0.1 & 0.6 & 1\end{bmatrix},$$

经检验，$\underset{\sim}{\boldsymbol{R}}$ 是模糊相似矩阵，并求得

$$\underset{\sim}{\boldsymbol{R}}^*=\begin{bmatrix}1 & 0.4 & 0.8 & 0.5 & 0.5\\ 0.4 & 1 & 0.4 & 0.4 & 0.4\\ 0.8 & 0.4 & 1 & 0.5 & 0.5\\ 0.4 & 0.4 & 0.5 & 1 & 0.6\\ 0.5 & 0.4 & 0.5 & 0.6 & 1\end{bmatrix}.$$

用 λ 截矩阵法分类如下：

λ	$\boldsymbol{R}_\lambda$	分类
0.6	$\boldsymbol{R}_{0.6}=\begin{bmatrix}1&0&1&0&0\\0&1&0&0&1\\1&0&1&0&0\\0&0&0&1&1\\0&0&0&1&1\end{bmatrix}$	{Ⅰ,Ⅲ} {Ⅱ} {Ⅳ,Ⅴ}
0.5	$\boldsymbol{R}_{0.5}=\begin{bmatrix}1&0&1&1&1\\0&1&0&0&0\\1&0&1&1&1\\1&0&1&1&1\\1&0&1&1&1\end{bmatrix}$	{Ⅰ,Ⅲ,Ⅳ,Ⅴ} {Ⅱ}

以上两种分类,可根据实际情况做出取舍.

一般来说,按照待聚样本的特征建立样本之间的模糊相似关系$\underset{\sim}{R}$,以及通过若干次合成运算将$\underset{\sim}{R}$改造成模糊等价关系,这是一项很麻烦的工作,通常都是由电子计算机来完成的.特别是当样本的数目较大时,用人工计算既费时又易错,而用电子计算机来完成则准确迅速.例如,有 50 个样本,每个样本有 10 个指标,从开始计算到输出模糊等价矩阵只需要 3 分钟左右,而若用人工计算,3 分钟之内连一个相似系数都计算不出来.

例 2-27(松毛虫生态地理的模糊聚类) 松毛虫的每一个生境都具有一定的生态条件,它和气候、植被、土壤、地形、天敌等共同构成自然地理景观.

从湖南 38 个县、市的考察资料中抽取 8 个地区的资料作为分类样本,从 28 个因子中选取了 6 个主要因子,现将原始资料列于表 2-1.

表 2-1 湖南 8 个地区的生态地理因子值

地区	序号	因子					
		全年 20℃以上天数/d x_1	绝对最低温度/℃ x_2	绝对最高温度/℃ x_3	海拔高度/m x_4	植被盖度 x_5	松毛虫天敌数量级数 x_6
源陵	1	128	−7.9	37.8	350.1	0.84	0.95
龙山	2	125	−5.8	38.5	881.1	0.47	0.12
祁东	3	181	−8.2	38.5	185.6	0.50	0.84
益阳	4	137	−6.8	38.7	432.6	0.87	0.83
常德	5	171	−8.4	41.2	196.8	0.09	0.57
永兴	6	175	−7.5	42.5	164.8	0.08	0.42
茶陵	7	123	−5.5	38.5	793.1	0.58	0.43
安仁	8	138	−6.8	41.0	415.5	0.87	0.79

将原始资料做正规化处理，令

$$x'_{ik}=\frac{x_{ik}-\min\limits_{k}\{x_{ik}\}}{\max\limits_{k}\{x_{ik}\}-\min\limits_{k}\{x_{ik}\}},$$

计算样本之间的相似系数

$$r_{ij}=\frac{\sum\limits_{k=1}^{6}x'_{ik}x'_{jk}}{\sqrt{\sum\limits_{k=1}^{6}x_{ik}'^{2}+\sum\limits_{k=1}^{6}x_{jk}'^{2}}}$$

得模糊相似矩阵（对称）

$$\underset{\sim}{\boldsymbol{R}}=\begin{bmatrix}1 & 0.49 & 0.55 & 0.94 & 0.41 & 0.32 & 0.65 & 0.84\\ & 1 & 0.25 & 0.70 & 0.16 & 0.26 & 0.97 & 0.66\\ & & 1 & 0.62 & 0.16 & 0.73 & 0.31 & 0.57\\ & & & 1 & 0.83 & 0.49 & 0.81 & 0.96\\ & & & & 1 & 0.49 & 0.22 & 0.63\\ & & & & & 1 & 0.31 & 0.67\\ & & & & & & 1 & 0.78\\ & & & & & & & 1\end{bmatrix}.$$

经改造后得模糊等价矩阵$\underset{\sim}{\boldsymbol{B}}^{*}$（从略），由$\underset{\sim}{\boldsymbol{B}}^{*}$得聚类图（图 2-17）.

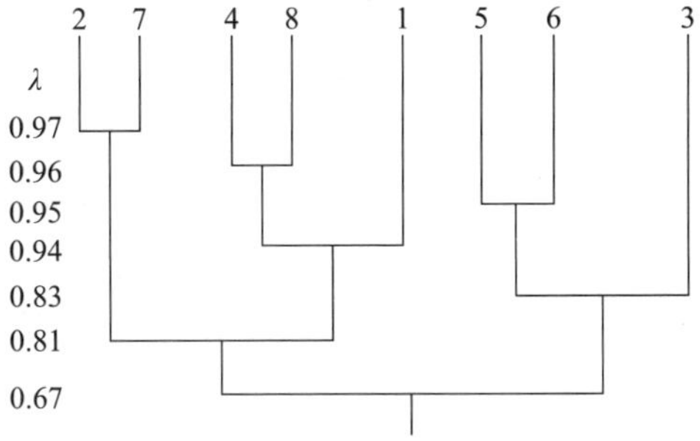

图 2-17　聚类图

取 $\lambda=0.83$，分成三类：{祁东、常德、永兴}（常灾区）；{源陵，益阳，安仁}（偶灾区）；{龙山，茶陵}（无灾区）.

从这三个类型可以看出，松毛虫常灾区分布在海拔 180 m 左右的丘陵地区，这种地区树种单纯，森林覆被率低，气候条件适于松毛虫生长发育与繁殖，加之天敌数量少，故历年松毛虫灾害发生严重. 偶灾区分布在海拔 400 m 左右，这类地区树种繁多，森林覆被率高，天敌十分活跃. 无灾区的主要特点是海拔高，形成特有的生态地理景观. 以上分析很符合实际.

以上三类地区各因子的平均值作代表，分别记为样本Ⅰ、Ⅱ、Ⅲ. 现将未知类型地区（例如兰山地区）的生态地理因子值作为样本Ⅳ，列于表 2-2.

表 2-2 兰山地区的生态地理因子值

样本	因子					
	x_1	x_2	x_3	x_4	x_5	x_6
Ⅰ	178	−8.03	40.73	1824	0.22	0.44
Ⅱ	134.3	−7.17	39.17	3994	0.84	0.86
Ⅲ	124	−5.65	38.5	8372	0.53	0.28
Ⅳ	179	−7.6	42.9	249.6	0.90	0.31

对Ⅰ、Ⅱ、Ⅲ、Ⅳ再进行聚类分析.重复上述过程得到模糊等价矩阵

$$\underset{\sim}{\boldsymbol{R}}=\begin{bmatrix}1 & 0.52 & 0.52 & 0.88\\ & 1 & 0.68 & 0.52\\ & & 1 & 0.52\\ & & & 1\end{bmatrix}.$$

取 $\lambda=0.88$,有

$$\boldsymbol{R}_{0.88}=\begin{bmatrix}1 & 0 & 0 & 1\\0 & 1 & 0 & 0\\0 & 0 & 1 & 0\\1 & 0 & 0 & 1\end{bmatrix}.$$

这说明兰山地区应与祁东、常德、永兴的地理条件同类,故应预报兰山地区为常灾区.

第六章 模糊映射与变换

本章将由模糊关系确定模糊映射和模糊变换，并通过综合决策的数学模型，引出模糊变换的求逆问题，求解模糊关系方程.

第一节 投影、截影、模糊映射

定义 2-11 设$\underset{\sim}{R}(x,y)$为 $X\times Y$ 中的模糊关系，所谓$\underset{\sim}{R}(x,y)$在 X 中的投影，乃是 X 中的一个模糊子集，记作$\underset{\sim}{R}_x$，它具有隶属函数

$$\mu_{\underset{\sim}{R}_x}(x)\triangleq\bigvee_{y\in Y}\mu_{\underset{\sim}{R}}(x,y).$$

同样我们将以

$$\mu_{\underset{\sim}{R}_y}(y)\triangleq\bigvee_{x\in X}\mu_{\underset{\sim}{R}}(x,y)$$

为隶属函数的 Y 中的模糊子集称为$\underset{\sim}{R}(x,y)$在 Y 中的投影.

当 X 有 n 个元素，Y 有 m 个元素时，$\underset{\sim}{\boldsymbol{R}}(x,y)$用 $n\times m$ 阶矩阵表示，即

$$\underset{\sim}{\boldsymbol{R}}(x,y)=(r_{ij})_{n\times m},$$

此时，$\underset{\sim}{\boldsymbol{R}}_x$为一个 n 维列向量 $\boldsymbol{a}=\begin{bmatrix}a_1\\a_2\\\vdots\\a_n\end{bmatrix}$，其中分量

$$a_i=\max_{1\leqslant j\leqslant m}r_{ij},i=1,2,\cdots,n;$$

$\underset{\sim}{\boldsymbol{R}}_y$为一个 m 维行向量 $\boldsymbol{b}=(b_1,b_2,\cdots,b_n)$，其中分量

$$b_j=\max_{1\leqslant i\leqslant n}r_{ij},j=1,2,\cdots,m.$$

例如，设

$$\underset{\sim}{\boldsymbol{R}}=\begin{bmatrix}0.3&0.5&0.7&0.9\\0.4&1&0.2&0.7\\0.8&0.6&0.9&0\end{bmatrix},$$

则

$$\boldsymbol{a}=\begin{bmatrix}0.9\\1\\0.9\end{bmatrix},\boldsymbol{b}=(0.8,1,0.9,0.9),$$

用简单表格可记为表 2-3：

表 2-3　投影

r_{ij}	y_1	y_2	y_3	y_4	行峰值
x_1	0.3	0.5	0.7	0.9	0.9
x_2	0.4	1	0.2	0.7	1
x_3	0.8	0.6	0.9	0	0.9
列峰值	0.8	1	0.9	0.9	$\underset{\sim}{R}_x \backslash \underset{\sim}{R}_y$

对于普通关系来说，投影是普通集合.

例如，设

$$\boldsymbol{R}=\begin{bmatrix}0&1&0&0&1\\1&1&1&0&0\\0&0&1&0&0\\0&0&0&0&0\end{bmatrix},$$

则

$$\boldsymbol{a}=\begin{bmatrix}1\\1\\1\\0\end{bmatrix},\boldsymbol{b}=(1,1,1,0,1).$$

普通关系的投影如图 2-18 所示.

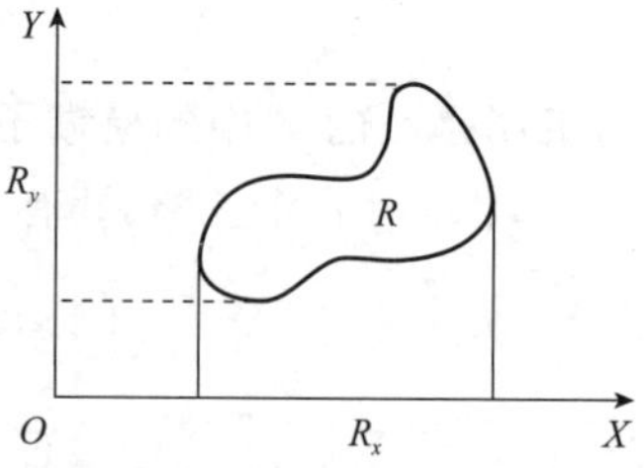

图 2-18　普通关系的投影

定义 2-12　设 $\underset{\sim}{R}(x,y)$ 为 $X\times Y$ 中的模糊关系，所谓 $\underset{\sim}{R}(x,y)$ 在 X 中的内投影，指的是 X 中的一个模糊子集，记作 $\underset{\sim}{R}_x$，它具有隶属函数

$$\mu_{\underset{\sim}{R}_x}(x)\triangleq\bigwedge_{y\in Y}\mu_{\underset{\sim}{R}}(x,y).$$

同样我们将以

$$\mu_{\underset{\sim}{R}_y}(y)\triangleq\bigwedge_{x\in X}\mu_{\underset{\sim}{R}}(x,y)$$

为隶属函数的 Y 中的模糊子集称为 $\underset{\sim}{R}(x,y)$ 在 Y 中的内投影.

当 X 有 n 个元素，Y 有 m 个元素，$\underset{\sim}{R}(x,y)$ 用矩阵 $\underset{\sim}{\boldsymbol{R}}(x,y)=(r_{ij})_{n\times m}$ 表示，此时 $\underset{\sim}{\boldsymbol{R}}_x$ 为 n 维列向量 $\boldsymbol{a}=\begin{pmatrix}a_1\\a_2\\\vdots\\a_n\end{pmatrix}$，其中分量

$$a_i=\min_{1\leqslant j\leqslant m}r_{ij},i=1,2,\cdots,n;$$

$\underset{\sim}{\boldsymbol{R}}_y$ 为 m 维行向量 $\boldsymbol{b}=(b_1,b_2,\cdots,b_m)$，其中分量 $b_j=\min\limits_{1\leqslant i\leqslant n}r_{ij},j=1,2,\cdots,m.$

例如，设

$$\underset{\sim}{\boldsymbol{R}}=\begin{bmatrix}0.3 & 0.5 & 0.7 & 0.9\\ 0.4 & 1 & 0.2 & 0.7\\ 0.8 & 0.6 & 0.9 & 0\end{bmatrix},$$

则

$$\boldsymbol{a}=\begin{pmatrix}0.3\\ 0.2\\ 0\end{pmatrix},\boldsymbol{b}=(0.3,0.5,0.2,0),$$

表格记法为表 2-4：

表 2-4　内投影

r_{ij}	y_1	y_2	y_3	y_4	行谷值
x_1	0.3	0.5	0.7	0.9	0.3
x_2	0.4	1	0.2	0.7	0.2
x_3	0.8	0.6	0.9	0	0
列谷值	0.3	0.5	0.2	0	$\underset{\sim}{R}_y \backslash \underset{\sim}{R}_x$

对于普通关系来说，内投影是普通集合.

例如，设

$$\boldsymbol{R}=\begin{bmatrix}0 & 1 & 0 & 0 & 1\\ 1 & 1 & 1 & 1 & 1\\ 0 & 1 & 1 & 0 & 0\\ 0 & 1 & 0 & 0 & 0\end{bmatrix},$$

则

$$\boldsymbol{a}=\begin{bmatrix}0\\ 1\\ 0\\ 0\end{bmatrix},\boldsymbol{b}=(0,1,0,0,0).$$

普通关系的投影如图 2-19 所示.

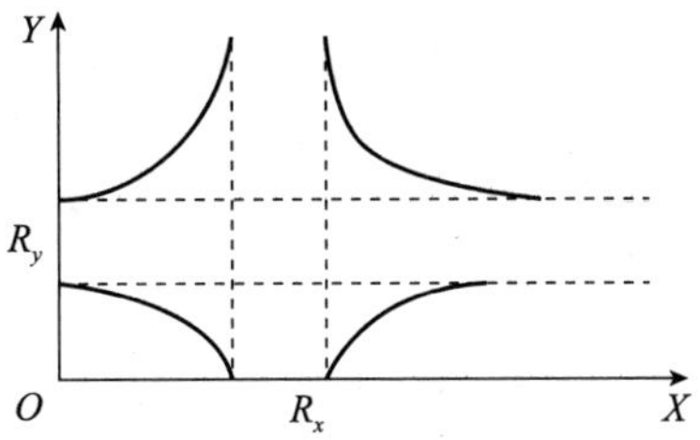

图 2-19　普通关系的投影

定义 2-13　设$\underset{\sim}{R}(x,y)$为集合 X 和 Y 之间的模糊关系，对任意 $x\in X$，所谓$\underset{\sim}{R}(x,y)$在 x 处的截影，乃是指 Y 的一个模糊子集，记作$\underset{\sim}{R}|x$，它具有隶属函数

$$\mu_{\underset{\sim}{R}}|x(y)\triangleq\mu_{\underset{\sim}{R}}(x,y).$$

同样可定义$\underset{\sim}{R}$在 y 处的截影$\underset{\sim}{R}|y$：

$$\mu_{\underset{\sim}{R}}|y(x) \triangleq \mu_{\underset{\sim}{R}}(x,y).$$

当 X,Y 都是有限集时，$\underset{\sim}{\boldsymbol{R}}$可表为 $n\times m$ 阶模糊矩阵，此时$\underset{\sim}{\boldsymbol{R}}|\boldsymbol{x}$ 为 m 元行向量，$\underset{\sim}{\boldsymbol{R}}|\boldsymbol{y}$ 为 n 元列向量，例如 $\boldsymbol{X}=(x_1,x_2,x_3)$，$\boldsymbol{Y}=(y_1,y_2,y_3)$

$$\underset{\sim}{\boldsymbol{R}}=\begin{bmatrix}0.5 & 0.9 & 0.2 & 0.8\\0.8 & 1 & 0.3 & 0.7\\0.8 & 0.4 & 0.6 & 0\end{bmatrix}\begin{matrix}x_1\\x_2,\\x_3\end{matrix}$$

$$\begin{matrix}y_1 & y_2 & y_3 & y_4\end{matrix}$$

则$\underset{\sim}{\boldsymbol{R}}|\boldsymbol{x}_1$可表为$\underset{\sim}{\boldsymbol{R}}$的第一行，写作

$$\underset{\sim}{\boldsymbol{R}}|\boldsymbol{x}_1=(0.5,0.9,0.2,0.8).$$

类似地，有

$$\underset{\sim}{\boldsymbol{R}}|\boldsymbol{x}_2=(0.8,1,0.3,0.7),$$

$$\underset{\sim}{\boldsymbol{R}}|\boldsymbol{x}_3=(0.8,0.4,0.6,0),$$

$$\underset{\sim}{\boldsymbol{R}}|\boldsymbol{y}_1=\begin{bmatrix}0.5\\0.8\\0.8\end{bmatrix},\underset{\sim}{\boldsymbol{R}}|\boldsymbol{y}_2=\begin{bmatrix}0.9\\1\\0.4\end{bmatrix},$$

$$\underset{\sim}{\boldsymbol{R}}|\boldsymbol{y}_3=\begin{bmatrix}0.2\\0.3\\0.6\end{bmatrix},\underset{\sim}{\boldsymbol{R}}|\boldsymbol{y}_4=\begin{bmatrix}0.8\\0.7\\0\end{bmatrix}.$$

当 R 是普通关系，它的截影是普通子集，如图 2-20 所示.

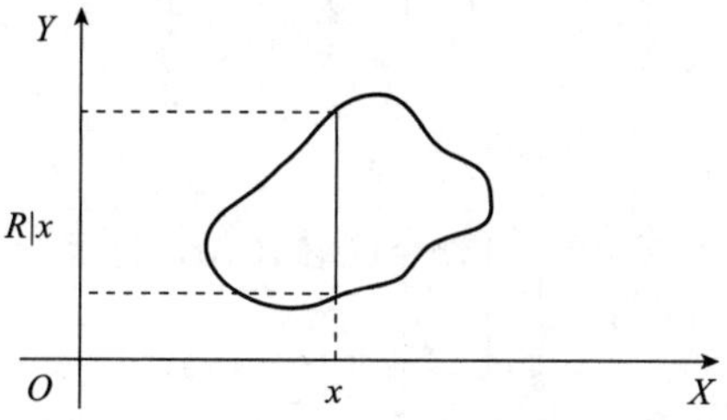

图 2-20　R 的截影 $R|x$

我们知道，对于两集合 X 与 Y 而言，直积 $X\times Y$ 的一个子集 M 确定了 X 和 Y 间的一种关系，可以表示为

$$R(x,y)=\begin{cases}1, & (x,y)\in M,\\0, & \text{其他}.\end{cases} \tag{1}$$

显然，关系 $R(x,y)$可以看成从直积 $X\times Y$ 到仅含两个元素 0 和 1 的一种映射 R：

$$R:X\times Y\to\{0,1\}. \tag{2}$$

另一方面，任一映射 $f:X\to Y$ 给出了 X 和 Y 间的一种关系：

$$R(x,y)=\begin{cases}1, & f(x)=y,\\0, & f(x)\neq y,\end{cases}\quad x\in X,y\in Y, \tag{3}$$

X 和 Y 是两个集合，直积 $X\times Y$ 到闭区间[0,1]的映射

$$T:X\times Y\to[0,1] \tag{4}$$

称为 X 与 Y 间的模糊关系.

显然,关系(1)和映射(2)都是模糊关系(4)的特殊情形.

定义 2-14　$\underset{\sim}{A}$是 X 中的模糊集,$\mu_{\underset{\sim}{A}}(x)$为$\underset{\sim}{A}$的隶属函数,$\underset{\sim}{T}(x,y)$是 X 与 Y 间的一个模糊关系,则由

$$\mu_{\underset{\sim}{B}}(y)=\bigvee_{x\in X}[\underset{\sim}{T}(x,y)\wedge\mu_{\underset{\sim}{A}}(x)] \tag{5}$$

可从 X 中的模糊集$\underset{\sim}{A}$确定 Y 中的模糊集$\underset{\sim}{B}$,则称式(5)为由模糊关系$\underset{\sim}{T}(x,y)$确定的模糊映射$\underset{\sim}{T}$,而称$\underset{\sim}{B}$为$\underset{\sim}{A}$在模糊映射 T 下的像,记为

$$\underset{\sim}{T}(\underset{\sim}{A})=\underset{\sim}{B},$$

$\underset{\sim}{A}$称为$\underset{\sim}{B}$的原像.

显然,映射(3)是模糊映射(5)的特例.

扎德在 1975 年以“扩张原理”的定义形式给出了模糊集在映射下的像应该如何来找. 如果我们把映射(3)看作以(5)式定义的模糊映射的特例,即可得出如下结论:

定理 2-5(扩张原理)　如果 R 是映射(3),$\underset{\sim}{A}$是 X 中的模糊集,则

$$\mu_{R(\underset{\sim}{A})}(y)=\bigvee_{x\in f^{-1}(y)}\mu_{\underset{\sim}{A}}(x).$$

证明　将映射(3)看成模糊映射(5)的特例,再由式(1)、(2)即得

$$\mu_{R(\underset{\sim}{A})}(y)=\bigvee_{x\in X}[R(x,y)\wedge\mu_{\underset{\sim}{A}}(x)]=\bigvee_{f(x)=y}[1\wedge\mu_{\underset{\sim}{A}}(x)]=\bigvee_{f(x)=y}\mu_{\underset{\sim}{A}}(x)=\bigvee_{x\in f^{-1}(y)}\mu_{\underset{\sim}{A}}(x),$$

其中 $f^{-1}(y)$是$\underset{\sim}{B}$在 f 之下的原像,即

$$f^{-1}(y)=\{x\mid f(x)=y,x\in X\},$$

证毕.

分解定理与扩张原理是模糊集合论中的两个重要原理,它们都有广泛的应用.

第二节　模糊变换

定义 2-15　设$\underset{\sim}{\boldsymbol{X}}=(x_1,x_2,\cdots,x_n)$ 是 n 维模糊向量,

$$\underset{\sim}{\boldsymbol{R}}=\begin{bmatrix} r_{11} & r_{12} & \cdots & r_{1m} \\ r_{21} & r_{22} & \cdots & r_{2m} \\ \vdots & \vdots & & \vdots \\ r_{n1} & r_{n2} & \cdots & r_{nm} \end{bmatrix}$$

是以 $n\times m$ 维模糊矩阵形式给出的模糊关系,则称

$$\underset{\sim}{\boldsymbol{X}}\circ\underset{\sim}{\boldsymbol{R}}=\underset{\sim}{\boldsymbol{Y}}$$

为模糊变换(fuzzy transformation),由$\underset{\sim}{\boldsymbol{X}}$和$\underset{\sim}{\boldsymbol{R}}$通过变换可以确定一个 m 维模糊向量$\underset{\sim}{\boldsymbol{Y}}=(y_1,y_2,\cdots,y_m)$.

回忆线性代数,若给出矩阵 $\boldsymbol{A}=(a_{ij})_{m\times n}$和列向量 $\boldsymbol{X}$,则可得

$$\boldsymbol{Y}=\boldsymbol{A}\boldsymbol{X},$$

其中 $\boldsymbol{Y}$ 是一个列向量,且 $\boldsymbol{Y}$ 中的元素按

$$y_i = \sum_{k=1}^{n} a_{ik} x_k (i = 1, 2, \cdots, m)$$

计算，也就是

$$\begin{bmatrix} y_1 \\ y_2 \\ \vdots \\ y_m \end{bmatrix} = \begin{bmatrix} a_{11} & a_{12} & \cdots & a_{1n} \\ a_{21} & a_{22} & \cdots & a_{2n} \\ \vdots & \vdots & & \vdots \\ a_{m1} & a_{m1} & \cdots & a_{mn} \end{bmatrix} \begin{bmatrix} x_1 \\ x_2 \\ \vdots \\ x_n \end{bmatrix}.$$

不难看出，若将线性变换中的乘法换为“∧”，加法换为“∨”，并将 $\underset{\sim}{\boldsymbol{X}}$ 写在$\underset{\sim}{\boldsymbol{R}}$之前，即得模糊变换：

$$\underset{\sim}{\boldsymbol{X}} \circ \underset{\sim}{\boldsymbol{R}} = \underset{\sim}{\boldsymbol{Y}},$$

其结果$\underset{\sim}{\boldsymbol{Y}}$实际上是模糊向量$\underset{\sim}{\boldsymbol{X}}$和模糊关系矩阵$\underset{\sim}{\boldsymbol{R}}$的合成.

定义 2-15 可以理解为：$\underset{\sim}{R}$是由论域 U 到 V 的模糊关系，通过关系$\underset{\sim}{R}$，将 U 中一个向量$\underset{\sim}{\boldsymbol{X}}$变换为 V 中的一个向量$\underset{\sim}{\boldsymbol{Y}}$. 换言之，模糊变换是由$\underset{\sim}{R}$决定的从一个论域 U 到另一个论域 V 的模糊映射.

例 2-28 设某地对一批初中学生测得体重、身高的关系如下表(表内数字是由原始统计数据经过加工处理的)：

$\underset{\sim}{R}$	1.4 m	1.5 m	1.6 m	1.7 m
30 kg	0.6	0.4	0.2	0
40 kg	0.6	0.8	0.7	0.2
50 kg	0.2	0.6	0.8	0.5
60 kg	0	0.2	0.6	0.7

如果某生在体重论域 U 上表现为

$$\underset{\sim}{A} = \frac{0.5}{30} + \frac{1}{40} + \frac{0.6}{50} + \frac{0.2}{60},$$

求他在身高论域 V 上的$\underset{\sim}{B}$.

这是将体重论域 U 转换为身高论域 V 的模糊变换问题.

将$\underset{\sim}{A}$写成向量的形式

$$\underset{\sim}{\boldsymbol{A}} = (0.5, 1, 0.6, 0.2),$$

将模糊关系$\underset{\sim}{R}$用矩阵形式给出

$$\underset{\sim}{\boldsymbol{R}} = \begin{bmatrix} 0.6 & 0.4 & 0.2 & 0 \\ 0.6 & 0.8 & 0.7 & 0.2 \\ 0.2 & 0.6 & 0.8 & 0.5 \\ 0 & 0.2 & 0.6 & 0.7 \end{bmatrix},$$

$$\underset{\sim}{\boldsymbol{B}} = \underset{\sim}{\boldsymbol{A}} \circ \underset{\sim}{\boldsymbol{R}} = (0.5, 1, 0.6, 0.2) \circ \begin{bmatrix} 0.6 & 0.4 & 0.2 & 0 \\ 0.6 & 0.8 & 0.7 & 0.2 \\ 0.2 & 0.6 & 0.8 & 0.5 \\ 0 & 0.2 & 0.6 & 0.7 \end{bmatrix}$$

$$=(0.6,0.8,0.7,0.5)$$
$$=\frac{0.6}{1.4}+\frac{0.8}{1.5}+\frac{0.7}{1.6}+\frac{0.5}{1.7}.$$

本例说明什么问题呢？

原统计数据给出的是体重与身高的关系，经过加工处理得到了体重与身高的模糊关系 $\underset{\sim}{R}$. 从 $\underset{\sim}{R}$ 可以看出，某地中学生中体重 30 kg，身高 1.4 m 的学生最为常见（隶属度最大），而重 30 kg 高 1.7 m 的学生没有（隶属度为 0）. 现如有一学生在体重论域 $\underset{\sim}{A}$ 上（40 kg 可能性最大，60 kg 的可能性最小，只有 20%），我们能否从统计表上推断出他在身高论域上的情况？通过本例的演算，可以得到 $\underset{\sim}{B}$ 即身高 1.5 m 的可能性为 80%，1.6 m 次之，1.4 m 再次之，1.7 m的可能最小，只有 50%.

模糊变换更一般的定义是：

定义 2-16　设 $\underset{\sim}{\boldsymbol{A}}$ 是 $m\times l$ 模糊矩阵形式给出的从 Y 到 X 的模糊关系，$\underset{\sim}{\boldsymbol{R}}$ 是 $l\times n$ 模糊矩阵形式给出的从 X 到 Z 的模糊关系，则

$$\underset{\sim}{\boldsymbol{A}}\circ\underset{\sim}{\boldsymbol{R}}=\underset{\sim}{\boldsymbol{B}}$$

称为模糊变换，由 $\underset{\sim}{\boldsymbol{A}}$ 和 $\underset{\sim}{\boldsymbol{R}}$ 通过变换可以确定一个 $m\times n$ 模糊矩阵形式给出的由 Y 到 Z 的模糊关系.

例 2-29　$Y=\{y_1,y_2,y_3\}$，$X=\{x_1,x_2,x_3,x_4,x_5\}$，$Z=\{z_1,z_2,z_3,z_4\}$，且

$\nearrow\underset{\sim}{A}$	x_1	x_2	x_3	x_4	x_5
y_1	0.1	0.2	0	1	0.7
y_2	0.3	0.5	0	0.2	1
y_3	0.8	0	1	0.4	0.3

$\nearrow\underset{\sim}{R}$	z_1	z_2	z_3	z_4
x_1	0.9	0	0.3	0.4
x_2	0.2	1	0.8	0
x_3	0.8	0	0.7	1
x_4	0.4	0.2	0.3	0
x_5	0	1	0	0.8

$$\underset{\sim}{\boldsymbol{A}}\circ\underset{\sim}{\boldsymbol{R}}=\begin{bmatrix}0.1&0.2&0&1&0.7\\0.3&0.5&0&0.2&1\\0.8&0&1&0.4&0.3\end{bmatrix}\circ\begin{bmatrix}0.9&0&0.3&0.4\\0.2&1&0.8&0\\0.8&0&0.7&1\\0.4&0.2&0.3&0\\0&1&0&0.8\end{bmatrix}$$
$$=\begin{bmatrix}0.4&0.7&0.3&0.7\\0.3&1&0.5&0.8\\0.8&0.3&0.7&1\end{bmatrix}=\underset{\sim}{\boldsymbol{B}},$$

$\underset{\sim}{\boldsymbol{B}}$ 所表示的模糊关系为

$\nearrow \underset{\sim}{B}$	z_1	z_2	z_3	z_4
y_1	0.4	0.7	0.3	0.7
y_2	0.3	1	0.5	0.8
y_3	0.8	0.3	0.7	0.1

第三节　模糊综合评判决策

许多现象是由多种因素综合影响的结果，比如环境污染、气象趋势、产品质量、粮棉生产等都要求我们分析研究，并做出综合性评判，这类问题大都可以利用模糊变换来解决.

模糊综合评判在国民经济和工程技术各领域中有着广泛的应用，它是对受多种因素影响的事物做出全面评价的一种十分有效的多因素决策方法，所以模糊综合评判决策又称为模糊综合决策或模糊多元决策.

综合评判涉及以下三要素：

(1) 因素集 $X=\{x_1,x_2,\cdots,x_n\}$，$x_i(i=1,2,\cdots,n)$表示某问题需要考虑的因素；

(2) 决断集 $Y=\{y_1,y_2,\cdots,y_m\}$，$y_j(j=1,2,\cdots,m)$表示要判断的等级；

(3) 单因素决断，它是从 X 到 Y 的一个模糊映射$\underset{\sim}{R}$，反映如下的模糊关系：

$\underset{\sim}{R}$	y_1	y_2	$\cdots$	y_m
x_1	r_{11}	r_{12}	$\cdots$	r_{1m}
x_2	r_{21}	r_{22}	$\cdots$	r_{2m}
$\vdots$	$\vdots$	$\vdots$		$\vdots$
x_n	r_{n1}	r_{n2}	$\cdots$	r_{nm}

行向量$(r_{i1},r_{i2},\cdots,r_{im})$是考虑单因素 x_i在 Y 上的决断(即评判).

对产品质量进行综合评价的办法是：任意固定一种因素，进行单因素评价. 联合所有的单因素评价得到单因素评价矩阵$\underset{\sim}{\boldsymbol{R}}$. 将$\underset{\sim}{\boldsymbol{R}}$看作是从 U 到 V 的模糊关系和变换，再进行综合评价.

具体说来，设 X 上的模糊集

$$\underset{\sim}{A}=(a_1,a_2,\cdots,a_n),$$

其中 a_i表示对因素 x_i在本问题中的加权数，则

$$\underset{\sim}{A}\circ\underset{\sim}{R}=\underset{\sim}{B}$$

称为对各因素的综合评判，且

$$\mu_{\underset{\sim}{B}}=\mu_{\underset{\sim}{A}\circ\underset{\sim}{R}}=\bigvee_{x\in X}\{\mu_{\underset{\sim}{A}}(x)\wedge\mu_{\underset{\sim}{R}}(x,y)\}.$$

下面通过实例来说明这种方法.

例 2-30(服装评判)　某服装厂设计一种春秋服，要考虑其花色式样(x_1)、耐穿程度(x_2)和价格贵贱(x_3)三种因素($n=3$)，评判分四级($m=4$)：很受欢迎(y_1)、比较欢迎(y_2)、一般(y_3)和不欢迎(y_4). 现请一批顾客或专门人员进行单因素评价.

单就花色式样(x_1)考虑,设有 20% 的人很欢迎(y_1),70%的人比较欢迎(y_2),10% 的人评价一般(y_3),没有人不欢迎(y_4),从而得到反映花色式样的模糊向量(0.2,0.7,0.1,0),这四个分量之和正好是 1,如果不是 1 则要做归一化处理,使其和为 1.

同样对耐穿程度(x_2)做出评价,得到模糊向量(0,0.4,0.5,0.1);对于价格(x_3)做出评价,得到模糊向量(0.2,0.3,0.4,0.1),联合以上单因素评价,可得模糊关系:

$\underset{\sim}{R}$	很受欢迎(y_1)	比较欢迎(y_2)	一般(y_3)	不欢迎(y_4)
花样(x_1)	0.2	0.7	0.1	0
耐穿(x_2)	0	0.4	0.5	0.1
价格(x_3)	0.2	0.3	0.4	0.1

模糊关系矩阵为

$$\underset{\sim}{\boldsymbol{R}}=\begin{bmatrix}0.2 & 0.7 & 0.1 & 0\\ 0 & 0.4 & 0.5 & 0.1\\ 0.2 & 0.3 & 0.4 & 0.1\end{bmatrix}.$$

不同顾客由于职业、性别、年龄、爱好、经济状况等不同,对服装的三个因素所给予的权重是不同的,设某类顾客购买服装时主要要求经久耐穿、价格便宜,花样稍差不要紧,故对花样(x_1)、耐穿(x_2)、价格(x_3)这三个因素在同一产品设计中赋予的权重为

$$\underset{\sim}{A}=\frac{0.2}{x_1}+\frac{0.5}{x_2}+\frac{0.3}{x_3},$$

或写成模糊向量$\underset{\sim}{\boldsymbol{A}}=(0.2,0.5,0.3)$.

注意:各分量之和应为 1,否则应用归一化处理.

于是通过模糊变换,就可得到此类顾客对该服装设计的综合评判为

$$\underset{\sim}{\boldsymbol{A}}\circ\underset{\sim}{\boldsymbol{R}}=(0.2,0.5,0.3)\circ\begin{bmatrix}0.2 & 0.7 & 0.1 & 0\\ 0 & 0.4 & 0.5 & 0.1\\ 0.2 & 0.3 & 0.4 & 0.1\end{bmatrix}=(0.2,0.4,0.5,0.1).$$

综合评判的结果最好也归一化,在本例中,因

$$0.2+0.4+0.5+0.1=1.2,$$

不是归一的,为归一化,可用 1.2 除各项而得到归一化后的综合评判结果为

$$\begin{aligned}\underset{\sim}{B}&=\left(\frac{0.2}{1.2},\frac{0.4}{1.2},\frac{0.5}{1.2},\frac{0.1}{1.2}\right)\\&=(0.17,0.33,0.42,0.08)\\&=\frac{0.17}{y_1}+\frac{0.33}{y_2}+\frac{0.42}{y_3}+\frac{0.08}{y_4},\end{aligned}$$

由于 $\max\{0.17,0.33,0.42,0.08\}=0.42$,故此种服装的设计为"一般"($y_3$).

在进行综合评判时,因素 $u_1,u_2,\cdots,u_n$ 要选取适当,参加评判的人数不能太少,且要有代表性,并应根据实践经验进行选择.

综合评判在环保、气象、农业、林业、财经管理、商业、医学、教育等中都有广泛的应用.它是多个方案在多种评判标准下的优选问题,这种方法多用于难以评判的多因素问题.它的数学模型就是模糊变换,一般容易在计算机上实现.如果根据经验总结出$\underset{\sim}{R}$,并把它储存于电子

计算机内，只要将$\underset{\sim}{A}$输入计算机，就可得出

$$\underset{\sim}{B}=\underset{\sim}{A}\circ\underset{\sim}{R},$$

如图 2-21 所示. 在这里我们把模糊关系$\underset{\sim}{R}$看成了"模糊转换器"，这是一种既准确又迅速的科学方法.

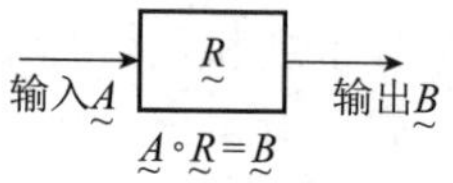

图 2-21　模糊转换器

已知$\underset{\sim}{A}$和$\underset{\sim}{R}$求$\underset{\sim}{B}$，即已知输入和转换器求输出，是综合评判问题，即模糊变换问题.

例 2-31(生产方案的优选)　设某项农业生产中有三个方案要进行优选，其条件如下：

(1) 参加评判的指标有五项，它们在总体中的权重分配如下：

评判指标	产量x_1	费用x_2	用工x_3	收入x_4	土壤肥力x_5
权重	25%	25%	10%	20%	20%

(2) 各指标的评分标准如下：

分数	评分项目和标准				
	x_1 亩产量/斤	x_2 每百斤产量费用/元	x_3 每亩用工/日	x_4 每亩纯收入/元	x_5 土壤肥力增减数
5	2200 以上	3 以下	20 以下	140 以上	6 级
4	1900～2200	3～4	20～30	120～140	5 级
3	1600～1900	4～5	30～40	100～120	4 级
2	1300～1600	5～6	40～50	80～100	3 级
1	1000～1300	6～7	50～60	60～80	2 级
0	1000 以下	7 以上	60 以上	60 以下	1 级

(3) 三个生产方案所要达到的指标如下：

项目	方案 1	方案 2	方案 3
亩产量 x_1/斤	1400	1800	2150
每百斤产量费用 x_2/元	4.1	4.8	6.5
每亩用工 x_3/日	22	35	52
每亩收入 x_4/元	115	125	90
土壤肥力 x_5/级	4	4	2

解　这是一个综合评判问题，应按模糊变换的计算公式求

$$\underset{\sim}{A}\circ\underset{\sim}{R}=\underset{\sim}{B}.$$

由条件(1)，知权数$\underset{\sim}{A}$为

$$\underset{\sim}{A}=\frac{0.25}{x_1}+\frac{0.25}{x_2}+\frac{0.1}{x_3}+\frac{0.2}{x_4}+\frac{0.2}{x_5}$$

$$=(0.25,0.25,0.1,0.2,0.2),$$

且有

$$0.25+0.25+0.1+0.2+0.2=1.$$

由条件(2)可得如图 2-22 至图 2-26 的线性隶属函数图像(当然还可采用非线性的，更为精确).

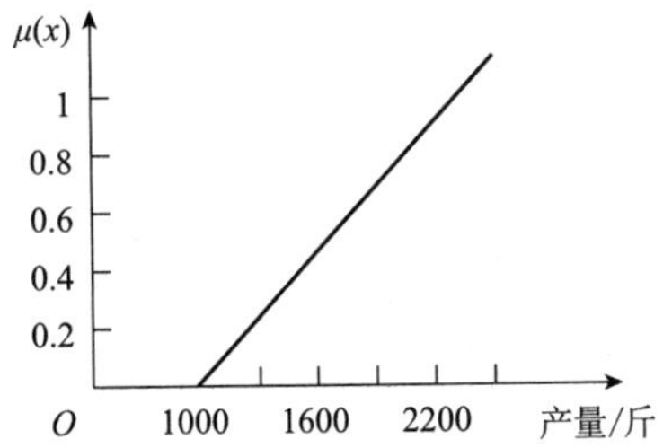

图 2-22　产量的隶属函数

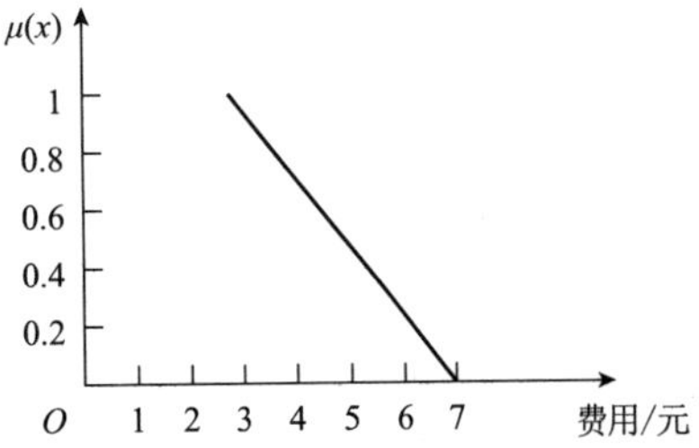

图 2-23　费用的隶属函数

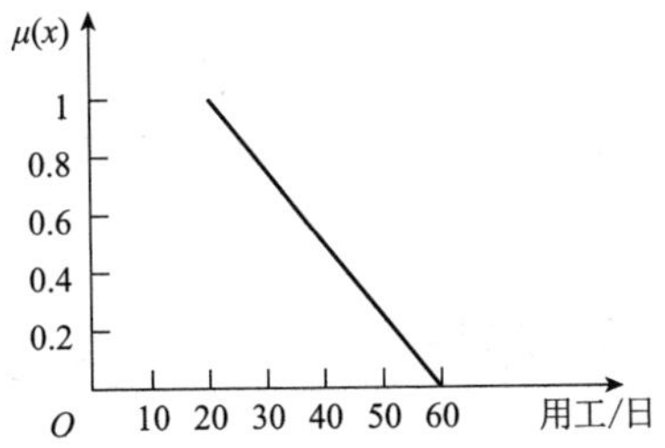

图 2-24　用工的隶属函数

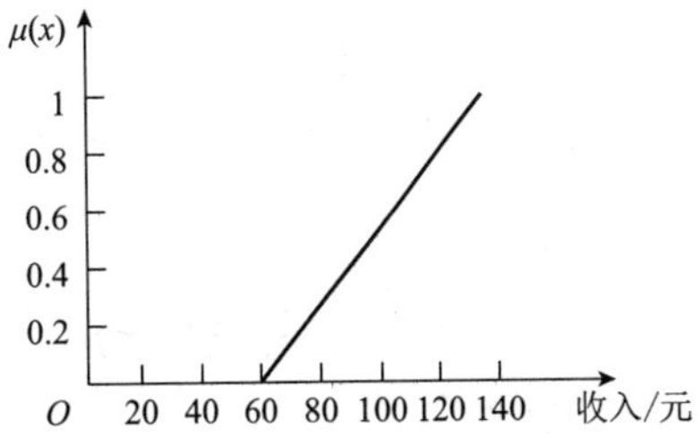

图 2-25　收入的隶属函数

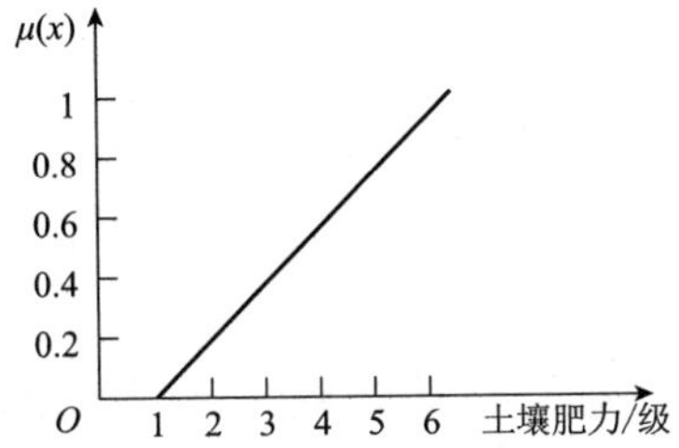

图 2-26　土壤肥力的隶属函数

有了这五个图像，便可从图中查出实行三种方案所对应的不同的隶属函数值，将查出的三个方案的五项指标的隶属函数值列表如下：

$\underset{\sim}{R}$	方案 1	方案 2	方案 3
产量	0.335	0.715	0.965
费用	0.675	0.540	0.120
用工	0.950	0.625	0.195
收入	0.685	0.805	0.375
土壤肥力	0.605	0.605	0.165

上表决定了一个模糊关系矩阵$\underset{\sim}{\boldsymbol{R}}$. 将以上$\underset{\sim}{\boldsymbol{R}}$作为模糊变换器，则有

$$\underset{\sim}{\boldsymbol{B}}=\underset{\sim}{\boldsymbol{A}}\circ\underset{\sim}{\boldsymbol{R}}$$

$$=(0.25,0.25,0.1,0.2,0.2)\circ\begin{bmatrix}0.335 & 0.715 & 0.965\\0.675 & 0.540 & 0.120\\0.950 & 0.625 & 0.195\\0.685 & 0.805 & 0.375\\0.605 & 0.605 & 0.165\end{bmatrix}$$

$=(0.606,0.658,0.399)$

$\xlongequal{\text{归一化}}(0.364,0.396,0.240)$,

因为 $\max\{0.364,0.396,0.240\}=0.396$,故方案 2 是最优方案.

在上面的$\underset{\sim}{\boldsymbol{A}}\circ\underset{\sim}{\boldsymbol{R}}$运算中,我们采用了"有界和与普通实数乘法"算子进行运算,其中

$b_{11}=0.25\times0.335+0.25\times0.675+0.1\times0.950+0.2\times0.685+0.2\times0.605=0.606.$

若已知$\underset{\sim}{\boldsymbol{B}}$,$\underset{\sim}{\boldsymbol{R}}$求$\underset{\sim}{\boldsymbol{A}}$(或已知$\underset{\sim}{\boldsymbol{A}}$,$\underset{\sim}{\boldsymbol{B}}$求$\underset{\sim}{\boldsymbol{R}}$),是模糊变换的逆问题,叫求解模糊关系方程,将在下节进行讨论.这种由综合评价$\underset{\sim}{\boldsymbol{B}}$反过来确定权重$\underset{\sim}{\boldsymbol{A}}$的综合评判逆问题同样具有实际意义.经验与技术,常常归结为匠师(名医、名厨、名技师、有经验的工人……)头脑中对诸因素有一种优越的权数分配,这常常是难以言传的.综合决策的数学模型有助于这些经验的总结.

第四节　模糊关系方程

模糊关系方程在模糊数学的理论及应用中占有十分重要的地位.法国生物学家、数学家桑杰斯(E. Sanchez)在这方面做了开创性的研究,他最早提出模糊关系方程并给出方程的最大解.继之冢本(Y. Tsukamoto)对有限集上模糊关系方程的求解给出具体解法.

一、一般概念

在模糊变换$\underset{\sim}{A}\circ\underset{\sim}{R}=\underset{\sim}{B}$中,若已知$\underset{\sim}{B}$和$\underset{\sim}{R}$求$\underset{\sim}{A}$(或已知$\underset{\sim}{A}$和$\underset{\sim}{B}$求$\underset{\sim}{R}$),就需要求解模糊关系方程

$$\underset{\sim}{X}\circ\underset{\sim}{R}=\underset{\sim}{B}\text{(或}\underset{\sim}{A}\circ\underset{\sim}{X}=\underset{\sim}{B}\text{)}.$$

这个问题是桑杰斯在 1976 年根据医疗诊断的需要提出的.医疗诊断的问题就相当于已知评判(诊断)结果和模糊关系(医疗经验),要研究(求)这类病人的一般症状,即医生头脑中对各因素的权数分配问题.这类逆问题就是求解模糊关系方程的问题,它在医疗诊断中具有重大的实际意义.我们将名医的经验与技术及他们对所面临的问题预先在头脑中的一个最优的权数分配方案用电子计算机模拟下来,让机器代替专家的工作,这就是所谓人工智能中的"专家咨询系统".随着电子计算机的发展,这些系统的实用价值将会越来越突出.

以下我们来讨论$\underset{\sim}{X}\circ\underset{\sim}{R}=\underset{\sim}{B}$型模糊关系方程,即是

$$(x_1,x_2,\cdots,x_n)\circ\begin{bmatrix} r_{11} & r_{12} & \cdots & r_{1m} \\ r_{21} & r_{22} & \cdots & r_{2m} \\ \vdots & \vdots & & \vdots \\ r_{n1} & r_{n2} & \cdots & r_{nm} \end{bmatrix}=(b_1,b_2,\cdots,b_m). \tag{1}$$

按照模糊矩阵的合成运算,上式可化为如下的一组等式,并习惯用 a_{ij} 代换 r_{ij},我们称之为模糊线性方程组:

$$\begin{cases}(a_{11}\wedge x_1)\vee(a_{21}\wedge x_2)\vee\cdots\vee(a_{n1}\wedge x_n)=b_1,\\(a_{12}\wedge x_1)\vee(a_{22}\wedge x_2)\vee\cdots\vee(a_{n2}\wedge x_n)=b_2,\\\qquad\vdots\\(a_{1m}\wedge x_1)\vee(a_{2m}\wedge x_2)\vee\cdots\vee(a_{nm}\wedge x_n)=b_m.\end{cases}\tag{2}$$

为了简单，在不致混淆的情况下，我们又可把它写成

$$\begin{cases}a_{11}x_1+a_{21}x_2+\cdots+a_{n1}x_n=b_1,\\a_{12}x_1+a_{22}x_2+\cdots+a_{n2}x_n=b_2,\\\qquad\vdots\\a_{1m}x_1+a_{2m}x_2+\cdots+a_{nm}x_n=b_m.\end{cases}\tag{3}$$

在形式上它与普通的线性方程组一样，但“·”代表“∧”，“+”代表“∨”.

模糊关系方程的求解运算实际上是求模糊矩阵合成运算的逆运算，这是一个比普通集合中求逆矩阵复杂得多的问题. 其解法种类繁多，有些还尚在探讨之中. 下面只介绍其中几种简单解法.

二、模糊一元一次方程

解模糊一元一次方程

$$x\wedge a=b,a,b\in[0,1],$$

一定要归结到解

$$x\wedge a=b(\text{或 } x\vee a=b).\tag{4}$$

若 $a>b$，则方程 $x\wedge a=b$ 有唯一解 $x=b$，例如

$$x\wedge 0.7=0.5$$

的解只能是 $x=0.5$.

若 $a=b$，则方程有无穷多解，构成解区间 $[b,1]$，记解集为 $x=[b,1]$，例如

$$x\wedge 0.5=0.5$$

的解是 $0.5\leqslant x\leqslant 1$，可以写成 $x=[0.5,1]$.

若 $a<b$，则方程无解，记为 $x=\varnothing$，例如，

$$x\wedge 0.3=0.5$$

显然无解.

为统一起见，定义一个算符“ε”如下：

$$b\varepsilon a\overset{\triangle}{=}\begin{cases}b, & \text{当 } a>b,\\ [b,1], & \text{当 } a=b,\\ \varnothing, & \text{当 } a<b.\end{cases}\tag{5}$$

于是方程 $x\wedge a=b$ 的解集可简记为

$$x=b\varepsilon a.\tag{6}$$

同样解方程

$$x\vee a=b\tag{7}$$

得
$$x=\begin{cases}\varnothing, & \text{当 } a>b,\\ [0,b], & \text{当 } a=b,\\ b, & \text{当 } a<b.\end{cases} \tag{8}$$

另外,若还需考虑解所谓的一元模糊线性不等式
$$x\wedge a\leqslant b, \tag{9}$$
不难看出,如果再定义一个新算符"$\hat{\varepsilon}$",则得:
$$x=b\hat{\varepsilon}a\stackrel{\triangle}{=}\begin{cases}[0,b], & \text{当 } a>b,\\ [0,1], & \text{当 } a\leqslant b.\end{cases} \tag{10}$$

三、n 元模糊关系方程

n 元模糊关系方程
$$(a_i)_{1\times n}\circ(x_i)_{n\times 1}=b, \tag{11}$$
方程(11)即
$$(a_1,a_2,\cdots,a_n)\circ\begin{bmatrix}x_1\\ x_2\\ \vdots\\ x_n\end{bmatrix}=b,$$
也就是
$$(a_1\wedge x_1)\vee(a_2\wedge x_2)\vee\cdots\vee(a_n\wedge x_n)=b.$$

例 2-32 解方程$(0.6,0.2,0.4)\circ\begin{bmatrix}x_1\\ x_2\\ x_3\end{bmatrix}=0.4.$

解法一:原方程即为$(0.6\wedge x_1)\vee(0.2\wedge x_2)\vee(0.4\wedge x_3)=0.4$,这三个括弧内的值都不能超过 0.4,而
$$0.2\wedge x_2<0.4$$
是显然的,故 x_2可以取$[0,1]$的全部值,记
$$x_2=I\stackrel{\triangle}{=}[0,1].$$

现只需考虑
$$(0.6\wedge x_1)\vee(0.4\wedge x_3)=0.4,$$
这两个括弧内的值,可以是其中一个等于 0.4,另一个不超过 0.4.

(1) 设 $0.6\wedge x_1=0.4$, $0.4\wedge x_3\leqslant 0.4$,则
$$x_1=0.4,x_3=I\stackrel{\triangle}{=}[0,1],$$
即 $x_1=0.4,x_2=I,x_3=I$ 都满足原方程.

(2) 设 $0.6\wedge x_1\leqslant 0.4,0.4\wedge x_3=0.4$,则
$$x_1=[0,0.4],x_3=[0.4,1],$$
即 $x_1=[0,0.4],x_2=I,x_3=[0.4,1]$也满足原方程.

本例解集一般可写成
$$X=\{0.4\}\times I\times I\cup[0,0.4]\times I\times[0.4,1].$$

一般地，n 元模糊线性方程

$$(x_1 \wedge a_1) \vee (x_2 \wedge a_2) \vee \cdots \vee (x_n \wedge a_n) = b \tag{12}$$

对应着 n 个一元方程

$$x_1 \wedge a_1 = b, \cdots, \ x_n \wedge a_n = b \tag{13}$$

和 n 个一元不等式

$$x_1 \wedge a_1 \leqslant b, \cdots, \ x_n \wedge a_n \leqslant b, \tag{14}$$

方程(12)有解，当且仅当至少有某一 x_i 满足(13)中相应的第 i 个方程而与此同时(14)全都成立.

注意到一元方程与一元不等式的解，已分别由(6)与(10)两式所给出. 记

$$\boldsymbol{Y} \triangleq (b\varepsilon a_1, b\varepsilon a_2, \cdots, b\varepsilon a_n), \tag{15}$$

$$\hat{\boldsymbol{Y}} \triangleq (b\hat{\varepsilon} a_1, b\hat{\varepsilon} a_2, \cdots, b\hat{\varepsilon} a_n), \tag{16}$$

这里，$\boldsymbol{Y}$ 与 $\hat{\boldsymbol{Y}}$ 表示两个区间向量，它们的严格定义应为：

$$\boldsymbol{Y} \triangleq \{(x_1, x_2, \cdots, x_n) \mid x_1 \in b\varepsilon a_1 \text{或} x_1 = b\varepsilon a_1, \cdots, x_n \in b\varepsilon a_n \text{或} x_n = b\varepsilon a_n\}, \tag{17}$$

$$\hat{\boldsymbol{Y}} \triangleq \{(x_1, \cdots, x_n) \mid x_1 \in b\hat{\varepsilon} a_1 \text{或} x_1 = b\hat{\varepsilon} a_1, \cdots, x_n \in b\hat{\varepsilon} a_n \text{或} x_n = b\hat{\varepsilon} a_n\}. \tag{18}$$

设 $\boldsymbol{W}^{(i)}$ 为将 $\hat{\boldsymbol{Y}}$ 的第 i 个分量换成 $\boldsymbol{Y}$ 的第 i 个非空分量而得的区间向量：

$$\boldsymbol{W}^{(i)} = (b\hat{\varepsilon} a_1, \cdots, b\hat{\varepsilon} a_{i-1}, b\varepsilon a_i, b\hat{\varepsilon} a_{i+1}, \cdots, b\hat{\varepsilon} a_n),$$

则方程(12)的解集合为

$$\boldsymbol{W}^{(1)} \cup \boldsymbol{W}^{(2)} \cup \cdots \cup \boldsymbol{W}^{(n)},$$

也就是 $\boldsymbol{X} = \boldsymbol{W}^{(1)}$ 或 $\boldsymbol{W}^{(2)}$ ……或 $\boldsymbol{W}^{(n)}$.

易见方程(12)有解的充分必要条件是：$\boldsymbol{Y}$ 和各个分量不全空.

例 2-33　解模糊方程

$$(x_1 \wedge 0.7) \vee (x_2 \wedge 0.8) \vee (x_3 \wedge 0.6) \vee (x_4 \wedge 0.3) = 0.6.$$

解

$$\begin{aligned} \boldsymbol{Y} &= (0.6\varepsilon 0.7, 0.6\varepsilon 0.8, \ 0.6\varepsilon 0.6, \ 0.6\varepsilon 0.3) \\ &= (0.6, 0.6, [0.6, 1], \varnothing), \\ \hat{\boldsymbol{Y}} &= (0.6\hat{\varepsilon} 0.7, 0.6\hat{\varepsilon} 0.8, \ 0.6\hat{\varepsilon} 0.6, \ 0.6\hat{\varepsilon} 0.3) \\ &= ([0, 0.6], [0, 0.6], [0, 1], [0, 1]). \end{aligned}$$

如前述，将 $\boldsymbol{Y}$ 的非空分量代入 $\hat{\boldsymbol{Y}}$ 得：

$$\boldsymbol{W}^{(1)} = (0.6, [0, 0.6], [0, 1], [0, 1]),$$

$$\boldsymbol{W}^{(2)} = ([0, 0.6], 0.6, [0, 1], [0, 1]),$$

$$\boldsymbol{W}^{(3)} = ([0, 0.6], [0, 0.6], [0.6, 1], [0, 1]).$$

因 $\boldsymbol{Y}$ 中的第四个分量为 $\varnothing$，故 $\boldsymbol{W}^{(4)} = \{(x_1, x_2, \ x_3, x_4) \mid x_1 \in [0, 0.6], x_2 \in [0, 0.6], x_3 \in [0, 1], x \in \varnothing\} = \varnothing$，可略去不写. 由此得：

$$\boldsymbol{X} = \boldsymbol{W}^{(1)} \text{或} \boldsymbol{W}^{(2)} \text{或} \boldsymbol{W}^{(3)}.$$

例 2-33 中的解实际上是一个解集合，其中

$$(0.6, 0.6, 1, 1)$$

是一个解，且它大于其他任何解，故称为“最大解”. 桑杰斯曾证明过：“对任意模糊关系方程，若有解则必有最大解.”因而，对于模糊关系方程来说，其解集合的上端情况是比较清楚的，而较难的是搞清其下端的情况. 一般来说，方程若有解，则可能有多个极小解. 如本例中

$$(0.6,0,0,0),$$
$$(0,0.6,0,0),$$
$$(0,0,0.6,0)$$

都是极小解. 所谓极小解，是因为再也找不到比它更小的解.

此外方程(11)还可按如下解法：

定义 2-17 a_i关于 b 的分划：

$$a_i(b)=\begin{cases}1, & a_i>b,\\ b, & a_i=b,\\ 0, & a_i<b,\end{cases}$$

并称

$$(a_i(b))_{1\times n}\circ(x_j)_{n\times 1}=b \tag{19}$$

为(11)关于 b 的分划方程.

易证方程(11)与它的分划方程(19)同解.

如在例 2-32 中，解法二：原方程关于 0.4 的分划方程为

$$(1,0,0.4)\circ\begin{bmatrix}x_1\\x_2\\x_3\end{bmatrix}=0.4,$$

即$(1\wedge x_1)\vee(0\wedge x_2)\vee(0.4\wedge x_3)=0.4$，在第二个括弧中由 $0\wedge x_2$，得 $x_2=I$，故只需考虑

$$(1\wedge x_1)\vee(0.4\wedge x_3)=0.4.$$

由于第一个括弧中 $1\wedge x_1$的值不能超过 0.4，只有两种情形：

(1) $x_1=0.4$，于是 $x_3=I$，从而得解集为

$$x_1=0.4,x_2=I,x_3=I;$$

(2) $x_1=[0,0.4]$，于是 $x_3=[0.4,1]$，从而

$$x_1=[0,0.4],x_2=I,x_3=[0.4,1].$$

解法二比解法一要简便些，但基本思想是相同的，还有别的方法可以较快写出解集，但要涉及更多的知识反而烦琐，就不介绍了.

至于要解模糊线性方程组(2)，只要注意到方程组的解集合等于各个方程的解集合的交，便很容易得到它的解法. 而更一般的模糊关系方程

$$(a_{ij})_{m\times l}\circ(x_{jk})_{l\times n}=(b_{ik})_{m\times n},$$

其中

$$(a_{ij})_{m\times l}=\begin{pmatrix}a_{11} & a_{12} & \cdots & a_{1l}\\ a_{21} & a_{22} & \cdots & a_{2l}\\ \vdots & \vdots & & \vdots\\ a_{m1} & a_{m2} & \cdots & a_{ml}\end{pmatrix},$$

$$(x_{jk})_{l\times n}=\begin{pmatrix} x_{11} & x_{12} & \cdots & x_{1n} \\ x_{21} & x_{22} & \cdots & a_{2n} \\ \vdots & \vdots & & \vdots \\ x_{l1} & x_{l2} & \cdots & x_{ln} \end{pmatrix},$$

$$(b_{ik})_{m\times n}=\begin{pmatrix} b_{11} & b_{12} & \cdots & b_{1n} \\ b_{21} & b_{22} & \cdots & b_{2n} \\ \vdots & \vdots & & \vdots \\ b_{m1} & b_{m2} & \cdots & b_{mn} \end{pmatrix},$$

由于难度更大，且应用比较少见，本书从略.

第七章 模式识别

第一节 模式识别概述

模式识别(pattern recognition)是一门新兴的边缘学科，既是人工智能(artificial intelligence)要研究的内容，也是模糊数学中模糊方法的应用. 其主要任务是让机器模拟人的思维方法对客观事物进行识别和分类. 由于客观事物的特征带有不同程度的模糊性，因此它与模糊数学息息相关.

要识别某一事物，首先要研究这类事物的共同性质，找出它的数学模式，如果被识别的事物与此模式相符，则可以鉴别它是否属于这类事物.

日常生活中这类问题是很多的. 比如很远看到一个人走来，他的身材、衣着、相貌等特征会引起我们大脑皮质兴奋. 由过去储存张三的印象，认识来人就是张三；如果大脑里完全没有张三的印象，即使来人走到眼前，也还是素不相识.

人们识别事物的过程是凭借人的眼睛与大脑进行的. 眼睛是接收信息的机器，大脑是判别的机器，如果我们想用机器人进行识别，就必须有代替人眼的传感器和代替人脑的识别器. 问题的关键是如何模拟人脑的思维过程来制作模式识别机，这就是模式识别所要讨论的中心问题. 由于人脑的思维大部分是模糊性思维，因此模糊数学在这方面作为人工智能的助手是大有可为的.

一个模式识别系统通常由以下几个部分组成：

(1) 传感器部分. 它能将模式转变为电信号.

(2) 前处理部分. 它能将传感器中的杂音消除，并且将信号进行“正规化”处理.

(3) 特征提取部分. 它能从信号中提取一些反映其特征的测量值供识别用.

(4) 识别分类部分. 根据被提取的特征，按某种分类原则对输入的模式进行判决，并指出它归于哪一类.

以上各部分可用方框图表示，如图 2-27 所示.

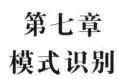

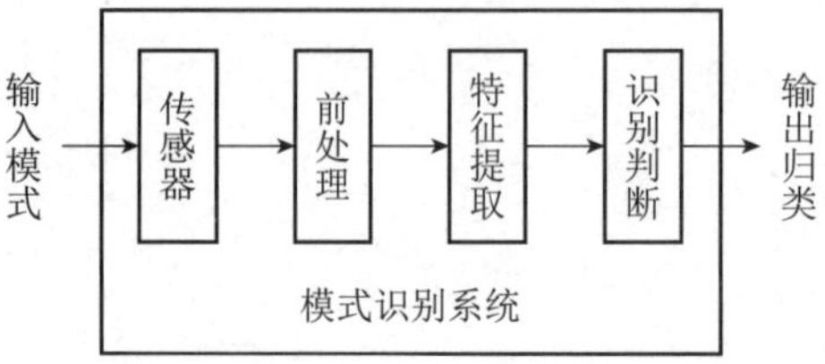

图 2-27　模式识别系统框图

其中，特征提取是非常重要的，这需要抓住本质. 例如让机器识别一个人是否“胖”，就要对人进行特征提取. 人的特征很多，如民族、籍贯、年龄、身高、体重、性格等，但对于胖这个概念来说，最重要的是身高和体重，其余特征都不太重要.

一般来说，一个事物有 n 个特征，而对每一个具体的对象，这 n 个特征有 n 个隶属度：

$$\mu_1,\mu_2,\cdots,\mu_n.$$

由于这些特征在模式识别中起的作用不同，为此必须相应地加上权重：

$$a_1,a_2,\cdots,a_n,$$

对应项相乘再相加得：

$$\sum_{i=1}^{n} a_i u_i,$$

并规定一个阈值(即限度)M，若满足

$$\sum_{i=1}^{n} a_i u_i \geqslant M,$$

则认为此事物满足要求，并根据阈值 M 的取值不同而进行归类.

以上方法是很有用的，但是应用起来的困难是：权重 $a_i(i=1,2,\cdots,n)$到底如何确定？为此人们希望设计一种能自动调整权重的机器，称为“学习机”. 它的基本功能是，按照已知的被分类事物进行观察，并通过观察逐步改变权重，一直到求出最佳的权重为止.

模式识别的应用十分广泛，如在卫星上用不同的光波段进行遥感遥测以获取图片资料，经过分析识别，可以进行资源勘探、地理测绘、军事侦探、作物估产、气象预报等. 又如生物医学信息识别、语言识别、指纹识别、环境污染识别等，随着声音分析、识别、合成技术的进展，机器模式识别的前景是无可限量的.

第二节　最大隶属原则和择近原则

模式识别的方法大致可分为两种，即直接方法与间接方法. 直接方法按最大隶属原则归类，而间接方法要按择近原则归类.

先介绍直接方法：设论域 U 为全体被识别的对象，$A_1,A_2,\cdots,A_n$是 U 的 n 个模糊子集，现在要对一个确定的对象 $u_0\in U$ 进行识别，此时模型 $A_1,A_2,\cdots,A_n$是模糊的，但是具体的对象 u_0是清楚的，这时就要应用最大隶属原则归类.

最大隶属原则：设$\underset{\sim}{A}_1,\underset{\sim}{A}_2,\cdots,\underset{\sim}{A}_n$为论域 U 上的 n 个模糊子集，元素 $u_0\in U$，若

$$\mu_{\underset{\sim}{A}_i}(u_0)=\max\{\mu_{\underset{\sim}{A}_1}(u_0),\mu_{\underset{\sim}{A}_2}(u_0),\cdots,\mu_{\underset{\sim}{A}_n}(u_0)\},$$

则称 u_0 相对隶属于$\underset{\sim}{A}_i$.

这种方法应用相当广泛，如三角形的识别、染色体的识别、癌细胞的识别等都属于这一类. 这类问题的难点在于隶属函数的建立，如果隶属函数建立得好，这种方法是很容易的.

模糊模式识别方法(简称模糊方法)就是根据隶属原则建立的.

设论域 U 上有 n 个模式$\underset{\sim}{A}_1,\underset{\sim}{A}_2,\cdots,\underset{\sim}{A}_n$，对任一 $u_0\in U$，要判别 u_0属于哪一模式，如果

$$\mu_{\underset{\sim}{A}_i}(u_0)=\max\{\mu_{\underset{\sim}{A}_1}(u_0),\mu_{\underset{\sim}{A}_2}(u_0),\cdots,\mu_{\underset{\sim}{A}_n}(u_0)\},$$

则 $u_0 \in A_i$.

例 2-34 将苹果分为四级：$\underset{\sim}{A}_1,\underset{\sim}{A}_2,\underset{\sim}{A}_3,\underset{\sim}{A}_4$，根据大小、色泽、有无损伤，要识别某一苹果 u_0 属于哪一等级，实际上是按照四种模式看 u_0 与哪一个模式最贴近，就是要找出 u_0 对这四个模糊子集的隶属度，如果

$$\mu_{\underset{\sim}{A}_1}(u_0)=0.5,\mu_{\underset{\sim}{A}_2}(u_0)=0.7,$$
$$\mu_{\underset{\sim}{A}_3}(u_0)=0.6,\mu_{\underset{\sim}{A}_4}(u_0)=0.2,$$

因为 $\max\{0.5,0.7,0.6,0.2\}=0.7=\mu_{\underset{\sim}{A}_2}(u_0)$，所以 $u_0\in\underset{\sim}{A}_2$，即将这只苹果并入第二级 $\underset{\sim}{A}_2$.

将苹果分类是人脑的模糊思维能力，是成人大脑的一种功能，要怎样才能使机器人具有这种功能呢？模糊数学从仿生学的观点，用隶属函数这个工具，揭示这种思维能力，使其数学化、定量化以便用于机器识别.

下面再讲模式识别中的间接方法，它是论域 U 上的 n 个模糊子集：$\underset{\sim}{A}_1,\underset{\sim}{A}_2,\cdots,\underset{\sim}{A}_n$，而被识别的对象也是模糊的，即它是论域 U 上的模糊子集 $\underset{\sim}{B}$，这时需要考虑的是 $\underset{\sim}{B}$ 与每个 $A_i(i=1,2,\cdots,n)$ 的贴近程度 $(\underset{\sim}{B},\underset{\sim}{A}_i)$，$\underset{\sim}{B}$ 和哪一个最贴近就认为它属于哪一类，这就需要在归类时使用所谓的择近原则.

择近原则：给定论域 U 上 n 个模糊子集 $\underset{\sim}{A}_1,\underset{\sim}{A}_2,\cdots,\underset{\sim}{A}_n$ 及另一个模糊子集 $\underset{\sim}{B}$，若有 $1\leqslant j\leqslant n$ 使

$$(\underset{\sim}{B},\underset{\sim}{A}_j)=\max_{1\leqslant i\leqslant n}(\underset{\sim}{B},\underset{\sim}{A}_i),$$

则认为 $\underset{\sim}{B}$ 与 $\underset{\sim}{A}_j$ 最贴近. 其中 $(\underset{\sim}{B},\underset{\sim}{A}_j)$ 表示 $\underset{\sim}{B}$ 和 $\underset{\sim}{A}_j$ 两个模糊集的贴近度.

设 $\underset{\sim}{A}_1,\underset{\sim}{A}_2,\cdots,\underset{\sim}{A}_n$ 是 n 个已知模式，若 $\underset{\sim}{B}$ 与 $\underset{\sim}{A}_j$ 最贴近，则把 $\underset{\sim}{B}$ 归为 $\underset{\sim}{A}_j$ 模式，这个原则称为择近原则.

关于间接方法目前也有不少应用，如计算机识别手写数码和一般文字识别都属于这一类.

文字识别，无论是印刷体还是手书，让计算机识别时，输入的模型都是摘取特征后的平面格点，是一个模糊集，而计算机原来存储的模型也是 n 个模糊集，这时需要考虑的是贴近度，因此是间接方法的模式识别问题.

第三节　几何图形的识别

用机器自动识别染色体或进行白细胞分类的过程中，问题往往归结为对一些几何图形的识别，在现实生活中，几何图形一般都带有不同程度的模糊性，因为一个具体的图形不可能那么绝对标准，总会带有不同程度的误差.

下面以三角形为例，介绍按最大隶属原则来识别三角形的直接方法.

设论域 $U=\{(A,B,C)\mid A+B+C=180°,A\geqslant B\geqslant C\geqslant 0°\}$，其中 A、B、C 为三角形的三个内角.

现在给出下列五种类型三角形的隶属函数.

(1) 近似等腰三角形 $\underset{\sim}{I}$，“近似等腰三角形”是论域 U 的一个模糊子集，其隶属函数规定为

$$\mu_{\underset{\sim}{I}}(\triangle)=1-\frac{1}{60}\min\{A-B,B-C\},$$

易见当 $A=B,A=C$ 或 $B=C$ 时有

$$\mu_{\underset{\sim}{I}}(\triangle)=1;$$

当 $A=120°,B=60°,C=0°$时，则有

$$\mu_{\underset{\sim}{I}}(\triangle)=0.$$

(2) 近似直角三角形$\underset{\sim}{R}$，"近似直角三角形"也是论域 U 上的一个模糊子集，其隶属函数规定为

$$\mu_{\underset{\sim}{R}}(\triangle)=1-\frac{1}{90}|A-90|,$$

显然当 $A=90°$时，

$$\mu_{\underset{\sim}{R}}(\triangle)=1;$$

当 $A=180°$时，

$$\mu_{\underset{\sim}{R}}(\triangle)=0.$$

(3) 近似等边三角形$\underset{\sim}{E}$，其隶属函数规定为

$$\mu_{\underset{\sim}{E}}(\triangle)=1-\frac{1}{180}\max\{A-B,A-C\},$$

当 $A=B=C=60°$时，

$$\mu_{\underset{\sim}{E}}(\triangle)=1;$$

当 $A=180°$时，

$$\mu_{\underset{\sim}{E}}(\triangle)=0.$$

(4) 近似等腰直角三角形$\underset{\sim}{IR}$，这个模糊集既是近似等腰三角形$\underset{\sim}{I}$，又是近似直角三角形$\underset{\sim}{R}$，所以

$$\underset{\sim}{IR}=\underset{\sim}{I}\cap\underset{\sim}{R},$$

其隶属函数规定为

$$\begin{aligned}\mu_{\underset{\sim}{IR}}(\triangle)&=\mu_{\underset{\sim}{I}}(\triangle)\wedge\mu_{\underset{\sim}{R}}(\triangle)\\&=\min\left\{\left[1-\frac{1}{60}\min\{A-B,B-C\}\right],\ \left(1-\frac{1}{90}|A-90|\right)\right\}.\end{aligned}$$

当 $A=90°,B=C=45°$时

$$\mu_{\underset{\sim}{IR}}(\triangle)=1;$$

当 $A=180°$时，

$$\mu_{\underset{\sim}{IR}}(\triangle)=0.$$

(5) 一般三角形$\underset{\sim}{Q}$，定义为

$$\underset{\sim}{Q}=\bar{\underset{\sim}{I}}\cap\bar{\underset{\sim}{E}}\cap\bar{\underset{\sim}{R}}$$

其隶属函数规定为

$$\begin{aligned}\mu_{\underset{\sim}{Q}}(\triangle)&=\min\{1-\mu_{\underset{\sim}{I}}(\triangle),1-\mu_{\underset{\sim}{E}}(\triangle),1-\mu_{\underset{\sim}{R}}(\triangle)\}\\&=\frac{1}{180}\min\{3(A-B),3(B-C),2|A-90|,\max\{A-B,A-C\}\}.\end{aligned}$$

现给定一个具体的三角形(A_0,B_0,C_0)，按隶属原则看它对于哪种类型的隶属度最大，就归于哪一类.

例 2-35 某三角形的内角为

$$A=85^\circ, B=65^\circ, C=30^\circ,$$

试用机器判别它属于哪一类.

解:设 U 上的五个模式为$\underset{\sim}{I}$、$\underset{\sim}{R}$、$\underset{\sim}{E}$、$\underset{\sim}{IR}$、$\underset{\sim}{Q}$

$$\mu_{\underset{\sim}{I}}(\triangle)=1-\frac{1}{60}\min\{20,35\}=1-\frac{20}{60}=\frac{2}{3}=0.667,$$

$$\mu_{\underset{\sim}{R}}(\triangle)=1-\frac{1}{90}|85-90|=1-\frac{5}{90}=\frac{17}{18}=0.944,$$

$$\mu_{\underset{\sim}{E}}(\triangle)=1-\frac{1}{180}\max\{20,55\}=1-\frac{55}{180}=\frac{35}{36}=0.694,$$

$$\mu_{\underset{\sim}{IR}}(\triangle)=\min\{0.667,0.944\}=0.667,$$

$$\mu_{\underset{\sim}{Q}}(\triangle)=\min\{1-0.667,1-0.694,1-0.944\}=0.056,$$

$$\max\{0.667,0.944,0.694,0.667,0.056\}=0.944=\mu_{\underset{\sim}{R}}(\triangle),$$

故此三角形属于近似直角三角形.

有了三角形的识别方法,就可以推导出其余多边形的识别方法,现将它们的隶属函数列出,对于四边形有:

(1) 梯形$\underset{\sim}{T}$

$$\mu_{\underset{\sim}{T}}=1-\rho_{\underset{\sim}{T}}\frac{1}{180}\min\{|A+B-180|,|C+D-180|\}.$$

(2) 平行四边形$\underset{\sim}{P}$

$$\mu_{\underset{\sim}{P}}=1-\rho_{\underset{\sim}{P}}\frac{1}{180}\max\{|A-C|,|B-D|\}.$$

(3) 矩形$\underset{\sim}{RE}$

$$\mu_{\underset{\sim}{RE}}=1-\rho_{\underset{\sim}{RE}}\frac{1}{90}\{(A-90)+(B-90)+(C-90)+(D-90)\}.$$

(4) 菱形$\underset{\sim}{RH}$

$$\mu_{\underset{\sim}{RH}}=1-\rho_{\underset{\sim}{RH}}\frac{1}{a+b+c+d}\cdot\max\{|a-b|,|b-c|,|c-d|,|d-a|\}.$$

(5) 正方形$\underset{\sim}{SQ}$

$$\mu_{\underset{\sim}{SQ}}=\mu_{\underset{\sim}{RE}}\wedge\mu_{\underset{\sim}{RH}}.$$

在上面(1)~(5)式中,符号 A,B,C,D 表示四边形的四个角;a,b,c,d 表示四条边;而$\rho_{\underset{\sim}{T}}$,$\rho_{\underset{\sim}{P}}$,$\rho_{\underset{\sim}{RE}}$,$\rho_{\underset{\sim}{RH}}$分别表示不同的常数.

现在再考虑多边形的识别问题,设多边形的边和角依次为 a_i,$A_i(i=1,2,\cdots,n)$,则

(6) n 边等边多边形$\underset{\sim}{SD}$

$$\mu_{\underset{\sim}{SD}}=1-\rho_{\underset{\sim}{SD}}\frac{1}{\sum_{i=1}^{n}a_i}\cdot\max\{|a_1-a_2|,|a_2-a_3|,\cdots,|a_n-a_1|\}.$$

(7) n 边等角多边形$\underset{\sim}{AG}$

$$\mu_{\underset{\sim}{AG}}=1-\rho_{\underset{\sim}{AG}}\frac{1}{180}\max\left\{\left|A_1-\frac{n-2}{n}180\right|,\cdots,\left|A_n-\frac{n-2}{n}180\right|\right\}.$$

(8) 正 n 边形$\underset{\sim}{REG}$

$$\mu_{\underset{\sim}{REG}}=\mu_{\underset{\sim}{SG}}\wedge\mu_{\underset{\sim}{AG}},$$

其中$\rho_{\underset{\sim}{SG}}$,$\rho_{\underset{\sim}{AG}}$分别为不同的常数.

第四节　机器模式识别

机器模式识别的基本思想是模板匹配原理.计算机内存放各种已知的模板,若将未知的模板输入计算机,和贮存的模板一一匹配,机器就能做出判断,识别未知的模板.

下面介绍的手写文字的识别方法属于模式识别的间接方法,是用择近原则归类的.

一、手写文字及细胞识别

例 2-36　在计算机内存放 0,1,2,…,9 十个数字模板,图 2-28 是一个样本数字"6",放在一个 4×4 的小方格内,在每一小方格内凡含有笔画的部分用 1 表示,不含笔画的部分用 0 表示,于是样本数字"6"的模板可记为

$$X^6=\{0110010001100110\},$$

也可用矩阵表示

$$\boldsymbol{X}^6=\begin{bmatrix}0&1&1&0\\0&1&0&0\\0&1&1&0\\0&1&1&0\end{bmatrix}.$$

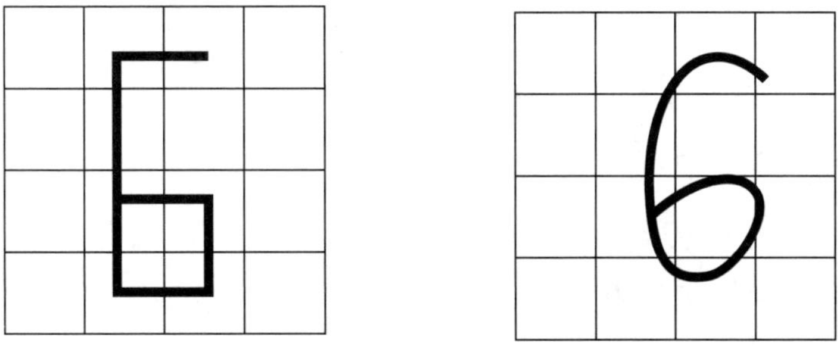

(a)　　　　(b)

图 2-28　样本数字"6"与待识数字"6"

现有待识别的手写体如图 2-28(b)所示,按照样本的规则,该手写体记为

$$Y=\{0111010001110110\},$$

或

$$\boldsymbol{Y}=\begin{bmatrix}0&1&1&1\\0&1&0&0\\0&1&1&1\\0&1&1&0\end{bmatrix}.$$

将 Y 输入计算机,按二进制进行不进位的加法($\oplus$),规定两数相同其和为 0,两数相异其和

为 1,即

$$X_i \oplus Y_i=\begin{cases}0, & X_i=Y_i,\\ 1, & X_i\neq Y_i,\end{cases}$$

于是
$$X^6+Y=\{0001000000010000\},$$

或
$$\boldsymbol{X}^6+\boldsymbol{Y}=\begin{bmatrix}0&0&0&1\\0&0&0&0\\0&0&0&1\\0&0&0&0\end{bmatrix}.$$

记其中 1 的个数 $D=2$.

显然 D 越小,Y 与 X^6 越像,如果规定差值(误差阈值) $M=3$,现 $D<M(2<3)$,则图 2-28(b)待识的 Y 就是"6";如果 $D=4$,则计算机就会打印出"不认识"(拒识).

有些复杂的图形,如细胞的识别,在每一小方格按笔画"有记为 1 无记为 0"就显得不够精确,而用实数(0,0.1,0.2,…,0.9,1)则较为准确,这时运算法则也要做相应的更改.

例 2-37 机器识别如图 2-29 的简单图形,可作一个 4×4 的小方块,按其"灰度"决定各方块的隶属度,得到模糊关系

$\underset{\sim}{R}$	1	2	3	4
1	0.4	1	0.7	0
2	0	0	0.7	1
3	0.7	0.4	0	0.4
4	1	0	0.7	0.4

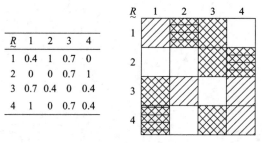

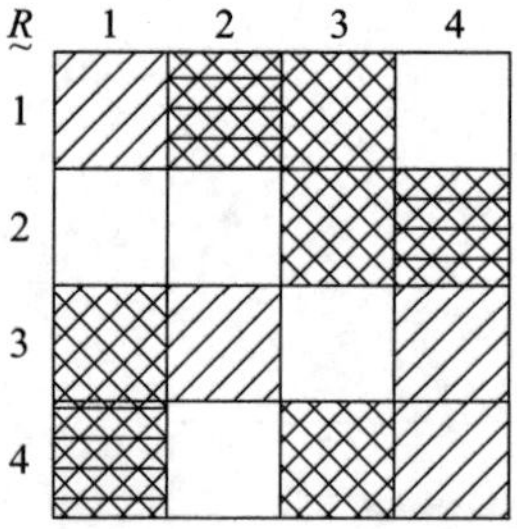

图 2-29 灰度图

或写成模糊矩阵

$$\underset{\sim}{\boldsymbol{R}}=\begin{bmatrix}0.4&1&0.7&0\\0&0&0.7&1\\0.7&0.4&0&0.4\\1&0&0.7&0.4\end{bmatrix}.$$

当方格增加时,我们就可以用这种方法来表示一个或多个手写文字或细胞.

把表示标准文字或各种细胞的模糊矩阵经过前处理(即瘦化而得到 n 条直线所组成的图形),并进行编号、编码输入计算机作为样品存储起来,叫作"学习",存储的标准图形越多,计算机也就"学习"得越多,然后针对一个具体文字或图形表示成模糊矩阵作为输入,再和标准图形比较,如果和哪个标准图形最贴近,就归于哪一类,这实际就是应用择近原则.

具体框图如图 2-30 所示.

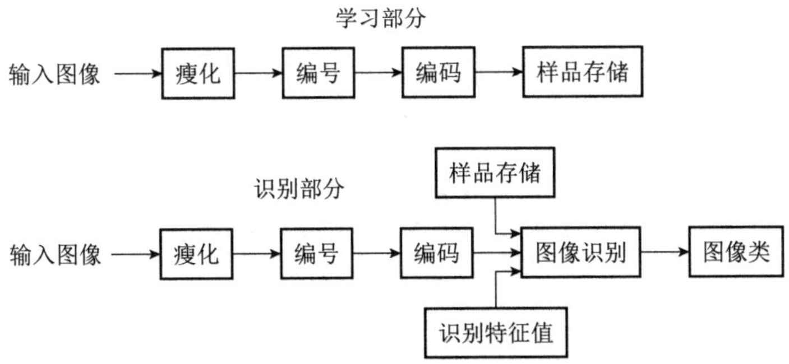

图 2-30　机器识别框图

对于一个复杂的图形，其相应的模糊矩阵的维数就会很高，例如识别一张照片竟需要存储 512×512 的大矩阵，这就要求计算机不仅有很大的容量，而且相应的计算速度也必须很高，这在实际上是很困难的. 因此，近年来有人采用方向编码和语言方法来进行图像识别，其效果更佳.

二、方向编码

方向编码是利用计算机自动识别手写体的范例. 为了适应计算机的要求，采用八进制，即用 0，1，2，…，7 八种数码，对应八种方向，如图 2-31 所示.

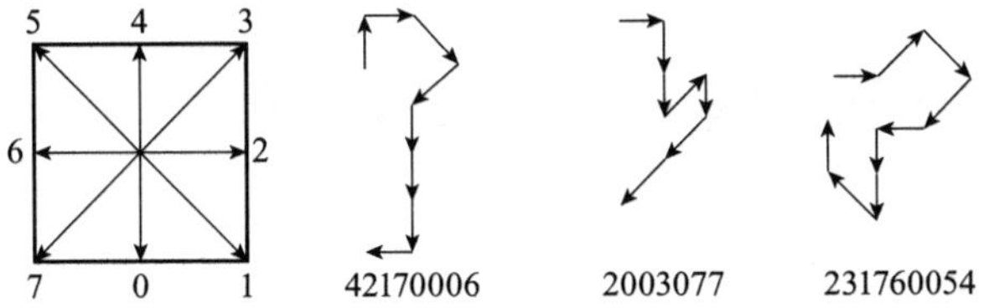

图 2-31　方向编码图

这种方向编码可以用一串数码进行跟踪来代替某种图形，也可用来识别手写体或邮政编码等.

例 2-38　等腰直角三角形 ABC[图 2-32(a)]可用“725”代替，手写体“永”[图 2-32(b)]可用“17205-273716”代替（“-”表示间断）.

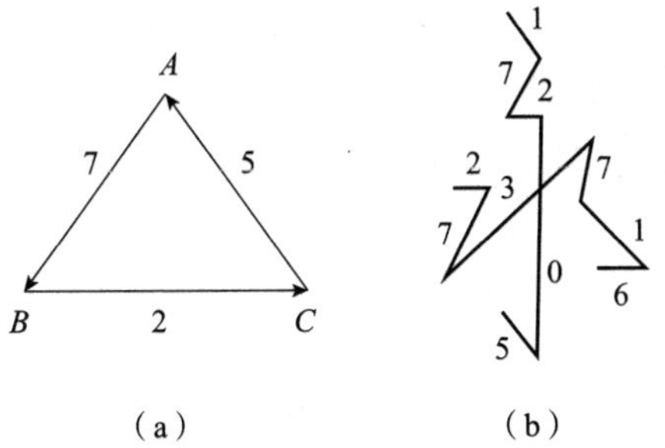

图 2-32　等腰三角形与手写体“永”的方向编码

当然为了精确起见，八个方向码还是不够的，一般需十六个或更多的方向码.

还应指出，大多数图形都存在很多冗余信息，为此必须抓住其主要特征进行识别，而将那些冗余信息在前处理时去掉.

第八章 模糊线性规划

众所周知，线性规划是用线性方程组来研究规划问题的一种数学方法，许多实际问题用这种方法来研究，可以得到最佳方案. 理论上，普通线性规划问题的约束条件和目标函数都是清晰的，但在不少实际问题中，以上两个方面的条件和函数却是模糊的. 为了很好地求得上述问题的最优解(或称模糊最优解)，就必须引入隶属函数并应用模糊集的工具对这类问题进行数学处理，从而便导出了一个新的线性规划问题，这就是模糊线性规划问题.

研究模糊线性规划问题具有重要意义. 本章首先介绍模糊约束条件下的极值问题，然后讨论模糊线性规划及有模糊系数的线性规划等问题.

第一节 模糊约束条件下的极值问题

首先回顾普通函数的极值概念.

设 X 为非空集合，f 是定义在 X 上的有界实值函数，若有 $x_0 \in X$，使得

$$f(x_0)=\sup_{x\in X} f(x),$$

则称 x_0 为函数 f 的极大点，$f(x_0)$ 为 f 的极大值，而 $-f$ 的极大点(值)称为 f 的极小点(值).

设 A 为 X 的普通子集，即 $A\in P(X)$. 若有 $x^*\in X$，使

$$f(x^*)=\sup_{x\in A} f(x),$$

则称 x^* 为 f(在 A 上)的条件极大点，$f(x^*)$称为 f(在 A 上)的条件极大值，$-f$ 的条件极大点(值)称为 f 的条件极小点(值).

若$\underset{\sim}{A}$是 X 的一个模糊子集，即$\underset{\sim}{A}\in \tau(X)$. 如何定义 f 在 A 上的条件极大点(值)呢? 为此，扎德定义了函数 f 的极大集概念.

记 $\sup(f)=\sup\limits_{x\in X} f(x)$，$\inf(f)=\inf\limits_{x\in X} f(x)$，$f$ 在 X 上的极大集是一个模糊集 M_f，定义为

$$\mu_{M_f}(x)=\frac{f(x)-\inf(f)}{\sup(f)-\inf(f)},\ \forall x\in X,$$

若 $\inf(f)=-\infty$，则可适当选择一个下界 $m>\inf(f)(m<\sup(f))$，规定

$$\mu_{M_f}(x)=\begin{cases}\dfrac{f(x)-m}{\sup(f)-m}, & 当\ f(x)<m,\\ 0, & 当\ f(x)\geqslant m.\end{cases}$$

例如，设 $X=\{x_1,x_2,x_3,x_4\}$，$f:X\to R$，有 $f(x_1)=0$，$f(x_2)=3$，$f(x_3)=-1$，$f(x_4)=$

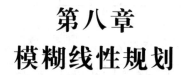

1，则 $\sup(f)=3$，$\inf(f)=-1$，由上述规定得

$$\mu_{M_f}(x_i)=\frac{f(x_i)-m}{\sup(f)-m}=\frac{f(x_i)-(-1)}{3-(-1)}=\frac{f(x_i)+1}{4}(i=1,2,3,4),$$

经计算，可得

$$\mu_{M_f}(x_1)=\frac{1}{4},\mu_{M_f}(x_2)=1,$$

$$\mu_{M_f}(x_3)=0,\mu_{M_f}(x_4)=\frac{1}{2},$$

即

$$M_f=\frac{0.25}{x_1}+\frac{1}{x_2}+\frac{0}{x_3}+\frac{0.5}{x_4}.$$

极大集 M_f 是函数 f 经过一定的线性变换后得到的，f 的极大点和极小点在 M_f 中的隶属度恰好为 1 和 0，并且 M_f 保持了 f 值的顺序，即 $f(x_1)\leqslant f(x_2)\Leftrightarrow\mu_{M_f}(x_1)\leqslant\mu_{M_f}(x_2)$.

f 的极小集 m_f 定义为 $-f$ 的极大集，即有

$$\mu_{m_f}(x)=\frac{\inf(f)-f(x)}{\sup(f)-\inf(f)},$$

且有等式 $\mu_{M_f}(x)+\mu_{m_f}(x)=1$（$\forall x\in X$ 成立），故极小集 m_f 是极大集 M_f 的补集.

当 A 是 X 的普通子集时，f 在 A 上的条件极大点是 $x^*\in X$，满足 $f(x^*)=\sup\limits_{x\in A}f(x)$，这一条件等价于

$$\begin{aligned}\mu_{M_f}(x^*)&=\sup_{x\in A}[\mu_{M_f}(x)\wedge\mu_A(x)]\\&=\mathrm{hgt}(M_f\cap A).\end{aligned}$$

当 $\underset{\sim}{A}$ 是 X 的模糊子集时，则可将 X 中满足条件 $\mu_{M_f}(x^*)=\mathrm{hgt}(M_f\cap\underset{\sim}{A})$ 的点 x^* 称为 f（在 $\underset{\sim}{A}$ 上）的模糊条件极大点，而 $f(x^*)$ 称为 f（在 $\underset{\sim}{A}$ 上）的模糊条件极大值. 其中 $\mathrm{hgt}\underset{\sim}{A}=\sup\limits_{u\in U}\mu_{\underset{\sim}{A}}(\mu)$，即模糊集 $\underset{\sim}{A}$ 的高度 $\mathrm{hgt}\underset{\sim}{A}$ 等于 $\underset{\sim}{A}$ 的隶属函数的上确界.

例 2-39　设 $X=\{x_1,x_2,x_3,x_4,x_5\}$ 为五人集合，X 中每人身高为

x	x_1	x_2	x_3	x_4	x_5
$f(x)$	1.72	1.80	1.65	1.74	1.68

再设 $\underset{\sim}{A}=\frac{0.7}{x_1}+\frac{0.5}{x_2}+\frac{1}{x_3}+\frac{0.8}{x_4}+\frac{0.9}{x_5}$ 表示 X 中“年轻人”的模糊集，求 X 中年轻人中的最高者.

这是一个求 f 在模糊约束 $\underset{\sim}{A}$ 下极大点的问题，由公式

$$\mu_{M_f}(x)=\frac{f(x)-m}{\sup(f)-m}$$

算得

x	x_1	x_2	x_3	x_4	x_5
$\mu_{M_f}(x)$	0.47	1	0	0.6	0.2
$\mu_{\underset{\sim}{A}}(x)$	0.7	0.5	1	0.8	0.9
$\mu_{M_f\cap\underset{\sim}{A}}(x)$	0.47	0.5	0	0.6	0.2

进而可得

$$\mathrm{hgt}(M_f \cap \underset{\sim}{A})=0.6=\mu_{M_f}(x_4),$$

因此x_4是 X 中年轻人的最高者.

一般地,求目标函数 f 的模糊约束$\underset{\sim}{A}$下的极大值有如下步骤(求极小值情形也类似):

(1) 求出 f 的极大集 M_f, M_f可以看成是模糊的目标集.

(2) 模糊判决:求模糊约束集 $\underset{\sim}{A}$ 和模糊目标集 M_f 的交

$$B=\underset{\sim}{A}\cap M_f.$$

(3) 用最大原则求 x^* 使得

$$\mu_B(x^*)=\mathrm{hgt}B,$$

x^* 为极大点,$f(x^*)$为极大值.

上述模糊判决模型是将约束条件与目标函数平等看待,称之为对称型;也可根据实际问题将两者不平等看待,称之为不对称型,又称为凸模糊判决.

设模糊约束集 $\underset{\sim}{A}$ 的权为 a,模糊目标集 M_f的权为 b,此处 $a+b=1,a\geqslant 0,b\geqslant 0$,则取

$$B=a\underset{\sim}{A}+bM_f,$$

即有

$$\mu_B(x)=a\,\mu_{\underset{\sim}{A}}(x)+b\,\mu_{M_f}(x),\ \forall\, x\in X.$$

第三步的最大原则可改为阈值原则,即规定一个阈值 λ,当 $\mathrm{hgt}B<\lambda$ 时,认为问题无解;当 $\mathrm{hgt}B\geqslant\lambda$ 时,问题有解.若有 x^*,使得

$$\mu_B(x^*)=\mathrm{hgt}B,$$

则称 x^* 为 f 的极大点,$f(x^*)$为极大值.

对于多约束 $A_1,A_2,\cdots,A_n$ 和多目标 $f_1,f_2,\cdots,f_m$ 的情形可以采用 $A=\bigcap\limits_{i=1}^{n}A_i$ 或 $A=\sum\limits_{i=1}^{n}a_iA_i$(此处 $a_i\geqslant 0,\sum\limits_{i=1}^{n}a_i=1$),对 $f_1,f_2,\cdots,f_m$求出模糊目标集$M_{f_1},M_{f_2},\cdots,M_{f_m}$,再采用 $M_{f_i}=\bigcap\limits_{i=1}^{m}M_{f_i}$ 或 $M_f=\sum\limits_{i=1}^{m}b_iM_i$(此处 $b_i\geqslant 0,\sum\limits_{i=1}^{m}b_i=1$),就可对 A 和 M_f使用以上模型.

例 2-40 某人购买某种商品的标准为:式样一般,质量上乘,尺寸合适,价格低廉.这里式样、质量、尺寸都可看作是约束条件,而价格看作是目标函数.

设有同种商品五件可供挑选,即 $X=\{1,2,3,4,5\}$,对每件商品评价如下:

用品	1	2	3	4	5
式样	过时	较陈旧	新颖	较新	一般
质量	很好	较好	好	较差	一般
尺寸	合适	较合适	合适	合适	较合适
价格	40	80	100	85	70

定义三个模糊约束集 A_1为"式样一般",A_2为"质量上乘",A_3为"尺寸合适",将上表中的模糊语言转换为隶属度,价格转换为模糊目标集 $m_f=M_{(-f)}$,则得下表

x	1	2	3	4	5
A_1	0	0.7	0.5	0.8	1
A_2	1	0.8	1	0.4	0.6
A_3	1	0.8	1	1	0.8
m_f	1	0.33	0	0.25	0.5

作一个新的模糊约束集 $A=A_1\cap A_2\cap A_3=\frac{0}{1}+\frac{0.7}{2}+\frac{0.5}{3}+\frac{0.4}{4}+\frac{0.6}{5}$，现选择 $a=0.4$，$b=0.6$，则可得凸模糊判决

$$\begin{aligned}B&=0.4A+0.6m_f\\&=\frac{0.6}{1}+\frac{0.478}{2}+\frac{0.2}{3}+\frac{0.31}{4}+\frac{0.54}{5}\end{aligned}$$

$$\left(\text{其中 } 0.4A=\frac{0}{1}+\frac{0.28}{2}+\frac{0.2}{3}+\frac{0.16}{4}+\frac{0.24}{5},\right.$$

$$\left.0.6m_f=\frac{0.6}{1}+\frac{0.198}{2}+\frac{0}{3}+\frac{0.15}{4}+\frac{0.3}{5}\right),$$

这时有

$$\mathrm{hgt}B=\mu_B(1)=0.6,$$

从而可得结论：某人买标有 1 号的商品时，可满足其要求.

第二节　模糊线性规划

首先回顾普通线性规划的概念.

普通线性规划的一般形式是

$$\max s=c_1x_1+c_2x_2+\cdots+c_nx_n; \tag{1}$$

$$\text{s. t.}\begin{cases}a_{11}x_1+a_{12}x_2+\cdots+a_{1n}x_n\leqslant b_1,\\a_{21}x_1+a_{22}x_2+\cdots+a_{2n}x_n\leqslant b_2,\\\qquad\vdots\\a_{m1}x_1+a_{m2}x_2+\cdots+a_{mn}x_n\leqslant b_m,\\x_1,x_2,\cdots,x_n\geqslant 0,\end{cases} \tag{2}$$

其中(1)是线性目标函数，(2)是约束条件且由一些线性不等式组成. 若记

$$\boldsymbol{A}=\begin{pmatrix}a_{11}&a_{12}&\cdots&a_{1n}\\a_{21}&a_{22}&\cdots&a_{2n}\\\vdots&\vdots&&\vdots\\a_{m1}&a_{m2}&\cdots&a_{mn}\end{pmatrix},\boldsymbol{x}=\begin{pmatrix}x_1\\x_2\\\vdots\\x_n\end{pmatrix},$$

$$\boldsymbol{B}=\begin{pmatrix}b_1\\b_2\\\vdots\\b_m\end{pmatrix},\quad \boldsymbol{C}=\begin{pmatrix}c_1\\c_2\\\vdots\\c_m\end{pmatrix},$$

则(1)可简写成 $\boldsymbol{s}=\boldsymbol{Cx}$,(2)可简写成 $\boldsymbol{Ax}\leqslant\boldsymbol{B},\boldsymbol{x}\geqslant\boldsymbol{0}$(这里 $\boldsymbol{0}$ 是零向量).

在一些实际问题中,有时约束条件可能常有弹性,有时目标函数可能不止一个,而要同时使几个目标函数都达到最大往往是不可能的,这就需要借助于模糊线性规划的方法,使各目标都相对地"极大".一般地,模糊线性规划问题就是将线性规划(单目标或多目标)中的约束条件或目标函数模糊化,在引进隶属函数后导出一个新的线性规划问题,这个新问题的最优解我们称为原问题的模糊最优解.下面分两个方面进行讨论.

一、约束条件的模糊化

我们先求出普通线性规划问题的最优值 s_0,然后再将约束条件(2)模糊化,写成

$$\boldsymbol{Ax}\lesssim\boldsymbol{B}\ ,\boldsymbol{x}\geqslant\boldsymbol{0},\tag{3}$$

这里的"$\lesssim$"表示某种弹性约束,意指"近似小于等于",(3)式由 m 个近似不等式 $\sum\limits_{j=1}^{n}a_{ij}x_j\lesssim b_i(i=1,2,\cdots,m)$ 组成,设 $X=\{x\mid x\in R^n,x\geqslant 0\}$,对每个 $\sum\limits_{j=1}^{n}a_{ij}x_j\lesssim b_i$,对应地有 X 中的一个模糊子集 D_i,其隶属函数可定义为

$$\mu_{D_i}(x)=f_i\left(\sum_{j=1}^{n}a_{ij}x_j\right)$$

$$=\begin{cases}1, & 当\sum\limits_{j=1}^{n}a_{ij}x_j\leqslant b_i,\\ 1-\dfrac{1}{d_i}\left(\sum\limits_{j=1}^{n}a_{ij}x_j-b_i\right), & 当 b_i<\sum\limits_{j=1}^{n}a_{ij}x_j\leqslant b_i+d_i,\\ 0, & 当\sum\limits_{j=1}^{n}a_{ij}x_j>b_i+d_i.\end{cases}\tag{4}$$

记 $t_i=\sum\limits_{j=1}^{n}a_{ij}x_j$,则 $f_i(t_i)$ 具有如下图像(图 2-33).

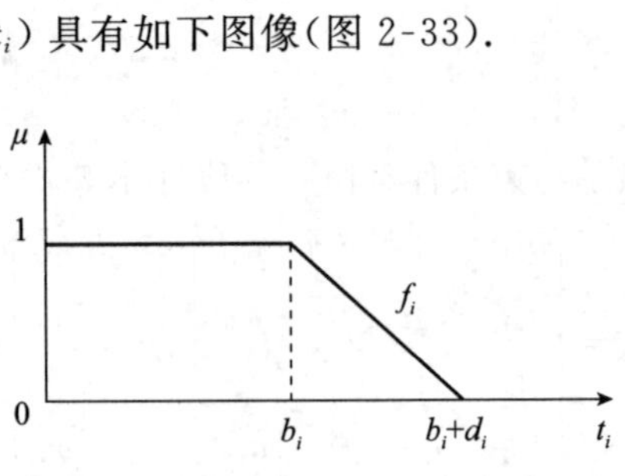

图 2-33　隶属函数 $f_i(t_i)$的图像

其中 d_i是适当选择的伸缩指标,$d_i\geqslant 0(i=1,2,\cdots,m)$.

令 $D=D_1\cap D_2\cap\cdots\cap D_m$,则 D 可作为代表 (3)的模糊约束集,$D\in F(X)$,当 $d_i=0(i=$

$1,2,\cdots,m$)时,D 就退化为普通约束集,这时"$\lesssim$"即退化为"$\leqslant$".

为了求得目标函数(1)在模糊约束(3)下的最优解,需先将目标函数(1)转化为约束条件

$$cx \geqslant s_0, \tag{5}$$

将此条件模糊化

$$cx \gtrsim s_0, \tag{6}$$

对应地有 X 中的一个模糊子集 F(模糊目标集),其隶属函数为

$$\mu_F(x) = g\left(\sum_{i=1}^{n} c_i x_i\right) = \begin{cases} 0, & \text{当} \sum_{i=1}^{n} c_i x_i \leqslant s_0, \\ \dfrac{1}{d_0}\left(\sum_{i=1}^{n} c_i x_i - s_0\right), & \text{当}\ s_0 < \sum_{i=1}^{n} c_i x_i \leqslant s_0 + d_0, \\ 1, & \text{当} \sum_{i=1}^{n} c_i x_i > s_0 + d_0. \end{cases} \tag{7}$$

其中 s_0+d_0 是在(2)中把 b_i 换成 b_i+d_i 后线性规划的最优值. 记 $t_0 = \sum_{i=1}^{n} c_i x_i$,此时 $g(t_0)$ 有如下图像(图 2-34).

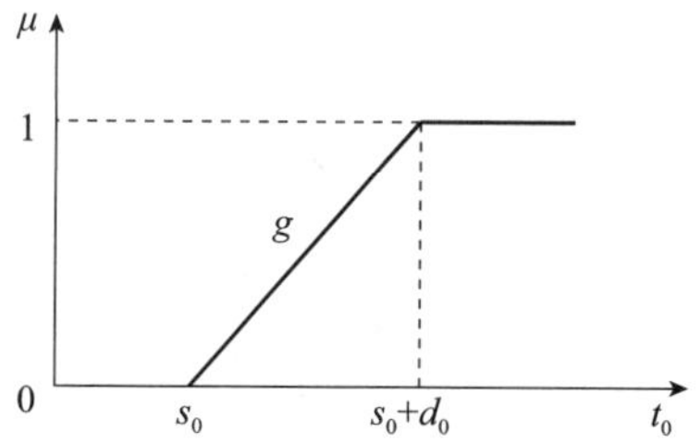

图 2-34　隶属函数 $g(t_0)$ 的图像

为了兼顾模糊约束集 D 和模糊目标集 F,可采用 $B=D\cap F$ 进行模糊判决,再用最大隶属原则求 x^*,使

$$\begin{aligned}\mu_B(x^*) &= \operatorname{hgt}B = \max_{x\in X}(\mu_D(x) \wedge \mu_F(x)) \\ &= \max\{\lambda \mid \mu_D(x) \geqslant \lambda, \mu_F(x) \geqslant \lambda, \lambda \geqslant 0\} \\ &= \max\{\lambda \mid \mu_{D_1}(x) \geqslant \lambda, \mu_{D_2}(x) \geqslant \lambda, \cdots, \mu_{D_m}(x) \geqslant \lambda, \mu_F(x) \geqslant \lambda,\ \lambda \geqslant 0\},\end{aligned}$$

把 λ 看作变量并要求 $\mu_{D_i}(x) \geqslant \lambda (i=1,2,\cdots,m)$ 和 $\mu_F(x) \geqslant \lambda$,来求最大的 λ,这就导出了一个新的线性规划问题

$$\begin{cases} \max \lambda,\text{使得} \\ 1 - \dfrac{1}{d_i}\left(\sum_{j=1}^{n} a_{ij} x_j - b_i\right) \geqslant \lambda, i = 1,2,\cdots,m, \\ \dfrac{1}{d_0}\left(\sum_{i=1}^{n} c_i x_i - s_0\right) \geqslant \lambda, \\ \lambda \geqslant 0, x_1, x_2, \cdots, x_n \geqslant 0. \end{cases} \tag{8}$$

上式中的第二个式子由(4)式所得,第三式由(7)式所得,(8)式中有 $m+1$ 个方程和 $n+1$ 个未知数.用单纯形法解线性规划问题(8)得最优解$(x_1^*,x_2^*,\cdots,x_n^*,\lambda^*)$,记 $x^*=(x_1^*,x_2^*,\cdots,x_n^*)^{\mathrm{T}}$,显然有 $\mu_D(x^*)=\mathrm{hgt}D=\lambda^*$,此时 x^* 即为所求的模糊条件极大点,即目标函数(1)在模糊约束(3)下的模糊最优解.

例 2-41 求模糊线性规划问题

$$\begin{cases}\max\ s=2x_1+x_2\\ \begin{pmatrix}1&1\\-1&1\\6&2\end{pmatrix}\begin{pmatrix}x_1\\x_2\end{pmatrix}\lesssim\begin{pmatrix}5\\0\\21\end{pmatrix}\\ x_1,x_2\geqslant 0\end{cases}$$

的模糊最优解.

解 先求解相应的普通线性规划问题

$$\begin{cases}\max\ s=2x_1+x_2\\ \begin{pmatrix}1&1\\-1&1\\6&2\end{pmatrix}\begin{pmatrix}x_1\\x_2\end{pmatrix}\leqslant\begin{pmatrix}5\\0\\21\end{pmatrix},\\ x_1,x_2\geqslant 0\end{cases}$$

用图解法在坐标平面上画出约束区域 D(图 2-35):

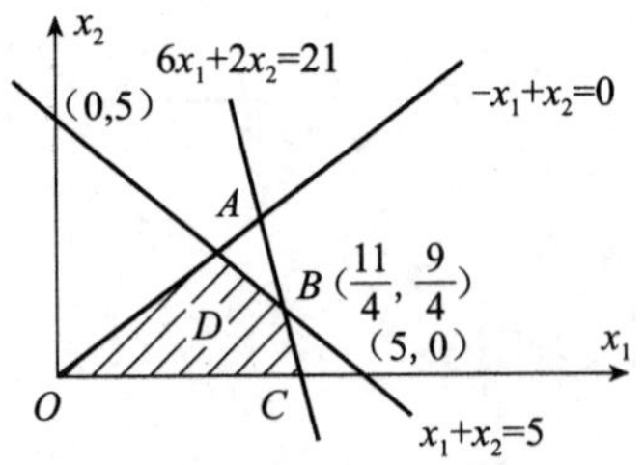

图 2-35 约束区域 D

D 是一个凸多边形,当 $B\left(\frac{11}{4},\frac{9}{4}\right)$代入 $s=2x_1+x_2$ 中时,取得极大值 $s_0=\frac{31}{4}$. 现在将以上线性规划问题的约束条件模糊化,取 $d_1=1,d_2=2,d_3=3$ 为适当选择的伸缩指标,给出相应的三个模糊约束集 D_1,D_2,D_3,其隶属函数定义为

$$\mu_{D_1}(x)=f_1(x_1+x_2)=\begin{cases}1, & \text{当 } x_1+x_2\leqslant 5,\\ 1-\frac{1}{1}(x_1+x_2-5), & \text{当 } 5<x_1+x_2\leqslant 5+1,\\ 0, & \text{当 } x_1+x_2>5+1.\end{cases}$$

$$\mu_{D_2}(x)=f_2(-x_1+x_2)=\begin{cases}1, & \text{当 } -x_1+x_2\leqslant 0,\\ 1-\frac{1}{2}(-x_1+x_2), & \text{当 } 0<-x_1+x_2\leqslant 2,\\ 0, & \text{当 } -x_1+x_2>2.\end{cases}$$

$$\mu_{D_3}(x)=f_3(6x_1+2x_2)$$
$$=\begin{cases}1, & 当\ 6x_1+2x_2\leqslant 21,\\ 1-\dfrac{1}{3}(6x_1+2x_2-21), & 当\ 21<6x_1+2x_2\leqslant 21+3,\\ 0, & 当\ 6x_1+2x_2>21+3.\end{cases}$$

为了求 d_0，解以下的线性规划问题：

$$\begin{cases}\max\ s=2x_1+x_2，使得\\ x_1+x_2\leqslant 5+1=6,\\ -x_1+x_2\leqslant 0+2=2,\\ 6x_1+2x_2\leqslant 21+3=24,\\ x_1,x_2\geqslant 0,\end{cases}\tag{9}$$

仍用图解法求得最优解为(3，3)，其极大值 $S_0+d_0=9$，这里已知 $S_0=\dfrac{31}{4}$，故得 $d_0=9-\dfrac{31}{4}=\dfrac{5}{4}$，然后再将目标函数转化为模糊约束条件：

$$2x_1+x_2\gtrsim\frac{31}{4},$$

其对应的模糊目标集 F 的隶属函数是

$$\mu_F(x)=g(2x_1+x_2)$$
$$=\begin{cases}0, & 当\ 2x_1+x_2\leqslant\dfrac{31}{4},\\ \dfrac{4}{5}\left(2x_1+x_2-\dfrac{31}{4}\right), & 当\ \dfrac{31}{4}<2x_1+x_2\leqslant 9,\\ 1, & 当\ 2x_1+x_2>9.\end{cases}$$

令 $B=D_1\cap D_2\cap D_3\cap F$，为求 $\mathrm{hgt}B$，导出如下新的线性规划问题：

$$\begin{cases}\max\ \lambda，使得\\ 1-(x_1+x_2-5)\geqslant\lambda,\\ 1-\dfrac{1}{2}(-x_1+x_2)\geqslant\lambda,\\ 1-\dfrac{1}{3}(6x_1+2x_2-21)\geqslant\lambda,\\ \dfrac{4}{5}\left(2x_1+x_2-\dfrac{31}{4}\right)\geqslant\lambda,\\ \lambda\geqslant 0,x_1,x_2\geqslant 0.\end{cases}\tag{10}$$

用单纯形法求得(10)的最优解为

$$(x_1^*,x_2^*,\lambda)=\left(\frac{23}{8},\frac{21}{8},\frac{1}{2}\right),$$

而对应的目标函数的最优值为

$$s_1^*=2x_1^*+x_2^*=\frac{67}{8}.$$

二、多目标线性规划的模糊最优解

对于多目标函数在模糊约束条件下的模糊最优解问题，可以采用如下方法处理.

设多目标线性规划问题为

$$\begin{cases}\max\ \boldsymbol{s}=\boldsymbol{cx},\text{使得}\\ \boldsymbol{Ax}\leqslant \boldsymbol{B},\\ \boldsymbol{x}\geqslant \boldsymbol{0},\end{cases}\tag{11}$$

其中 $\boldsymbol{s}=(s_1,s_2,\cdots,s_r)^{\mathrm{T}}$，$\boldsymbol{c}=(c_{ij})_{r\times n}$，$\boldsymbol{A}=(a_{ij})_{m\times n}$，$\boldsymbol{B}=(b_1,b_2,\cdots,b_m)^{\mathrm{T}}$，$\boldsymbol{x}=(x_1,x_2,\cdots,x_n)^{\mathrm{T}}$，对(11)中的每个目标函数 $s_i=\sum\limits_{j=1}^{n}c_{ij}x_j$ 在约束条件下均可求出其最优值 $s_i^*=\max\{s_i\mid s_i=\sum\limits_{j=1}^{n}c_{ij}x_j,\boldsymbol{Ax}\leqslant \boldsymbol{b},\boldsymbol{x}\geqslant\boldsymbol{0}\}(i=1,2,\cdots,r)$. 对每个 s_i^* 可适当给出一个反映各目标重要性的伸缩指标 $d_i>0$，d_i 愈小则说明 s_i 愈重要，相应地作一个模糊目标集 F_i，其隶属函数规定为：

$$\mu_{F_i}(x)=g_i\Big(\sum_{j=1}^{n}c_{ij}x_j\Big)$$

$$=\begin{cases}0, & \text{当}\sum\limits_{j=1}^{n}c_{ij}x_i<s_i^*-d_i,\\ 1-\dfrac{1}{d_i}\big(s_i^*-\sum\limits_{j=1}^{n}c_{ij}x_j\big), & \text{当}\ s_i^*-d_i\leqslant\sum\limits_{j=1}^{n}c_{ij}x_j\leqslant s_i^*,\\ 1, & \text{当}\ s_i^*\leqslant\sum\limits_{j=1}^{n}c_{ij}x_j.\end{cases}$$

记 $F=F_1\cap F_2\cap\cdots\cap F_r$，$D=\{x\mid \boldsymbol{Ax}\leqslant\boldsymbol{b},\boldsymbol{x}\geqslant\boldsymbol{0}\}$，$D$ 是对应于约束条件(11)的约束集，在 D 中要找一个 x^* 使 $\mu_F(s^*)$ 达到极大，从而导出一个新的线性规划问题：

$$\begin{cases}\max\lambda,\text{使得}\\ 1-\dfrac{1}{d_i}\Big(s_i^*\ \sum\limits_{j=1}^{n}c_{ij}x_j\Big)\geqslant\lambda(i=1,2,\cdots,r),\\ \sum\limits_{j=1}^{n}d_{kj}x_j\leqslant b_k(k=1,2,\cdots,m),\\ \lambda\geqslant 0,x_1,x_2,\cdots,x_n\geqslant 0,\end{cases}\tag{12}$$

用单纯形法解(12)，可得最优解 $\boldsymbol{x}^*=(x_1^*,x_2^*,\cdots,x_n^*,\lambda^*)^{\mathrm{T}}$，最优值 $\boldsymbol{s}^*=\boldsymbol{cx}^*$.

第三节　有模糊系数的线性规划

本节讨论约束带有模糊系数的线性规划问题和目标带有模糊系数的线性规划问题，为此，先介绍 L-R 型模糊数及其运算.

一、L-R 型模糊数及其运算

实数集 $\mathbf{R}$ 上的一个函数，记为 L(或 R)，如果满足：① $L(0)=1$；② $L(x)=L(-x)$；③ L

在$[0,+\infty]$上递减,则称此函数为参考函数.一般常用的参考函数有

(1)
$$L(x)=\max\{0,1-|x|^p\}=\begin{cases}1-x^p, & 0\leqslant x\leqslant 1,\\ 1-(-x)^p, & -1\leqslant x<0,\\ 0, & \text{其他}.\end{cases}$$
其中 $p>0$.

(2) $L(x)=e^{-|x|^p}$,$p>0$,当 $p=2$ 时,有
$$L(x)=e^{-2|x|}.$$

(3) $L(x)=\dfrac{1}{1+|x|^p}$,$p>0$,当 $p=1,2,3$ 时,有
$$L(x)=\frac{1}{1+|x|},\frac{1}{1+x^2},\frac{1}{1+|x^3|}.$$

(4) $L(x)=\begin{cases}1, & \text{当 } x\in[-p,p],p\geqslant 0,\\ 0, & \text{其他}.\end{cases}$

当 $p=0$ 时,$L(x)$称为点态函数.

我们知道,实数集 **R** 上的一个凸的正规模糊集称为模糊数.一个模糊数 M 称为 L-R 型模糊数,简称 L-R 数,如果
$$\mu_M(x)=\begin{cases}L\left(\dfrac{m-x}{\alpha}\right), & x\leqslant m,\alpha>0,\\ R\left(\dfrac{x-m}{\beta}\right), & x\geqslant m,\beta>0.\end{cases}$$
其中 L,R 都是参考函数,且称 L 为左枝,R 为右枝,m 为主值,α、β 分别称为左、右展形.L-R 型模糊数可简记为
$$M=(m,\alpha,\beta)_{LR}.$$

我们约定 $\alpha=0$(或 $\beta=0$)时,L(或 R)取点态函数,于是,普通实数 m 是展形为 0 的 L-R 数,$m=(m,0,0)_{LR}$.

例如,已知 L-R 数 $M\left(2,1\ \dfrac{1}{2}\right)_{LR}$,其中 $L(x)=R(x)=\max\{0,1-|x|\}$,则有
$$\mu_M(x)=\begin{cases}\max\{0,-1+x\}, & \text{当 } x\leqslant 2,\\ \max\{0,5-2x\}, & \text{当 } x\geqslant 2.\end{cases}$$
这是因为 $L\left(\dfrac{m-x}{\alpha}\right)=L\left(\dfrac{2-x}{1}\right)=L(2-x)=\max\{0,1-(2-x)\}=\max\{0,-1+x\}$,

$R\left(\dfrac{x-m}{\beta}\right)=R\left(\dfrac{x-2}{1/2}\right)=R(2x-4)=\max\{0,1-2x+4\}=\max\{0,5-2x\}$.

下面我们再来定义 L-R 数的四则运算(事实上,这些都可用扩张原理来证明).设$M=(m,\alpha,\beta)_{LR}$,$N=(n,\gamma,\delta)_{LR}$,$P=(n,\gamma,\delta)_{LR}$,则有

(1) $M+N=(m+n,\alpha+\gamma,\beta+\delta)_{LR}$.

(2) $\lambda M=\begin{cases}(\lambda m,\lambda\alpha,\lambda\beta)_{LR}, & \lambda>0,\\ (\lambda m,-\lambda\alpha,-\lambda\beta)_{LR}, & \lambda<0.\end{cases}$($\lambda$ 为任意实数)

当 $\lambda=-1$ 时,令$(-1)M=-M$.

(3) $M-P=M+(-P)=(m,\alpha,\beta)_{LR}+(-n,\gamma,\delta)_{R}$
$$=(m-n,\alpha+\gamma,\beta+\delta)_{LR}.$$

注意：当 $L\neq R$ 时，M 与 N 不能相减(若相减，所得非 L-R 数).

(4) $M\cdot N\approx(mn,m\gamma+n\alpha,m\delta+n\beta)_{LR}$.

(5) $\dfrac{M}{P}\approx\left(\dfrac{m}{n},\dfrac{\delta m+\alpha n}{n^2},\dfrac{\gamma m+\beta n}{n^2}\right)(n\neq 0)$.

注意：当 $L\neq R$ 时，M 与 N 不能相除.

(6) $\max\{M,N\}\approx(m\vee n,\alpha\vee\gamma,\beta\vee\delta)_{LR}$,

$\min\{M,N\}\approx(m\wedge n,\alpha\wedge\gamma,\beta\wedge\delta)_{LR}$,

其中，$\vee$，$\wedge$ 分别是普通的 max，min 运算.

(7) $M\leqslant N\Leftrightarrow m\leqslant n,\alpha\leqslant\gamma,\beta\leqslant\delta$,

$M\subseteq N\Leftrightarrow m+\beta<n-\delta$ 或 $M=N$.

这两种序"$\leqslant$"和"$\subseteq$"都满足自反性、反对称性和传递性，因而都是偏序，但都不是全序(线性序)，即两个 L-R 数在这两个序的意义下未必能比较大小.

为使用方便，我们将 L-R 模糊数记为 $\underset{\sim}{m}=(m,\underline{m},\overline{m})_{LR}$. 一个矩阵，若其中每个元素都是 L-R 数，则称之为 L-R 矩阵，记作 $\underset{\sim}{\boldsymbol{A}}=(\underset{\sim}{a}_{ij})$. 这样，普通矩阵的符号、运算规则、顺序规定都可推广到 L-R 矩阵上来.

以下讨论带有模糊系数的线性规划问题.

二、约束带有模糊系数的线性规划

现在研究如下的线性规划问题：

$$\begin{cases}\max\ \boldsymbol{s}=\boldsymbol{cx}，使得\\ \underset{\sim}{\boldsymbol{A}}\boldsymbol{x}\leqslant\underset{\sim}{\boldsymbol{B}},\boldsymbol{x}\geqslant\boldsymbol{0},\end{cases}\tag{13}$$

其中 $\underset{\sim}{\boldsymbol{A}}(\underset{\sim}{a}_{ij})$ 为 $m\times n$ 阶 L-R 矩阵，$\boldsymbol{x}=(x_1,x_2,\cdots,x_n)^{\mathrm{T}}$，$\boldsymbol{c}=(c_1,c_2,\cdots,c_n)^{\mathrm{T}}$，$\underset{\sim}{\boldsymbol{B}}=(\underset{\sim}{b}_1,\underset{\sim}{b}_2,\cdots,\underset{\sim}{b}_n)^{\mathrm{T}}$. 因为 $\boldsymbol{x}\geqslant\boldsymbol{0}$，即 $x_1,x_2,\cdots,x_n\geqslant 0$，所以 $\underset{\sim}{a}_{ij}x_j$ 也是 L-R 数，这里 $\underset{\sim}{a}_{ij}=(a_{ij},\underline{a}_{ij},\overline{a}_{ij})_{LR}$，故

$$\sum_{j=1}^{n}\underset{\sim}{a}_{ij}x_j=\left(\sum_{j=1}^{n}a_{ij}x_j,\sum_{j=1}^{n}\underline{a}_{ij}x_j,\sum_{j=1}^{n}\overline{a}_{ij}x_j\right)_{LR},$$

而 $\underset{\sim}{b}_i=(b_i,\underline{b}_i,\overline{b}_i)$，因此有

$$\sum_{j=1}^{n}\underset{\sim}{a}_{ij}x_j\leqslant\underset{\sim}{b}_i\Leftrightarrow\sum_{j=1}^{n}a_{ij}x_j\leqslant b_i,$$
$$\sum_{j=1}^{n}\underline{a}_{ij}\geqslant\underline{b}_i,\sum_{j=1}^{n}\overline{a}_{ij}x_j\leqslant\overline{b}_i.$$

记 $\boldsymbol{A}=(a_{ij})$，$\underline{\boldsymbol{A}}=(\underline{a}_{ij})$，$\overline{\boldsymbol{A}}=(\overline{a}_{ij})$，$\boldsymbol{B}=(b_1,b_2,\cdots,b_n)^{\mathrm{T}}$，$\overline{\boldsymbol{B}}=(\overline{b}_1,\overline{b}_2,\cdots,\overline{b}_n)^{\mathrm{T}}$，则有

$$\underset{\sim}{\boldsymbol{A}}\boldsymbol{x}\leqslant\underset{\sim}{\boldsymbol{B}}\Leftrightarrow\boldsymbol{Ax}=\boldsymbol{B},\underline{\boldsymbol{A}}\boldsymbol{x}\geqslant\underline{\boldsymbol{B}},\overline{\boldsymbol{A}}\boldsymbol{x}\leqslant\overline{\boldsymbol{B}}.$$

这样(13)就等价于下列有 $3m$ 个线性不等式约束的普通线性规划问题：

$$\begin{cases}\max\ \boldsymbol{s}=\boldsymbol{cx}，使得\\ \boldsymbol{Ax}=\boldsymbol{B},\\ \underline{\boldsymbol{A}}\boldsymbol{x}\geqslant\underline{\boldsymbol{B}},\\ \overline{\boldsymbol{A}}\boldsymbol{x}\leqslant\overline{\boldsymbol{B}}.\end{cases}\tag{14}$$

不难看出,(13)等价于(14)的讨论过程,与 L-R 数的参考函数具体形态无关,即不管采用什么样的左枝 L 与右枝 R,结果都是一样的. 其原因在于 L-R 数的序"$\leqslant$"的定义与参考函数无关,若将(13)中的约束条件 $\underset{\sim}{\boldsymbol{A}}\boldsymbol{x}\leqslant\underset{\sim}{\boldsymbol{B}}$,改为 $\underset{\sim}{\boldsymbol{A}}\boldsymbol{x}\subseteq\underset{\sim}{\boldsymbol{B}}$,情况将更复杂些,为节省篇幅不再赘述.

例 2-42　设某人运送甲、乙两种物质,甲种物质每包重"6 斤多一点",价值 20 元,乙种物质每包重"大约 1 kg",价值 10 元,此人希望一次最多拿"10.5 kg 左右",并希望拿的物质总价值最大,问甲、乙两种物质应各拿多少包?

解　设此人拿甲种物质 x_1 包,乙种物质 x_2 包,则由题意可得

$$\begin{cases}\max\ s=20x_1+10x_2,\text{使得}\\ \underset{\sim}{6}x_1+\underset{\sim}{2}x_2\leqslant\underset{\sim}{21},\\ x_1\geqslant 0,x_2\geqslant 0,\end{cases}$$

此处 $\underset{\sim}{b}=(6,0,1)_{LR}$ 代表"6 斤多一点",$\underset{\sim}{2}=(2,1,1)_{LR}$ 代表"大约 1 kg",$\underset{\sim}{21}=(21,1,5)_{LR}$ 代表"10.5 kg 左右". 上述问题即等价于以下普通线性规划问题:

$$\begin{cases}\max\ s=20x_1+10x_2,\text{使得}\\ 6x_1+2x_2\leqslant 21,\\ x_2\geqslant 1,\\ x_1+x_2\leqslant 5,\\ x_1\geqslant 0,x_2\geqslant 0,\end{cases}$$

用图解法解得最优解 $x_1{}^*=\dfrac{11}{4},x_2{}^*=\dfrac{9}{4}$,最优值 $s^*=77\dfrac{1}{2}$.

三、目标带有模糊系数的线性规划

下面研究目标带有模糊系数的线性规划问题,即

$$\begin{cases}\max\ \underset{\sim}{\boldsymbol{s}}=\underset{\sim}{\boldsymbol{c}}\boldsymbol{x}\ \text{使得}\\ \boldsymbol{A}\boldsymbol{x}\leqslant\boldsymbol{b},\boldsymbol{x}\geqslant\boldsymbol{0}.\end{cases}\tag{15}$$

其中 $\boldsymbol{A}=(a_{ij})_{m\times n},\boldsymbol{x}=(x_1,x_2,\cdots,x_n)^{\mathrm{T}},\boldsymbol{b}=(b_1,b_2,\cdots,b_m)^{\mathrm{T}},\underset{\sim}{\boldsymbol{c}}=(\underset{\sim}{c_1},\underset{\sim}{c_2},\cdots,\underset{\sim}{c_n}),\underset{\sim}{c}x=\sum\limits_{i=1}^{n}\underset{\sim}{c_i}x_i$.

由于 $\underset{\sim}{c_i}=(c_i,\underline{c_i},\bar{c}_i)_{LR}$,故有 $\underset{\sim}{\boldsymbol{c}}\boldsymbol{x}=\left(\sum\limits_{i=1}^{n}c_ix_i,\sum\limits_{i=1}^{n}\underline{c_i}x_i,\sum\limits_{i=1}^{n}\bar{c}_ix_i\right)_{LR}=(cx,\underline{c}x,\bar{c}x)_{LR}$,其中 $\boldsymbol{c}=(c_1,\cdots,c_n),\underline{\boldsymbol{c}}=(\underline{c_1},\cdots,\underline{c_n}),\bar{\boldsymbol{c}}=(\bar{c}_1,\cdots,\bar{c}_n),\underset{\sim}{\boldsymbol{s}}=(s,\underline{s},\bar{s})_{LR}$,这样(15)就近似等价于一个有三个目标的线性规划问题

$$\begin{cases}\max\ \boldsymbol{s}=\boldsymbol{c}\boldsymbol{x},\\ \min\ \underline{\boldsymbol{s}}=\underline{\boldsymbol{c}}\boldsymbol{x},\\ \max\ \bar{\boldsymbol{s}}=\bar{\boldsymbol{c}}\boldsymbol{x},\text{使得}\\ \boldsymbol{A}\boldsymbol{x}\leqslant\boldsymbol{b},\boldsymbol{x}\geqslant\boldsymbol{0}.\end{cases}\tag{16}$$

对(16)可利用上节介绍的多目标线性规划问题求出其模糊最优解,这个解就可作为原问题(15)的近似模糊最优解.

例 2-43　求解线性规划问题

$$\begin{cases}\max \underset{\sim}{s}=\underset{\sim}{20}x_1+\underset{\sim}{10}x_2\text{，使得}\\ 6x_1+2x_2\leqslant 21,\\ x_1,x_2\geqslant 0,\end{cases}$$

其中，$\underset{\sim}{20}=(20,3,4)_{LR}$，$\underset{\sim}{10}=(10,2,1)_{LR}$，以上问题近似等价于以下问题：

$$\begin{cases}\max s=20x_1+10x_2,\\ \min \underline{s}=3x_1+2x_2,\\ \max \bar{s}=4x_1+x_2\text{，使得}\\ 6x_1+2x_2\leqslant 21,\\ x_1,x_2\geqslant 0.\end{cases}$$

分别对每个目标求出最优解(值)得：

$$x_1^{(1)}=0,x_2^{(1)}=\frac{21}{2},\underline{s}^{(1)}=105,\bar{s}^{(1)}=\frac{21}{2},$$

$$x_1^{(2)}=0,x_2^{(2)}=0,s^{(2)}=0,\underline{s}^{(2)}=0,\bar{s}^{(2)}=0,$$

$$x_1^{(3)}=\frac{7}{2},x_2^{(3)}=0,s^{(3)}=14,\underline{s}^{(3)}=70,\bar{s}^{(3)}=\frac{21}{2},$$

给出适当的伸缩指标 $d_1=5,d_2=20,d_3=4$，作三个模糊目标集 F_1,F_2,F_3：

$$\mu_{F_1}(X)=g_1(20x_1+10x_2),$$

$$\begin{cases}0, & 20x_1+10x_2<100,\\ 1-\frac{1}{5}(105-20x_1-10x_2), & 100\leqslant 20x_1+10x_2<105,\\ 1, & 20x_1+10x_2\geqslant 105,\end{cases}$$

$$\mu_{F_2}(X)=g_2(3x_1+2x_2),$$

$$\begin{cases}0, & 3x_1+2x_2>0,\\ 1-\frac{1}{20}(3x_1+2x_2), & 0\leqslant 3x_1+2x_2\leqslant 20,\end{cases}$$

$$\mu_{F_3}(X)=g_3(4x_1+x_2),$$

$$\begin{cases}0, & 4x_1+x_2<10,\\ 1-\frac{1}{4}(14-4x_1-x_2), & 10\leqslant 4x_1+x_2<14,\\ 1, & 4x_1+x_2\geqslant 14,\end{cases}$$

令 $F=F_1\cap F_2\cap F_3$，为求 hgt$F$，导出下列问题：

$$\begin{cases}\max \lambda\text{，使得}\\ 1-\frac{1}{5}(105-20x_1-10x_2)\geqslant\lambda,\\ 1-\frac{1}{20}(3x_1+2x_2)\geqslant\lambda,\\ 1-\frac{1}{4}(14-4x_1-x_2)\geqslant\lambda,\\ 6x_1+2x_2\geqslant 21,\\ x_1,x_2>0,\lambda\geqslant 0.\end{cases}$$

解之得最优解 $x_1{}^* = 0.488$ $x_2{}^* = 9.035$，$\lambda^* = 0.022$，相应地有 $s^* = 100.110$，$\underline{s}^* = 19.534$，$\bar{s}^* = 10.987$，于是 $\underline{s}^* = (100.110, 19.534, 10.987)_{LR}$，即为所求的近似模糊最优解.

注意：在主观给出伸缩指标 d_1, d_2, d_3 后，导出的线性规划问题的约束条件可能是个空集，此时就没有最优解，为此，就需要适当调整伸缩指标，以便保证最优解的存在.

而对于目标和约束均带有模糊系数的线性规划问题，结合前面的方法也可化为一个求多目标线性规划的模糊最优解问题.

第九章
模糊语言与模糊逻辑

语言是思维的物质外壳,思维和语言都具有模糊性.要想让计算机更多地代替人的工作,就必须把部分自然语言定量化和数学化,让日常生活中的自然语言能够直接转化为机器所能接受的算法语言,因此关于模糊语言的研究就成为模糊数学中的一个重要课题.

逻辑早在我国古代就已萌芽,它是研究人类思维形式和规律的科学.要使语言正确反映思维就必须使之合乎逻辑.语言与逻辑是不可分的.

模糊数学把经典数学从二值逻辑的基础上转移到模糊逻辑的基础上来.模糊逻辑是多值逻辑的发展,又是模糊推理的基础.作为二值逻辑的直接推广,模糊逻辑适应了研究复杂系统(如航天系统、生态系统、人脑系统、社会经济系统等)的需要,必将成为新一代电子计算机——多值计算机的理论基础.

本章将介绍模糊语言与模糊逻辑的基本知识.

第一节　自然语言的集合描述与算子

一、形式语言与自然语言

人的思维可以分为两类:形式化思维和模糊性思维.前者具有逻辑的、循序的特点;后者可同时进行综合的、整体的思考.表达形式化思维的语言称为形式语言,表达模糊性思维的语言为自然语言.人类的自然语言多数是模糊语言,罗素认为人类的自然语言是彻头彻尾含糊不清的.

在二值逻辑基础上的电子计算机尽管在处理客观事物的确定性方面可以代替人的智力发挥快速、准确、高效的作用,但没有像人脑那样灵活处理客观事物的模糊性能力.

目前一般的计算机编制程序时所使用的算法语言,如 Basic、Algol、FORTRAN、Cobol 等都是形式语言,其特点是明确、刻板,不允许有任何二义性与模糊性.能否把计算机转到不可数的多值逻辑基础上,模拟人脑思维,执行模糊指令,形成一种更加灵活简捷的控制手段,就是第五代智能机的任务.而提高计算机“智能”的关键,就在于如何利用模糊数学这个工具,将模糊语言数学化,让人类在日常生活中所使用的部分自然语言直接进入程序,变成算法语言.目前已经配制成功的 FSTDS(fuzzy-set-theoretic data structure)系统语言使计算机的使用范围开始拓展到模糊领域,为人工智能学科打开了新的局面.

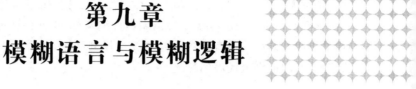

二、单词与词组

在语言学中，给一些单词以数学定义，从而使它定量化和数学化，这是使电子计算机理解自然语言所必需的工作.

单词是自然语言的最小单位，如春、夏、秋、冬、高、矮、美、丑、善良、清晰、模糊等单词都表示一定的词义，它们的适用界限都是不甚确定的，我们称这类单词为模糊词.

单词用“或”“且”连接起来，或者在单词前面加“非”就构成词组. 例如

$$黄牛=牛且黄=[牛]\cap[黄]$$

$$小白兔=兔且小且白=[小]\cap[白]\cap[兔]$$

$$亚非拉=亚或非或拉=[亚]\cup[非]\cup[拉]$$

$$东南=东方且南方=[东方]\cap[南方]$$

$$非金属=[金属]^C$$

$$非白马之马=[马]\cap[白]\cap[马]=[马]-[白]$$

可用文氏图表示如图 2-36 所示.

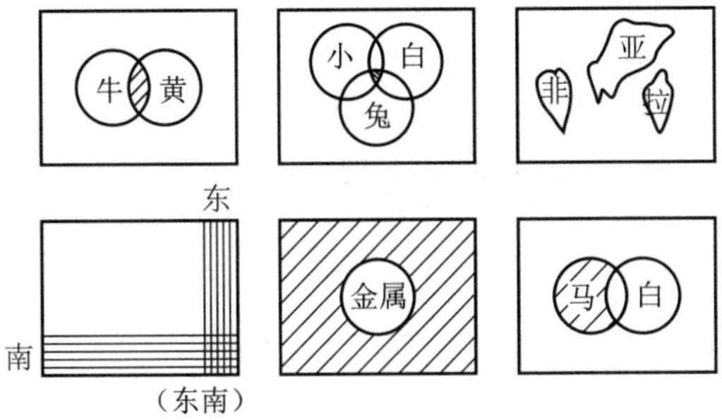

图 2-36　词组

所有模糊词与模糊词组都具有二重性，一是模糊性，即它所适用的界限是不甚确定的；二是非模糊性，就词义来说，它的意义还是清楚的. 例如，昼和夜是模糊概念，它们所适用的界限是不确定的，这种不定性只局限于词义范围的边缘部分，而中心部分还是清楚的.

为了深入研究模糊语言，探索模糊语言形式化的途径，首先要设法对模糊语言进行定量的刻画. 由于词义具有二重性，我们就有可能用模糊方法将它定量化、数学化，而隶属函数就是数学化处理的关键.

三、模糊词义的数学化

设 X 表示年龄从 1 到 200 的论域，于是描述人的年龄的一类词根据年龄大小程度在论域 X 上构成一个集合 T：

$$T=\{年轻,年老,中年,不老,不年轻,非中年,不年轻又不老,年轻或老,\cdots\}$$

我们曾在第二章第二节例 2-2 中介绍了年轻、年老这两个元素的隶属函数：

$$\mu_{年轻}(x)=\begin{cases}1, & 1\leqslant x\leqslant 25,\\ \dfrac{1}{1+\left(\dfrac{x-25}{5}\right)^2}, & 25<x\leqslant 200,\end{cases}$$

$$\mu_{年老}(x)=\begin{cases}0, & 1\leqslant x\leqslant 50,\\ \dfrac{1}{1+\left(\dfrac{x-50}{5}\right)^{-2}}, & 50<x\leqslant 200,\end{cases}$$

还可以写出其他元素的隶属函数

$$\mu_{中年}(x)=\begin{cases}0, & 1\leqslant x\leqslant 35,\\ \dfrac{1}{1+\left(\dfrac{x-45}{4}\right)^{2}}, & 35\leqslant x\leqslant 45,\\ \dfrac{1}{1+\left(\dfrac{x-45}{5}\right)^{2}}, & 45<x\leqslant 200,\end{cases}$$

$$\mu_{不老}(x)=1-\mu_{老}(x),$$

$$\mu_{不年轻}(x)=1-\mu_{年轻}(x),$$

$$\mu_{非中年}(x)=1-\mu_{中年}(x),$$

$$\mu_{年轻或老}(x)=\mu_{年轻}(x)\vee\mu_{老}(x),$$

$$\mu_{不年轻又不老}(x)=[1-\mu_{年轻}(x)]\wedge[1-\mu_{老}(x)].$$

这样一来，我们就能对模糊词义加以定量刻画了.

例 2-44 有人用一系列代号或语言算子把“我找不到你的弟弟决不回家”这句话数学化，其设计如下：

x_1——我；

x_2——你；

$A(x,y)$——x 找到 y；

$B(x)$——x 回家；

$D(x)$——x 的弟弟；

IF $\neg A(x_1,D(x_2))$ THEN $\neg B(x_1)$.

将这类数学语言编制程序，是可以进入电子计算机的.

四、语气算子、模糊化算子和判定化算子

在对模糊词义进行定量刻画的基础上还可引入算子的概念，自然语言中有些词，如“很”“比较”“非常”“特别”“稍微”“极”“略”“微”等，把它们放在某些单词前面便可调整原来词义的肯定程度(如“很老”“稍老”“极老”等)，把原来的单词变为一个新词. 因此，上述词可分别看作一种算子，称为语气算子.

语气算子的集合记为 H_λ(λ 为一正实数)，当 $\lambda>1$ 时，语气算子对单词起强化作用，称为集中化算子，例如适当起名 H_2 叫“很”，H_4 叫“极”，则

$$\mu_{很老}(x)=H_2[老](x)=[\mu_{老}(x)]^2$$

$$=\begin{cases}0, & 1\leqslant x\leqslant 50,\\ \left(\dfrac{1}{1+\left(\dfrac{x-50}{5}\right)^{-2}}\right)^2, & 50<x\leqslant 200,\end{cases}$$

$$\mu_{极老}(x)=H_4[老](x)=[\mu_{老}(x)]^4$$

$$=\begin{cases}0, & 1\leqslant x\leqslant 50,\\ \left(\dfrac{1}{1+\left(\dfrac{x-50}{5}\right)^{-2}}\right)^4, & 50<x\leqslant 200.\end{cases}$$

$$\mu_{很很老}(x)=H_2[很老](x)=H_2[H_2[老]](x)=[[\mu_{老}(x)]^2]^2=[\mu_{老}(x)]^4=\mu_{极老}(x).$$

当 $x=60$ 时，

$$\mu_{老}(60)=0.8,$$

$$\mu_{很老}(60)=0.8^2=0.64,$$

$$\mu_{很老}(60)=0.8^4=0.41.$$

从隶属度来看 60 岁的人，老的程度有 80%，或者说，60 岁的人算“老”，80%是正确的；那么，60 岁的人算“很老”，就只有 64%的正确性；而 60 岁的人算“极老”就只有 41%的正确性了.

当 $0<\lambda<1$ 时，语气算子 H_λ 对单词起弱化作用，称为散漫化算子. 例如若起名 $H_{1/2}$ 叫“略”，$H_{1/4}$ 叫“微”，$H_{3/4}$ 叫“比较”，则

$$\mu_{略老}(x)=H_{1/2}[老](x)=[\mu_{老}(x)]^{1/2}$$

$$=\begin{cases}0, & 1\leqslant x\leqslant 50,\\ \left(\dfrac{1}{1+\left(\dfrac{x-50}{5}\right)^{-2}}\right)^{1/2}, & 50<x\leqslant 200,\end{cases}$$

$$\mu_{微老}(x)=H_{1/4}[老](x)=[\mu_{老}(x)]^{1/4},$$

$$=\begin{cases}0, & 1\leqslant x\leqslant 50,\\ \left(\dfrac{1}{1+\left(\dfrac{x-50}{5}\right)^{-2}}\right)^{1/4}, & 50<x\leqslant 200,\end{cases}$$

$$\mu_{比较老}(x)=H_{3/4}[老](x)=[\mu_{老}(x)]^{3/4}$$

$$=\begin{cases}0, & 1\leqslant x\leqslant 50,\\ \left(\dfrac{1}{1+\left(\dfrac{x-50}{5}\right)^{-2}}\right)^{3/4}, & 50<x\leqslant 200.\end{cases}$$

当 $x=60$ 时，

$$\mu_{略老}(60)=0.8^{\frac{1}{2}}=0.89,$$

$$\mu_{微老}(60)=0.8^{\frac{1}{4}}=0.95,$$

$$\mu_{比较老}(60)=0.8^{\frac{3}{4}}=0.85.$$

此外“大约”“近乎”等词也是一种算子，把它们放在一个词的前面，就把该词的意义模糊化，称为模糊化算子，它的一般形式是

$$\underset{\sim}{FA}(\bar{x})\overset{\triangle}{=}(\underset{\sim}{E}\circ\underset{\sim}{A})(x)=\bigvee_{y\in X}[\underset{\sim}{E}(x,y)\wedge\underset{\sim}{A}(y)],$$

此处$\underset{\sim}{E}$是论域 X 上的一个相似关系(反身、对称). 当 $X=(-\infty,+\infty)$时，常取

$$\underset{\sim}{E}(x,y)=\begin{cases}e^{-(x-y)^2}, & 当|x-y|<\delta,\\ 0, & 当|x-y|\geqslant\delta.\end{cases}$$

这里，δ 是参数(正小数)．例如“大约 3”，首先给出单词 3 的词义$\underset{\sim}{A}(x)$为

$$\underset{\sim}{A}(x)=\begin{cases}1, & 当 x=3,\\ 10, & 当 x\neq 3,\end{cases}$$

则

$$\underset{\sim}{FA}(x)=\bigvee_{y\in X}[\underset{\sim}{E}(x,y)\wedge\underset{\sim}{A}(y)]=\underset{\sim}{E}(x,3)$$
$$=\begin{cases}e^{-(x-3)^2}, & 当|x-3|<\delta,\\ 0, & 当|x-3|\geqslant\delta.\end{cases}$$

以上$\underset{\sim}{FA}$对应的词叫作“大约 3”．图 2-37 是 $\delta=0.5$ 时“大约 3”的正态分布图，它是一个峰值在 3 的模糊数$\underset{\sim}{3}$，δ 的大小决定分布曲线的胖瘦．

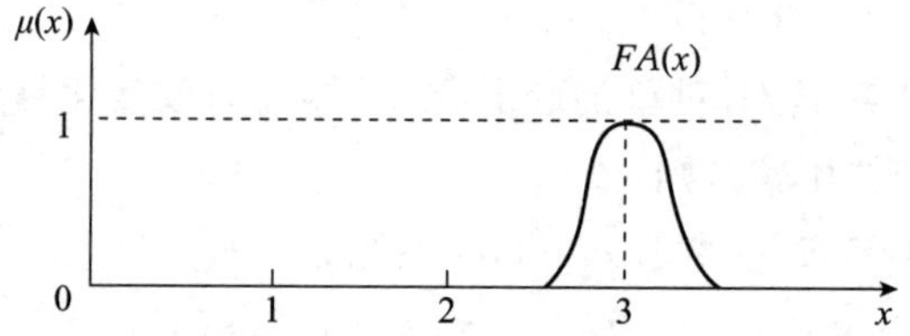

图 2-37　把“3”变为“大约 3”

“偏向”“倾向于”“多半是”等词也是一种算子，它们可以化模糊为肯定，在模糊之中给出一种粗糙的判断，称为判定化算子，记为 P_a．其一般形式是

$$P_a：P_a\underset{\sim}{A}(u)\stackrel{\triangle}{=}d_a[\underset{\sim}{A}(u)],$$

此处 d_a是定义在[0,1]上的实函数：

$$d_a(x)=\begin{cases}0, & 当 x\leqslant a,\\ \dfrac{1}{2}, & 当 a<x\leqslant 1-a,\\ 1, & 当 x>1-a,\end{cases}$$

此处 $0<a\leqslant\frac{1}{2}$，当 $a=\frac{1}{2}$时，$P_{\frac{1}{2}}$称为“倾向”．例如

$$[倾向年轻](u)=P_{\frac{1}{2}}[(年轻)(x)],$$

$$\mu_{年轻}(u)=\begin{cases}1, & 1\leqslant u\leqslant 25,\\ \dfrac{1}{1+\left(\dfrac{u-25}{5}\right)^2}, & 25<u\leqslant 200,\end{cases}$$

并有 $\mu_{年轻}(30)=\frac{1}{2}$．

故

$$\begin{aligned}[倾向年轻](u)&=P_{\frac{1}{2}}[(年轻)(x)]\\&=P_{\frac{1}{2}}[\mu_{年轻}(x)]\\&=\begin{cases}0, & 当 u>30,\\ 1, & 当 u\leqslant 30.\end{cases}\end{aligned}$$

亦即 30 岁以下为“倾向年轻”，如图 2-38 所示，“倾向年轻”是以 30 为间断点的常值函数.

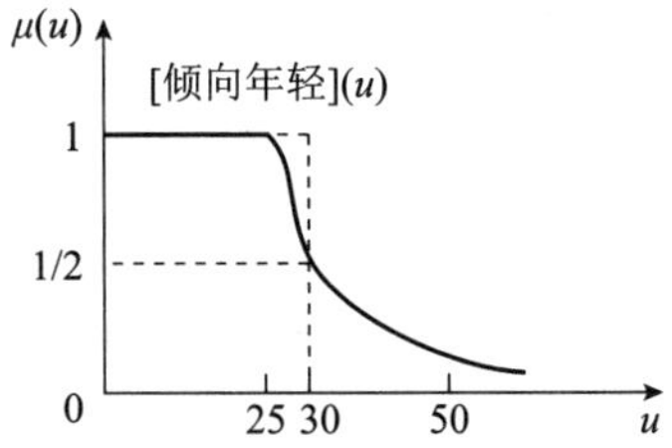

图 2-38 [倾向年轻](u)

五、语言值

大、小、多、少、轻、重、长、短……这些直接以实数域 $\mathbf{R}=(-\infty,+\infty)$ 或其子集为论域的单词，以及由它们按照前述方式扩大的词汇，如很大、不太小、非常轻、不长也不短、像是大、偏大等，都叫作语言值，它们是口语化的数量.

又如语言变量“年龄”(所谓语言变量是指以自然语言中的词或词组而不以数作值的变量)的值可以是年少、年轻、不年轻、年老、很老、有点老、不年轻也不老等，这些值中的每一个都是模糊概念. 以 0,1,2,…,200 作值的数值变量年龄构成语言变量年龄的基础变量. 年轻这个语言值可以用基础变量上取值的一个隶属函数来表征. 如

$$\mu_{\text{年轻}}(u)=\begin{cases}1, & 1\leqslant u\leqslant 25,\\ \dfrac{1}{1+\left(\dfrac{u-25}{5}\right)^2}, & 25<u\leqslant 200.\end{cases}$$

或者说，我们用上述隶属函数来定义年轻这个语言值的词义，也可以说，上述隶属函数是年轻一词的数量化标志.

下述语言值所对应的隶属度可大致规定如下：

完全可能	$\mu_{\underset{\sim}{A}}(x)=1$
非常可能	$0.9\leqslant\mu_{\underset{\sim}{A}}(x)<1$
很可能	$0.8\leqslant\mu_{\underset{\sim}{A}}(x)<0.9$
比较可能	$0.6\leqslant\mu_{\underset{\sim}{A}}(x)<0.8$
可能	$0.4\leqslant\mu_{\underset{\sim}{A}}(x)<0.6$
有点可能	$0.2\leqslant\mu_{\underset{\sim}{A}}(x)<0.4$
有点点可能	$0\leqslant\mu_{\underset{\sim}{A}}(x)<0.2$
不可能	$\mu_{\underset{\sim}{A}}(x)=0$

语言变量“容貌”的词集可以是漂亮、很漂亮、极漂亮、十分漂亮、相当漂亮、非常漂亮、不十分漂亮、不怎么漂亮、不漂亮、极不漂亮等，也可以用打分的办法(归一化后就是隶属度)给出数量标志.

例 2-45 设 $X=\{1,2,3,\cdots,10\}$，选取适当的隶属度，在论域 X 上定义语言变量[大]和[小]，并导出[很大]，[不大也不小]，[偏大]等语言值.

解

$[大]=\frac{0.2}{5}+\frac{0.4}{6}+\frac{0.6}{7}+\frac{0.8}{8}+\frac{1}{9}+\frac{1}{10}$,

$[小]=\frac{1}{1}+\frac{0.8}{2}+\frac{0.6}{3}+\frac{0.4}{4}+\frac{0.2}{5}$,

则 $[很大]=H_2[大]=\frac{0.04}{5}+\frac{0.16}{6}+\frac{0.36}{7}+\frac{0.64}{8}+\frac{1}{9}+\frac{1}{10}$,

$[不大也不小]=[\overline{大}]\wedge[\overline{小}]$

$=\frac{1\wedge 0}{1}+\frac{1\wedge 0.2}{2}+\frac{1\wedge 0.4}{3}+\frac{1\wedge 0.6}{4}+\frac{0.8\wedge 0.8}{5}+\frac{0.6\wedge 1}{6}+\frac{0.4\wedge 1}{7}+\frac{0.2\wedge 1}{8}+\frac{0\wedge 1}{9}+\frac{0\wedge 1}{10}$

$=\frac{0.2}{2}+\frac{0.4}{3}+\frac{0.6}{4}+\frac{0.8}{5}+\frac{0.6}{6}+\frac{0.4}{7}+\frac{0.2}{8}$,

[偏大]是以 5 为间断点的常值函数,即

$$\mu_{偏大}(x)=\begin{cases}0, & 1\leqslant x\leqslant 5,\\ 1, & 5<x\leqslant 10,\end{cases}$$

所以$[偏大]=\frac{1}{6}+\frac{1}{7}+\frac{1}{8}+\frac{1}{9}+\frac{1}{10}$.

六、语言值的四则运算

设 α,β 是两个语言变量,$*$ 代表实数之间的一种四则运算,则由模糊数四则运算的定义可类似定义 $\alpha*\beta$ 如下:

$$\alpha*\beta(z)\overset{\triangle}{=}\bigvee_{x*y=z}(\alpha(x)\wedge\beta(y)).$$

上式实际上是按扩张原理定义的运算. 事实上,每一种四则运算 $*$,都是一个映射

$$*:R\times R\to R,$$

$$*(x,y)=x*y.$$

而 α 下 β 的笛卡尔乘积是 R^2 上的模糊子集:

$$(\alpha\times\beta)(x,y)\overset{\triangle}{=}\alpha(x)\wedge\beta(y).$$

应用定理 2-5(扩张原理) $\mu_{R(\underset{\sim}{A})}(y)=\bigvee_{x\in f^{-1}(y)}\mu_{\underset{\sim}{A}}(x)$,有

$$[*(\alpha\times\beta)](z)=\bigwedge_{*(x,y)=z}(\alpha\times\beta)(x,y)$$

$$=\bigwedge_{x*y=z}\alpha(x)\wedge\beta(y).$$

若取

$$\alpha*\beta=*(\alpha\times\beta),$$

便有

$$\alpha*\beta(z)\overset{\triangle}{=}\bigvee_{x*y=z}(\alpha(x)\wedge\beta(y)).$$

例 2-46(离散情形) 设

$$\alpha=\frac{1}{1}+\frac{0.8}{2}+\frac{0.2}{3},$$

$$\beta=\frac{0.2}{2}+\frac{0.8}{3}+\frac{1}{4},$$

则

$$\alpha+\beta=\frac{1\wedge 0.2}{1+2}+\frac{1\wedge 0.8}{1+3}+\frac{1\wedge 1}{1+4}+\frac{0.8\wedge 0.2}{2+2}+\frac{0.8\wedge 0.8}{2+3}+\frac{0.8\wedge 1}{2+4}+\frac{0.2\wedge 0.2}{3+2}+\frac{0.2\wedge 0.8}{3+3}+\frac{0.2\wedge 1}{3+4},$$

$$=\frac{1\wedge 0.2}{3}+\frac{(1\wedge 0.8)\vee(0.8\wedge 0.2)}{4}+\frac{(1\wedge 1)\vee(0.8\wedge 0.8)\vee(0.2\wedge 0.2)}{5}+\frac{(0.8\wedge 1)\vee(0.2\wedge 0.8)}{6}+\frac{0.2\wedge 1}{7}$$

$$=\frac{0.2}{3}+\frac{0.8}{4}+\frac{1}{5}+\frac{0.8}{6}+\frac{0.2}{7},$$

$$\alpha-\beta=\frac{1\wedge 0.2}{1-2}+\frac{1\wedge 0.8}{1-3}+\frac{1\wedge 1}{1-4}+\frac{0.8\wedge 0.2}{2-2}+\frac{0.8\wedge 0.8}{2-3}+\frac{0.8\wedge 1}{2-4}+\frac{0.2\wedge 0.2}{3-2}+\frac{0.2\wedge 0.8}{3-3}+\frac{0.2\wedge 1}{3-4}$$

$$=\frac{1\wedge 1}{-3}+\frac{(1\wedge 0.8)\vee(0.8\wedge 1)}{-2}+\frac{(1\wedge 0.2)\vee(0.8\wedge 0.8)\vee(0.2\wedge 1)}{-1}+\frac{(0.8\wedge 0.2)\vee(0.2\wedge 0.8)}{0}+\frac{0.2\wedge 0.2}{1}$$

$$=\frac{1}{-3}+\frac{0.8}{-2}+\frac{0.8}{-1}+\frac{0.2}{0}+\frac{0.2}{1},$$

同理有

$$\alpha\cdot\beta=\frac{0.2}{1\cdot 2}+\frac{0.8}{1\cdot 3}+\frac{1}{1\cdot 4}+\frac{0.2}{2\cdot 2}+\frac{0.8}{2\cdot 3}+\frac{0.8}{2\cdot 4}+\frac{0.2}{3\cdot 2}+\frac{0.2}{3\cdot 3}+\frac{0.2}{3\cdot 4}$$

$$=\frac{0.2}{2}+\frac{0.8}{3}+\frac{1\vee 0.2}{4}+\frac{0.8\vee 0.2}{6}+\frac{0.8}{8}+\frac{0.2}{9}+\frac{0.2}{12}$$

$$=\frac{0.2}{2}+\frac{0.8}{3}+\frac{1}{4}+\frac{0.8}{6}+\frac{0.8}{8}+\frac{0.2}{9}+\frac{0.2}{12},$$

$$\alpha\div\beta=\frac{0.2}{1\div 2}+\frac{0.8}{1\div 3}+\frac{1}{1\div 4}+\frac{0.2}{2\div 2}+\frac{0.8}{2\div 3}+\frac{0.8}{2\div 4}+\frac{0.2}{3\div 2}+\frac{0.2}{3\div 3}+\frac{0.2}{3\div 4}$$

$$=0.2\Big/\frac{3}{2}+0.2/1+0.2\Big/\frac{3}{4}+0.8\Big/\frac{2}{3}+0.8\Big/\frac{1}{2}+0.8\Big/\frac{1}{3}+1\Big/\frac{1}{4}.$$

第二节　模糊逻辑

模糊逻辑是模糊数学的重要组成部分，它对于模糊控制论、模糊语言、计算机科学、医疗诊断等方面都有实际意义.

传统的二值逻辑(形式逻辑)中一个命题只能取“1”(真)和“0”(假)，这对于机器模拟人的思维是很不够的，因为客观事物并非那样绝对化，在真、假之间还有很多过渡状态，这就是所谓的模糊性，人们也正是利用灵活地处理模糊性对象的能力进行整体的、平行性的思考，从而具有概括、抽象、直觉、创造思维的能力，如艺术家的灵感、科学家的创见等都与模糊性有关.为此,我们必须探索自然语言的形式化表达问题,而模糊逻辑就在解决形式逻辑与人们的模糊语言形式化的矛盾中起重要的作用.由此可见,把经典的二值逻辑模糊化是科学发展的必然产物.

本节将首先叙述模糊命题,然后介绍模糊推理,最后介绍模糊逻辑函数与开关网络.

一、模糊命题

语句分判断句与推理句两种类型,判断句又称命题.

在二值逻辑中,一个命题只能是真或假:非真即假、非假即真,两者必居其一.但实际上往往并非如此,例如:

$\underset{\sim}{P}$:昨天是个好天气;

$\underset{\sim}{Q}$:今年暑假很凉爽;

$\underset{\sim}{R}$:张三是个健康人.

在以上命题中"好天气""很凉爽""健康人"都是模糊概念,它们的界限都是不分明的.由此可见,命题有普通命题与模糊命题之分.而研究普通命题的逻辑称为二值逻辑,研究模糊命题的逻辑称为模糊逻辑.

命题的句型为

$$“u\text{ 是 }a”,$$

记作(a).a 是表示概念的一个词(单词或词组),u 是语言变量,是论域 U 中的元素.

如果 a 所对应的是普通集合 A,则(a)称为普通命题.

对于普通情形,若 $u\in A$,则称(a)对 u 真,其隶属度 $\mu_A(u)=1$(A 是(a)的真域).

若 $u\overline{\in}A$,则称(a)对 u 假,其隶属度 $\mu_A(u)=0$,称 u 对 A 的隶属度为(a).如图 2-39.

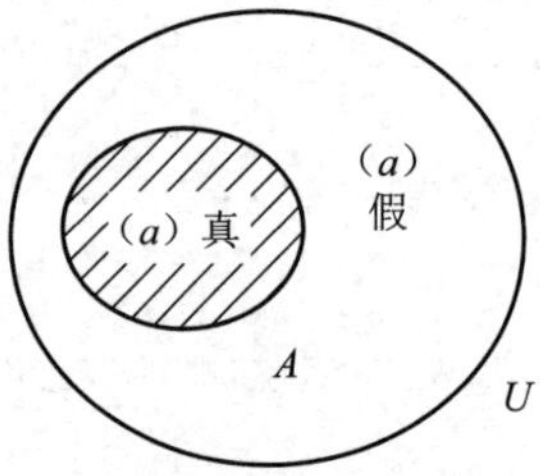

图 2-39 普通判断句的真域

对 u 的真值运算可按隶属度的运算规则,规定如下:

$\vee$	0	1
0	0	1
1	1	1

$\wedge$	0	1
0	0	0
1	0	1

a	$\bar{a}(\neg a)$
0	1
1	0

若对任意 $u\in U$,(a)对 u 均真,则称(a)为恒真命题:

$$(a)\text{恒真}\Leftrightarrow A=U.$$

如果 a 所对应的集合是模糊集$\underset{\sim}{A}$,则(a)称为模糊命题.此时(a)对 u 没有绝对的真假可言,只能将 u 对$\underset{\sim}{A}$的隶属定义为(a)对 u 的真值,其隶属函数在$[0,1]$上取值.例如"健康人"对应的是一个模糊集[健康人],若张三对[健康人]隶属度是 0.9,则命题"u 是健康人"对张三(将 u 取为张三)的真值是 0.9.

真值运算即隶属度运算为 $\vee$、$\wedge$、$\neg$(－),

$$\mu_{\underset{\sim}{A}}(u)\vee\mu_{\underset{\sim}{B}}(u)=\max\{\mu_{\underset{\sim}{A}}(u),\mu_{\underset{\sim}{B}}(u)\},$$

$$\mu_{\underset{\sim}{A}}(u)\wedge\mu_{\underset{\sim}{B}}(u)=\min\{\mu_{\underset{\sim}{A}}(u),\mu_{\underset{\sim}{B}}(u)\},$$

$$\mu_{\underset{\sim}{\bar{A}}}(u)=1-\mu_{\underset{\sim}{A}}(u).$$

若(a)对任意 $u\in U$,均有真值 $\mu_{\underset{\sim}{A}}(u)\geqslant\lambda(0<\lambda\leqslant1)$,则称$(a)$对 λ 恒真.特别当 $\lambda=1$ 时就是普通的恒真命题.

二、模糊推理

推理句的句型是

“若 u 是 a,则 u 是 b”,

简记为“$(a)\to(b)$”.

例 2-47 “若 u 是正方形,则 u 是矩形”就是一个推理句.(a=正方形,b=矩形)

例 2-48 “若 u 是学生,则 u 是小说迷”也是一个推理句.(a=学生,b=小说迷)

推理句不一定是正确的,正像判断句可以判断错误一样.前例是个几何定理,推理正确.后例则不然,是学生并不一定就是小说迷.

在推理句中,若 a,b 对应的都是普通集合,则称普通推理句;若 a,b 对应的都是模糊集合,则称为模糊推理句.

例如,“近朱者赤,近墨者黑”,a:朱、墨,b:赤、黑,它们对应的是模糊集合,故$(a)\to(b)$是模糊推理句(或称似然推理句).

(一)普通推理句

$$((a)\to(b))\text{对 } u \text{ 真},a\in A,b\in B\Leftrightarrow u\in(A-B)^C,$$

故推理句$((a)\to(b))$等价于一个判断句“u 是 C”,C 是$(A-B)^C$所对应的词.图 2-40 阴影部分表示普通推理句$((a)\to(b))$的真域.

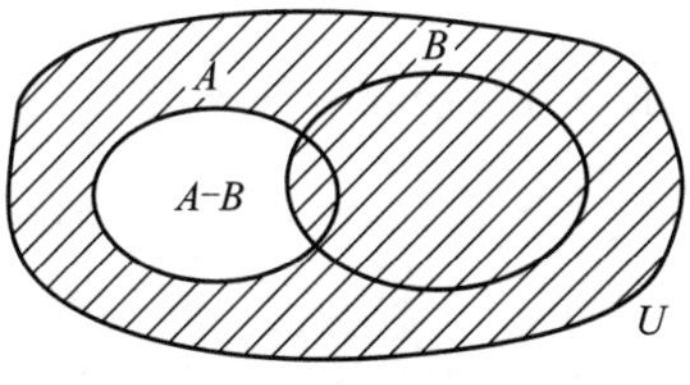

图 2-40　普通推理句的真域

例如,

甲:“若 u 是学生,则 u 是小说迷.”(推理句)

乙:“u 不是不迷小说的学生.”(判断句)

甲、乙对任何 u 的真假值恒同,所以,推理句也是一种判断句.

若推理句是一个恒真的判断句,则称它是一个定理.例 2-47 就是一个定理.

$(a)\to(b)$是定理$\Leftrightarrow A-B=\varnothing\Leftrightarrow A\subseteq B$.

三段论法:$(a)\to(b)$是定理且(a)对 u 真$\Rightarrow(b)$对 u 真.

三段论法的集合解释十分简单:

$$A\subseteq B,u\in A\Rightarrow u\in B.$$

复合规则：

$(a)\to(b)$是定理，$(b)\to(c)$是定理$\Rightarrow(a)\to(c)$是定理. 它的集合解释如下：

$$A\subseteq B, B\subseteq C\Rightarrow A\subseteq C.$$

如图 2-41、图 2-42.

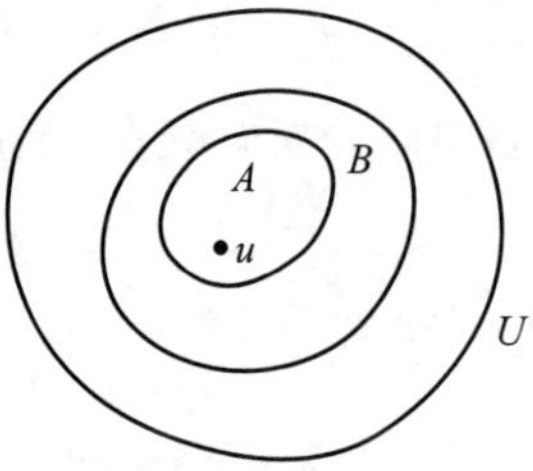

图 2-41　三段论法的集合表现 $u\subseteq A, A\subseteq B\Rightarrow u\in B$

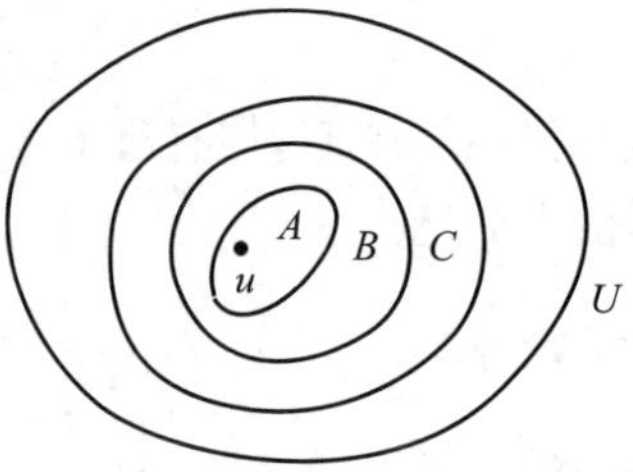

图 2-42　复合规则 $A\subseteq B, B\subseteq C\Rightarrow A\subseteq C$

(二)模糊推理句

对于模糊推理句，像对模糊判断句一样，不应问其真与不真，只应问它以多大的程度真，其真值由隶属函数来表示. 像普通推理句一样：

$((a)\to(b))$对 u 的真值$\triangleq((a)\to(b))(u)$

$$\triangleq(\underset{\sim}{A}-\underset{\sim}{B})^C(u).$$

上式两边表示它们各自的真值或隶属函数.

因为 $$(\underset{\sim}{A}\cap\underset{\sim}{B}^C)^C=\underset{\sim}{A}^C\cup(\underset{\sim}{B}^C)^C=\underset{\sim}{A}^C\cup\underset{\sim}{B},$$

而 $$\underset{\sim}{A}\cap\underset{\sim}{B}^C=\underset{\sim}{A}-\underset{\sim}{B},$$

则 $$(\underset{\sim}{A}\cap\underset{\sim}{B}^C)^C=(\underset{\sim}{A}-\underset{\sim}{B})^C,$$

所以 $$\underset{\sim}{A}^C\cup\underset{\sim}{B}=(\underset{\sim}{A}-\underset{\sim}{B})^C,$$

故有

$$((a)\to(b))(u)=(\underset{\sim}{A}-\underset{\sim}{B})^C(u)=(1-\underset{\sim}{A}(u))\vee\underset{\sim}{B}(u).$$

(三)模糊推理

应用模糊理论，可以对模糊命题进行模糊演绎推理和归纳推理，下面我们主要讨论假言推理.

例 2-49　(a)：天气晴朗，

(b)：天气暖和，

则模糊推理句“$(a)\to(b)$”就是“若天气晴朗则暖和”，而“$(b)\to(a)$”是“若天气暖和则晴朗”. 如果“晴朗”“暖和”对于气温 t 而言，其隶属函数如图 2-43 所示.

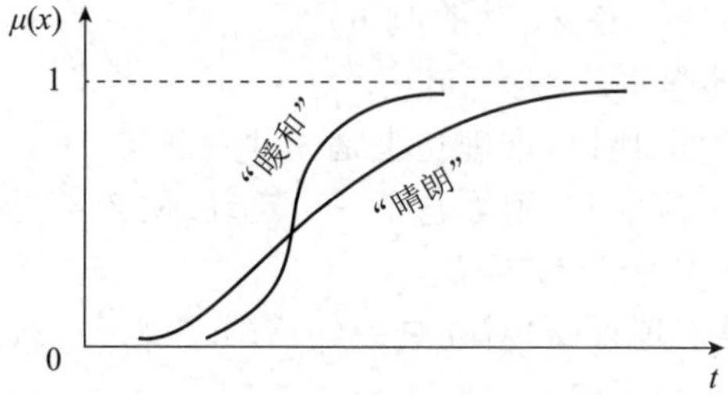

图 2-43　“晴”和“暖”

利用公式

$$((a)\to(b))(u)=(1-\underset{\sim}{A}(u))\vee\underset{\sim}{B}(u),$$

$$((b)\to(a))(u)=(1-\underset{\sim}{B}(u))\vee\underset{\sim}{A}(u),$$

可得到“若晴则暖”及“若暖则晴”的隶属函数，分别如图 2-44 及图 2-45 所示.

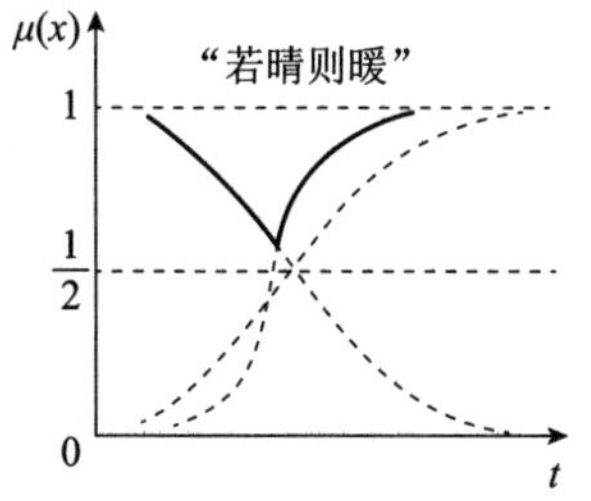

图 2-44　“若晴则暖”

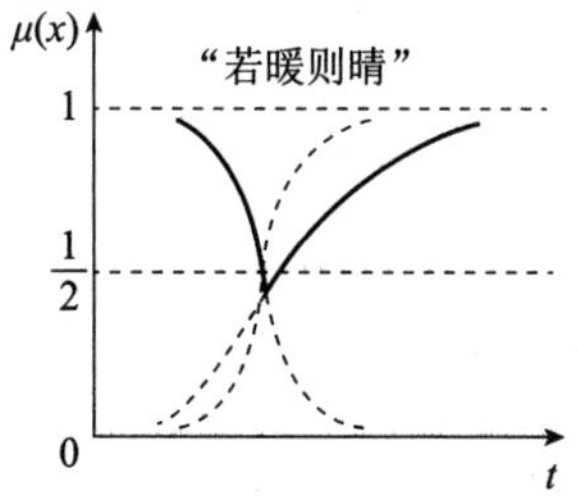

图 2-45　“若暖则晴”

对于上面的“晴朗”和“暖和”都是以气温 t 为论域，也即只有一个论域，所以是比较好处理的. 但是在很多实际问题中要涉及两个或两个以上的论域，例如：

“试纸遇酸性溶液要变红”，

“x 是酸性溶液”，

“故 x 使试纸变红”.

这是一个三段论的推理方法，若用集合描述，论域要涉及两个因素：一是化学性质，另一是颜色. 在一个复杂的语言系统中，有时更要涉及多个论域，因此要选择一个适宜的论域是很困难的.

以下我们考虑涉及两个论域 X 和 Y 的似然推理

$$\underset{\sim}{A}\to\underset{\sim}{B},$$

为简便起见，先考虑普通命题 $A\to B$ 的情形，这时若涉及两个论域 X,Y，则 X 到 Y 的一个二元关系是 $X\times Y$ 的一个普通子集，其特征函数定义为

$$(A\to B)(x,y)\stackrel{\triangle}{=}(A(x)\wedge B(y))\vee(1-A(x)),$$

其中 $x\in X,y\in Y,A(x),B(y)$ 仅能取 0 或 1.

将上式推广至模糊情形，即$\underset{\sim}{A}\to\underset{\sim}{B}$是 $X\times Y$ 的一个模糊关系，其隶属函数为

$$(\underset{\sim}{A}\to\underset{\sim}{B})(x,y)\stackrel{\triangle}{=}(\underset{\sim}{A}(x)\wedge\underset{\sim}{B}(y))\vee(1-\underset{\sim}{A}(x)),$$

其中$\underset{\sim}{A}(x)$，$\underset{\sim}{B}(x)$可取[0,1]中的任何值. “$\vee$”“$\wedge$”分别为最大、最小运算.

以下举例说明公式的用法.

若 x 小则 y 大，已给 x 较小，问 y 如何？

设论域

$$X=\{1,2,3,4,5\}=Y,$$

$$“小”(x)=\frac{1}{1}+\frac{0.5}{2},$$

$$“大”(y)=\frac{0.5}{4}+\frac{1}{5},$$

根据上述公式计算：

“若 x 小则 y 大”$(x,y)=$(“小”(x) ∧“大”(y))∨(1－“小”(x))，分别把

$$x=1,2,3,4,5,$$

$$y=1,2,3,4,5$$

代入，一共可得 $5\times5=25$ 个隶属函数，例如 $x=1,y=4$ 时得

$$\text{“若 }x\text{ 小则 }y\text{ 大”}(1,4)=(1\wedge0.5)\vee(1-1)=0.5\vee0=0.5.$$

类此，可算得：

$\underset{\sim}{A}\to\underset{\sim}{B}$		Y: 1	2	3	4	5
X	1	0	0	0	0.5	1
	2	0.5	0.5	0.5	0.5	0.5
	3	1	1	1	1	1
	4	1	1	1	1	1
	5	1	1	1	1	1

这就决定了一个模糊关系矩阵$\underset{\sim}{\boldsymbol{R}}$：

$$\underset{\sim}{\boldsymbol{R}}=\begin{pmatrix}0&0&0&0.5&1\\0.5&0.5&0.5&0.5&0.5\\1&1&1&1&1\\1&1&1&1&1\\1&1&1&1&1\end{pmatrix}.$$

这个模糊关系$\underset{\sim}{R}$就是“若 x 小则 y 大”.

再设

$$\text{“较小”}(x)=\frac{1}{1}+\frac{0.4}{2}+\frac{0.2}{3},$$

把它写成模糊向量形式并记

$$\underset{\sim}{\boldsymbol{P}}=(1,0.4,0.2,0,0),$$

利用模糊变换的观点，“问 y 如何?”，即求输出$\underset{\sim}{Q}$，应进行如下合成运算：

$$\begin{aligned}\underset{\sim}{\boldsymbol{Q}}&=\underset{\sim}{\boldsymbol{P}}\circ\underset{\sim}{\boldsymbol{R}}\\&=(1,0.4,0.2,0,0)\circ\begin{pmatrix}0&0&0&0.5&1\\0.5&0.5&0.5&0.5&0.5\\1&1&1&1&1\\1&1&1&1&1\\1&1&1&1&1\end{pmatrix}\\&=(0.4,0.4,0.4,0.5,1),\end{aligned}$$

亦即当 x 较小时，y 为模糊集：

$$\underset{\sim}{Q}=\frac{0.4}{1}+\frac{0.4}{2}+\frac{0.4}{3}+\frac{0.5}{4}+\frac{1}{5}.$$

以上结果可理解为“y 比较大”，这是符合人们通常的思考方法的. 上述过程就是一种似

然推理，其意义在于建立起模糊推理的一般方法，为解决更为复杂的模糊推理问题奠定了基础，这种方法在模糊控制论中很有用.

在模糊自动控制中应用较多的“模糊条件语句”也是一种模糊推理，它是利用语言算子给出的一类较复杂的“若$\underset{\sim}{A}$则 $\underset{\sim}{B}$，否则$\underset{\sim}{C}$”型的语言，可表为

$$(\underset{\sim}{A}\rightarrow\underset{\sim}{B})\vee(\neg\underset{\sim}{A}\rightarrow\underset{\sim}{C}),$$

其中$\underset{\sim}{A}$是论域 X 的模糊子集，$\underset{\sim}{B}$，$\underset{\sim}{C}$是论域 Y 的模糊子集，如图 2-46 所示. 图中阴影区表示$(\underset{\sim}{A}\rightarrow\underset{\sim}{B})\vee(\neg\underset{\sim}{A}\rightarrow\underset{\sim}{C})$.

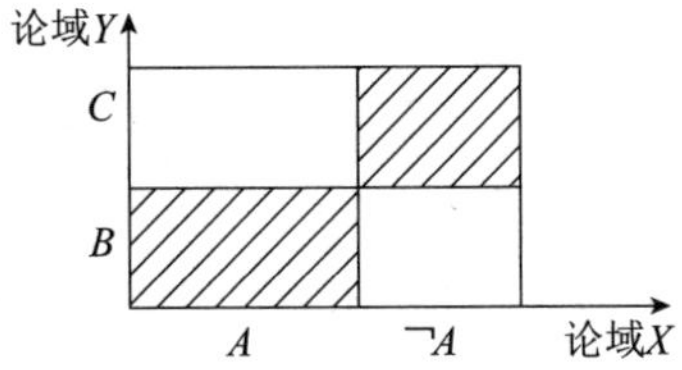

图 2-46　$A\rightarrow B$，$\neg A\rightarrow C$

这个模糊条件语言可以决定一个模糊关系$\underset{\sim}{R}$，它是 $X\times Y$ 的子集. $\underset{\sim}{R}$可表为：

$$\underset{\sim}{R}=(\underset{\sim}{A}\times\underset{\sim}{B})\cup(\neg\underset{\sim}{A}\times\underset{\sim}{C}).$$

设其相应的隶属函数为 $\mu_{\underset{\sim}{R}}(x,y)$，则

$$\mu_{\underset{\sim}{R}}(x,y)\triangleq(\mu_{\underset{\sim}{A}}(x)\wedge\mu_{\underset{\sim}{B}}(y))\vee((1-\mu_{\underset{\sim}{A}}(x))\wedge\mu_{\underset{\sim}{C}}(y)).$$

例 2-50　“若 x 轻则 y 重，否则 y 不很重”，已知 x 很轻，问 y 如何？其中，设

$$X=Y=\{1,2,3,4,5\},$$

$$\underset{\sim}{A}=[\text{轻}]=\frac{1}{1}+\frac{0.8}{2}+\frac{0.6}{3}+\frac{0.4}{4}+\frac{0.2}{5},$$

$$\underset{\sim}{B}=[\text{重}]=\frac{0.2}{1}+\frac{0.4}{2}+\frac{0.6}{3}+\frac{0.8}{4}+\frac{1}{5},$$

则利用语气算子“很”和“非”运算得：

$$\underset{\sim}{C}=[\text{不很重}]=\neg[\text{很重}]=\neg[\text{重}]^2$$
$$=\frac{0.96}{1}+\frac{0.84}{2}+\frac{0.64}{3}+\frac{0.36}{4}+\frac{0}{5},$$

$$\underset{\sim}{A}^1=[\text{很轻}]=[\text{轻}]^2=\frac{1}{1}+\frac{0.64}{2}+\frac{0.36}{3}+\frac{0.16}{4}+\frac{0.04}{5},$$

利用前述 $\mu_{\underset{\sim}{R}}(x,y)$的表达式可算得：

$$\begin{aligned}\underset{\sim}{A}\times\underset{\sim}{B}=&\frac{0.2}{(1,1)}+\frac{0.4}{(1,2)}+\frac{0.6}{(1,3)}+\frac{0.8}{(1,4)}+\frac{1}{(1,5)}+\\&\frac{0.2}{(2,1)}+\frac{0.4}{(2,2)}+\frac{0.6}{(2,3)}+\frac{0.8}{(2,4)}+\frac{0.8}{(2,5)}+\\&\frac{0.2}{(3,1)}+\frac{0.4}{(3,2)}+\frac{0.6}{(3,3)}+\frac{0.6}{(3,4)}+\frac{0.6}{(3,5)}+\\&\frac{0.2}{(4,1)}+\frac{0.4}{(4,2)}+\frac{0.4}{(4,3)}+\frac{0.4}{(4,4)}+\frac{0.4}{(4,5)}+\\&\frac{0.2}{(5,1)}+\frac{0.2}{(5,2)}+\frac{0.2}{(5,3)}+\frac{0.2}{(5,4)}+\frac{0.2}{(5,5)},\end{aligned}$$

$$\neg \underset{\sim}{A}\times \underset{\sim}{C}=\frac{0.2}{(2,1)}+\frac{0.2}{(2,2)}+\frac{0.2}{(2,3)}+\frac{0.2}{(2,4)}+\frac{0.4}{(3,1)}+\frac{0.4}{(3,2)}+\frac{0.4}{(3,3)}+\frac{0.36}{(3,4)}+\frac{0.6}{(4,1)}+\frac{0.6}{(4,2)}+\frac{0.6}{(4,3)}+\frac{0.36}{(4,4)}+\frac{0.8}{(5,1)}+\frac{0.8}{(5,2)}+\frac{0.64}{(5,3)}+\frac{0.36}{(5,4)},$$

其中曾用到

$$\neg \underset{\sim}{A}=\frac{0}{1}+\frac{0.2}{2}+\frac{0.4}{3}+\frac{0.6}{4}+\frac{0.8}{5},$$

故由 $\mu_{\underset{\sim}{R}}(x,y)$的表达式可算得$(\underset{\sim}{A}\times \underset{\sim}{B})\cap(\neg \underset{\sim}{A}\times \underset{\sim}{C})$的隶属函数(表成矩阵$\underset{\sim}{\boldsymbol{R}}$)为

$$\underset{\sim}{\boldsymbol{R}}=\begin{pmatrix} 0.2 & 0.4 & 0.6 & 0.8 & 1 \\ 0.2 & 0.4 & 0.6 & 0.8 & 0.8 \\ 0.4 & 0.4 & 0.6 & 0.6 & 0.6 \\ 0.6 & 0.6 & 0.6 & 0.4 & 0.4 \\ 0.8 & 0.8 & 0.64 & 0.36 & 0.2 \end{pmatrix}.$$

这就是“若 x 轻则 y 重,否则 y 不很重”.

进而若“已知 x 很轻”问 y 如何? 即要把$\underset{\sim}{R}$作为模糊变换器,“x 很轻”作为输入,y 作为输出,为

$$\underset{\sim}{\boldsymbol{A}}'\circ\underset{\sim}{\boldsymbol{R}}=(1,0.64,0.36,0.16,0.04)\circ\begin{pmatrix} 0.2 & 0.4 & 0.6 & 0.8 & 1 \\ 0.2 & 0.4 & 0.6 & 0.8 & 0.8 \\ 0.4 & 0.4 & 0.6 & 0.6 & 0.6 \\ 0.6 & 0.6 & 0.6 & 0.4 & 0.4 \\ 0.8 & 0.8 & 0.64 & 0.36 & 0.2 \end{pmatrix}$$

$$=(0.36,0.4,0.6,0.8,1),$$

故 $y=\frac{0.36}{1}+\frac{0.40}{2}+\frac{0.60}{3}+\frac{0.80}{4}+\frac{1}{5}$.

用模糊语言来说,就是“y 近似于重”.

条件语句在模糊控制中得到了广泛的应用,实际上模糊控制规则都是些模糊条件语句.

以上只涉及了模糊推理方法的一个侧面,可以说这个领域未解决的问题多数还处于研究阶段.虽然不能期望现存语言都逻辑化,但对于能够掌握处理自然语言中很小一部分的逻辑(模糊逻辑)来说,其作用就很大了.

三、模糊逻辑函数与开关网络

对任意模糊变量 $x\in[0,1]$,$y\in[0,1]$施行某种逻辑运算所得的结果,称为模糊逻辑函数,记为

$$f(x,y)=x\wedge y,\varphi(x,y)=x\vee y.$$

模糊变量之间的基本运算,根据模糊集合间运算的定义,作为二值逻辑运算的扩展,可

定义如下：

(1) 逻辑并(析取)$x \vee y = \max(x, y)$；

(2) 逻辑交(合取) $x \wedge y = \min(x, y)$；

(3) 逻辑补(否定) $\bar{x} = 1 - x$.

这里，模糊变量 $x, y \in [0, 1]$.

对应于模糊逻辑函数 $x \wedge y$ 的串联网络如图 2-47(a)所示，E 表输入，S 表输出，构成通路(x, y)；对应于模糊逻辑函数 $x \vee y$ 的并联网络如图 2-47(b)所示.

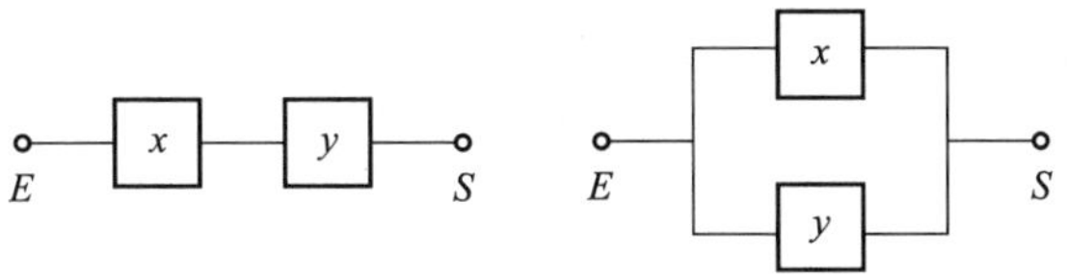

(a)　　(b)

图 2-47　模糊逻辑函数的串联与并联网络

对应于模糊逻辑函数

$$g(x, y, z) = (x \wedge y \wedge z) \vee (\bar{z}),$$

$$h(r, y, z) = [x \wedge [(y \wedge z) \vee (x \wedge \bar{z})]] \vee \bar{z}$$

的开关网络分别如图 2-48(a)、(b)所示

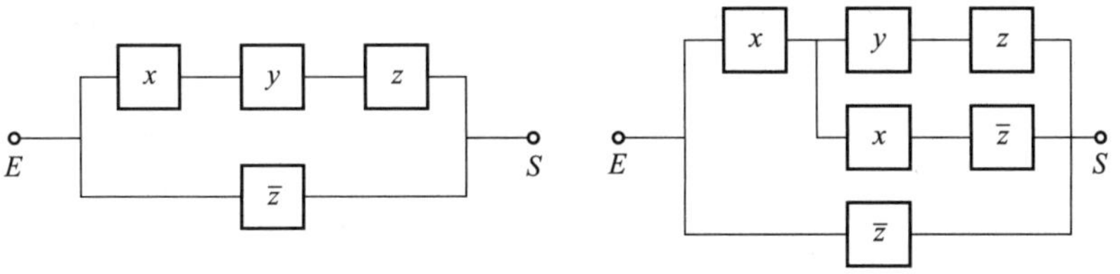

(a)　　(b)

通路(x, y, z)，$(\bar{z})$　　通路(x, y, z)，$(x, x, \bar{z})$，$(\bar{z})$

图 2-48　模糊逻辑函数的开关网络

第三节　模糊算法语言与 FSTDS

为了使电子计算机更好地模拟人脑的思维活动，人们设想在现有形式化的算法语言中加入适当的自然语言，以便计算机能够处理一些模糊概念，这种计算机语言叫作模糊算法语言.

目前已经配制成功的模糊算法语言是 fuzzy set theory data system，简称 FSTDS，直译为模糊集理论数据系统，它已在 FACOM230-45S 型电子计算机上配制，嵌入 FORTRAN 即可以和 FORTRAN 语言合用，也可以嵌入 Algol，只是在连接设备略有不同罢了.

让计算机理解并处理模糊概念，首先必须选定适当的论域，一般可选实数域及其子集，并在论域上对“大”“小”“长”“短”“轻”“重”等基本词进行定义，即给出其可能性分布，也就是论域上的一个模糊集，然后以语气算子、模糊化算子、判定化算子扩大而得到“很大”“非常大”“偏大”“不很大”等，再然后加联结词“∨”“∧”“¬”得到“不大也不小”“不轻也不重”“偏大或较大”等.

例如,给定论域

$$U=\{1,2,3,\cdots,9,10\},$$

定义
$$[大]=\frac{0.2}{4}+\frac{0.4}{5}+\frac{0.6}{6}+\frac{0.8}{7}+\frac{1}{8}+\frac{1}{9}+\frac{1}{10},$$

$$[小]=\frac{1}{1}+\frac{0.8}{2}+\frac{0.6}{3}+\frac{0.4}{4}+\frac{0.2}{5},$$

则可得

$$\begin{aligned}[不大也不小]&=[\neg[大]]\wedge[\neg[小]]\\&=\frac{0.2}{2}+\frac{0.4}{3}+\frac{0.6}{4}+\frac{0.6}{5}+\frac{0.4}{6}+\frac{0.2}{7},\end{aligned}$$

$$[偏大]=\frac{1}{6}+\frac{1}{7}+\frac{1}{8}+\frac{1}{9}+\frac{1}{10}.$$

我们把以上这些概念写入计算机程序,可以得到模糊赋值语句

$$\underset{\sim}{x}:=\underset{\sim}{x}+[一点点],$$

$$\underset{\sim}{x}:=[略大于1]*\underset{\sim}{x}+[不大也不小],$$

$$\underset{\sim}{x}:=(\underset{\sim}{c}+\sin \underset{\sim}{x})*[大约等于3],$$

等等,而使计算机能够执行模糊指令.

另外也可将上节中所述之模糊条件语言写入程序:

若$\underset{\sim}{x}$则$\underset{\sim}{y}$,否则$\underset{\sim}{z}$,

甚至还可以写出更复杂的多重条件语句,这在模糊控制论中很有用,例如:

若$\underset{\sim}{A}_1$则$\underset{\sim}{B}_1$,

否则若$\underset{\sim}{A}_2$则$\underset{\sim}{B}_2$,

否则若$\underset{\sim}{A}_3$则$\underset{\sim}{B}_3$,

等等.此外还有开关语句、操作语句等,在此就不一一叙述了.还应指出的是,利用模糊算法语言的计算结果有时是模糊的,需要时可利用 λ 截集把模糊的答案转为确切的.

以下简介 FSTDS.

FSTDS 包括 52 种运算符,它大致可分成如下八类:

(1) 构成集合的运算符.它包括“SET”和“FSET”两个,前者构成普通集合,后者构成模糊集合,例如:

SET(a,b,c)表示集合$\{a,b,c\}$.

FSET$\left(\frac{0.1}{a},\frac{0.3}{b},\frac{0.8}{c}\right)$表示模糊集

$$\underset{\sim}{A}=\frac{0.1}{a}+\frac{0.3}{b}+\frac{0.8}{c}.$$

(2) 分配运算符.它是给模糊集赋予名称的算符.包括“:=”赋值号,也可从写成“ASSING”,前者仅应用于语言最外层,后者用于语句的内外层皆可.

(3) 同类型的模糊集上的运算符.它共包括 7 个算符,在运算时,参加运算的对象至少两个,且类型相同.这 7 个算符是:

UNION(并)　　INTERSECTION(交)
PROD(积)　　ASUM(代数和)
ADIF(绝对值差)　　BSUM(有界和)
BDIF(有界差)

并、交、积分别对应最大、最小运算和隶属函数相乘. 另外,若将以上 7 种算符加以词尾"A"如 UNION→UNION＋A→UNIONA,则得另外 7 个算符,表示对模糊集的运算,运算对象是一个.

(4) 在模糊关系上的运算符. 它共包括 8 个,如 COMPOSE(合成)、CONVERSE(逆关系)、IMAGE(映象)、DOMAIN(定义域)等,利用这些关系运算符可以较方便地对模糊关系进行相应的处理.

(5) 关系运算符. 它共有 5 个,如 EQ(相等)、SUBSET(子集)、ELEMENT(元素),可以决定两个运算对象之间的关系如何.

(6) 另一些运算符,共 13 个. 例如,CUT 为取λ截集,EXP 为取幂运算,# 为元素个数,DLT 为删除运算符等,利用以上算符可使 FSTDS 功能扩充.

(7) 输出算符. 共 5 个,即 PRINT 为标准输出,PRINTB 为布尔型输出,PRINTS 以普通集形式输出,PRINTN 为集合输出,PRINTC 表示反输出括号内字码符号.

(8) 调整控制格式的算符. 除 END(结束)外,还有 3 个:

DUMP 的作用是清除它的运算对象所作用的存储区域.

SNAP 是输出那些正在形成的模糊集,输出形式为 PRINT 型.

PARA 算符给出了 FSTDS 中的各种有用的信息,如利用它动态清除程序中所产生的错误,或对被清除的区域选择做详细的说明等.

总之 FSTDS 中,除去一些格式算符和输出算符外,其余都相当于 FORTRAN 中的一个子程序,或 Algol 中的过程. 目前在我国的计算机上尚未配此语言,但是若在 FORTRAN 或 Algol 的基础上,编出一些相应的子程序或标准过程,其功能和 FSTDS 是一样的.

最后举一个 FSTDS 的程序实例.

设论域 $U=\{a,b,c\}$,U 上的模糊集:

$$\underset{\sim}{X}=\frac{1}{a}+\frac{0.9}{b}+\frac{0.3}{c},$$

$$\underset{\sim}{Y}=\frac{0.1}{a}+\frac{0.7}{b}+\frac{0.9}{c},$$

模糊关系$\underset{\sim}{R}$为 $U\times U$ 的子集

$$\underset{\sim}{\boldsymbol{R}}=\begin{pmatrix}1 & 0.8 & 0\\ 0.7 & 1 & 0.2\\ 0 & 0.5 & 1\end{pmatrix},$$

试验证: $(\underset{\sim}{X}\cup\underset{\sim}{Y})\circ\underset{\sim}{R}=(\underset{\sim}{X}\circ\underset{\sim}{R})\cup(\underset{\sim}{Y}\circ\underset{\sim}{R})$.

用 FSTDS 编写程序如下:

10. X:=FSET(1/a,0.9/b,0.3/c)
20. Y:=FSET(0.1/a,0.7/b,0.9/c)
30. R:=FSET(1/[a,a],0.8/[a,b],0.7/[b,a],1/[b,b],0.2/[b,c],0.5/[c,b],1/[c,c])
40. PRINT(ASSIGN(Z,UNION(X,Y)))
50. PRINT(IMAGE(R,Z))
60. V:=IMAGE(R,X)
70. W:=IMAGE(R,Y)
80. PRINT(UNION(V,W))
90. END

在这个程序中,相应于4、5、8行三个输出语句的输出结果为:

FSET(1/a,0.9/b,0.9/c),相应于$\underset{\sim}{X}\cup\underset{\sim}{Y}$;

FSET(1/a,0.9/b,0.2/c),相应于$(\underset{\sim}{X}\cup\underset{\sim}{Y})\circ\underset{\sim}{R}$;

FSET(1/a,0.9/b,0.9/c),相应于$(\underset{\sim}{X}\circ\underset{\sim}{R})\cup(\underset{\sim}{Y}\circ\underset{\sim}{R})$.

可知原题得到验证.

又例如将图2-49所示的模糊有向图存入计算机内,用FSTDS编制的程序如下:

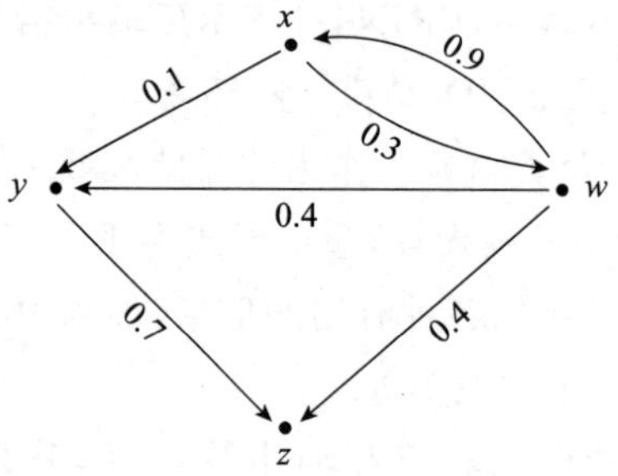

图2-49 模糊有向图

V:=SET(x,y,z,w)
A:=FSET(0.1/(x,y),0.7/(y,z),0.4/(w,z),0.4/(w,y),0.3/(x,w),0.9/(w,x))
G:=FSET(V,A)

第四节 布尔代数与德·摩根代数

最早的数字电子计算机是由很多电子线路和机械设备组成的,这些电子线路又由若干最基本的逻辑电路所组成.为了描述这些逻辑电路和它们组成的开关线路,以及选取最佳设计方案,要用到一种数学工具,这就是布尔代数,也称开关代数,它是一种重要的代数系统.

布尔代数创始于英国人布尔(1815—1864).布尔代数是一种离散(discrete)数学,当时曾受到很不公正的讽刺和打击.但是,布尔代数却是一种最适用于描述二元不连续性的数学理论和方法,它揭示了数学的发展必然要从连续性走向离散性.20世纪初德国人普朗克

(1858—1947)提出能量量子的假设，说明能量分布的不连续性. 1900 年孟德尔的遗传理论打破了生物学中物种连续进化的观点. 法国人汤普森指出:"不连续性的原理是我们所有学科种类中固有的，不管是数学的、物理学的还是生物学的."这些引起了数学界很大的震动. 过了一个世纪，布尔代数作为不连续的方法，在生物学、心理学、生态学、组织胚胎学，特别是在电子计算技术方面获得了广泛的应用.

布尔代数中变量的取值范围是最简单的，即 1 和 0，1 和 0 正反映了开关线路中的接通和断开、电压的高和低、晶体管的通导和截止、信息的有和无两种稳定的物理状态，它的逻辑基础就是二值逻辑.

普通集对或($\cup$)、与($\cap$)、非($\neg$)运算构成布尔代数，它满足幂等律、结合律、交换律、分配律、吸收律、复原律、常数运算法则和互补律.

模糊集合论对应于模糊逻辑，表现为一种新的重要的代数系统——德・摩根代数.

如果将$\cup$改为$\vee$，$\cap$改为$\wedge$，E 记作 1，$\varnothing$记作 0，对普通集上的互补律

$$A\cup\overline{A}=E, A\cap\overline{A}=\varnothing$$

改为对任意 $0\leqslant x\leqslant 1$ 定义

$$x\vee\overline{x}=\max\{x,1-x\},$$
$$x\wedge\overline{x}=\min\{x,1-x\},$$

于是布尔代数就推广为德・摩根代数，或简称软代数.

经典集合论的数学理论是建立在布尔代数的基础上，而模糊集合论的数学理论则建立在德・摩根代数的基础上.

德・摩根代数的定义是:

在集合 L 中，如果在定义了 $\vee$、$\wedge$ 及 C 三种运算之下，具有下列性质

(1) 幂等律:对 $\forall x\in L$，有

$$x\vee x=x, x\wedge x=x.$$

(2) 交换律:对 $\forall x,y\in L$，有

$$x\vee y=y\vee x, x\wedge y=y\wedge x.$$

(3) 结合律:对 $\forall x,y,z\in L$，有

$$(x\vee y)\vee z=x\vee(y\vee z),$$
$$(x\wedge y)\wedge z=x\wedge(y\wedge z).$$

(4) 吸收律:对 $\forall x,y\in L$，有

$$(x\vee y)\wedge y=y, (x\wedge y)\vee y=y,$$
$$x\vee(x\wedge y)=x, x\wedge(x\vee y)=x.$$

(5) 分配律;对 $\forall x,y,z\in L$，有

$$(x\vee y)\wedge z=(x\wedge z)\vee(y\wedge z),$$
$$(x\wedge y)\vee z=(x\vee z)\wedge(y\vee z).$$

(6) 在 L 中存在两个元素 1 与 0，对 $\forall x\in L$，有

$$x\vee 1=1, x\wedge 1=x,$$
$$x\vee 0=x, x\wedge 0=0,$$

1、0 分别称为最大、最小元.

(7) 复原律:对 $\forall x \in L$,有

$$(x^C)^C = x \text{ 或} (\bar{\bar{x}}) = x.$$

则称满足上述七条性质的代数系$(L、\vee、\wedge、C)$为一个德·摩根代数.

这里还要指出:满足第(1)～(4)条性质的集合 L 称为一个格,记作 $L=(L,\vee,\wedge)$.

如果 L 还满足分配律,则称 L 为一个分配格.

若除以上七条外还满足互补律

$$x \vee x^C = 1, x \wedge x^C = 0,$$

则称$(L,\vee,\wedge,C)$是一个布尔代数.

这里既可以看出布尔代数与德·摩根代数的关系,也可以了解经典数学与模糊数学的关系.

例 2-51 $(\{0,1\},\vee,\wedge,C)$是一个布尔代数,此处

$$x \vee y = \max\{x, y\},$$

$$x \wedge y = \min\{x, y\},$$

$$x^C = 1 - x,$$

而$(\{0,1\},\vee,\wedge,C)$是一个德·摩根代数,但不是布尔代数,因为互补律不成立.例如

$$0.8 \vee (0.8)^C = 0.8 \vee 0.2 = 0.8 \neq 1,$$

$$0.8 \wedge (0.8)^C = 0.8 \wedge 0.2 = 0.2 \neq 0.$$

互补律意味着非此即彼性,而德·摩根代数抛弃了互补律,意味着亦此亦彼,显然后者涉及的范畴要广泛得多.模糊数学的问世,填补了数学领域的巨大空白,那些难以数学化、定量化的学科,其面目也将大为改观.模糊数学一旦应用于实践,将会结出丰硕的成果,我们将在下一章着重加以介绍.

第十章 模糊数学的应用

第一节 模糊数学与人工智能

人工智能是20世纪60年代以来伴随着计算机科学的发展而兴起的一门用机器模拟和放大人类思维智能的新型交叉学科. 由于模糊数学能够模拟人脑的思维方法,因此它在人工智能中得到了广泛的应用.

所谓在人工智能中应用模糊方法,就是指在程序中使用了模糊数学模型,以用模糊算法研究机器人为例,即在给机器人下达指示时我们应用了有序的模糊指令,而这些模糊指令是用能使机器人理解的自然语言描述的. 例如,1976年日本大阪大学田中研究室做了研究:给机器人一张不精确的城市地图,并给它下达一系列模糊指令引导它到达目的地,这个机器人在这些信息的指引下虽然有时会迷路、徘徊,但最后还是到达了目的地.

该系统所用的模糊指令主要有:

(1) 大约走 n 步,简记为 $G_A(n)$.

(2) 走到 x 地,简记为 $G_T(x)$.

(3) 大约走 n 步到 x,简记为 $G_{AT}(n,x)$.

(4) 转向右边,简记为 T_R.

(5) 转向左边,简记为 T_L.

还有一些辅助指令,如:

(6) 朝东、朝西、朝南、朝北.

(7) 从 x 出发.

(8) 停.

对于每个指令都给定一个隶属函数. 例如:"大约走 n 步"的隶属函数为:

$$\mu(x)=\frac{1}{\left(\frac{x-n}{a}\right)^2+1},$$

其中 a 为一常数

图2-50为机器人实验场所的地图,机器人前进方向如箭头所示,它通过接口受计算机控制,例如它接到如下指令:

走大约20步到小饭店,

用符号表示即为:

$$G_{AT}(20,\text{小饭店}),$$

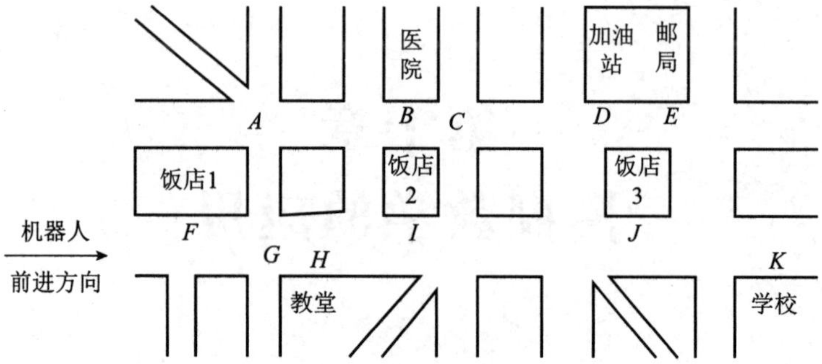

图 2-50 机器人实验场所

且可分解为：$G_A(20)\cap G_T$(小饭店).

现设图中各目标所占面积如下表：

代号	目标名称	面积/m^2
A	十字路口 1	—
B	医院	2520
C	十字路口 3	—
D	加油站	1800
E	邮局	2280
F	饭店 1	1560
G	十字路口 2	—
H	教堂	2760
I	饭店 2	1080
J	饭店 3	2040
K	学校	2520

根据各目标的面积并结合该机器人预先对“小”的理解(实际上预先在机器人中存储了一个“小”的隶属函数)，于是得到：

$$\mu_{小}(B)=0.2,\mu_{小}(D)=0.5,$$
$$\mu_{小}(E)=0.3,\mu_{小}(F)=0.6,$$
$$\mu_{小}(H)=0.1,\mu_{小}(I)=0.8,$$
$$\mu_{小}(J)=0.4,\mu_{小}(K)=0.2.$$

同时机器人又考虑到“小饭店”是“小”和“饭店”两模糊集之交. 若模糊指令中，“大约 20 步”这个距离的隶属函数如图 2-51 所示，则指令 G_{AT}(20，小饭店)所对应的模糊集为 G_{AT}(20，小饭店)$=G_A(20)\cap G_T$(饭店)$\cap G_B$(小)，即

$$G_{AT}=\frac{0.3}{F}+\frac{0.7}{I}+\frac{0.4}{J},$$

于是机器人就了解到 I 的隶属度最大，即应走到 I(即饭店 2).

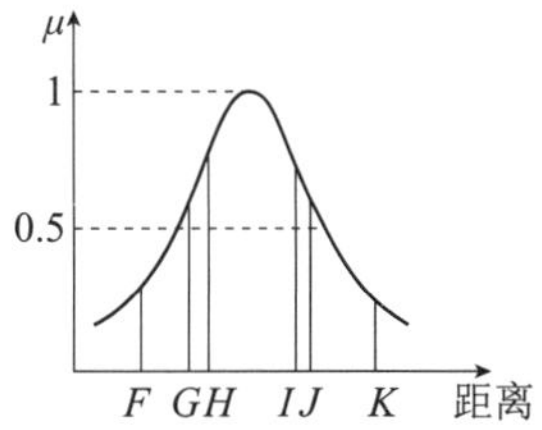

图 2-51　"大约 20 步"的隶属函数

另外，在解释一个模糊指令时，要预先给定一个阈值 M，当某机器指令的隶属度小于 M 时，就不能选此机器指令作为该模糊指令的解释. 这实质上就是起某种控制作用. 例如，有人曾做了一个让机器人选拐杖的实验，对机器人发出模糊指令：

选用一根 50 cm 左右的手杖，

设该模糊集中有三根手杖，长度分别为 42 cm、55 cm、68 cm 且它们对模糊集"50 cm 左右"的隶属度分别为 0.76、0.85、0.46，取阈值 $M=0.5$，因为

$$\mu(55)>\mu(42)>0.5,$$

$$\mu(68)<0.5,$$

所以机器人首先选用 55 cm 的拐杖，如该指令因某种原因无法实行(如被人预先取走)，则机器人会重选 42 cm 的拐杖. 如再无法实行，由于 68 cm 拐杖在阈值下，不符合要求，则机器人就不再选了，声明"此指令无法执行".

此外，国外还有人研究机器人生产巧克力糖和机器人做饭，都使用了一些模糊指令. 一个模糊算法构成的模糊程序，就是这样依次对模糊指令进行解释和执行. 当某一条模糊指令的解释无法执行时，进行重选，若经过多次重选后仍无法执行，则此模糊程序无法执行. 下面两个框图(图 2-52、图 2-53)分别反映了模糊程序的解释和重选.

注：N 表示模糊指令指示点，RI 表示重选指令指示点.

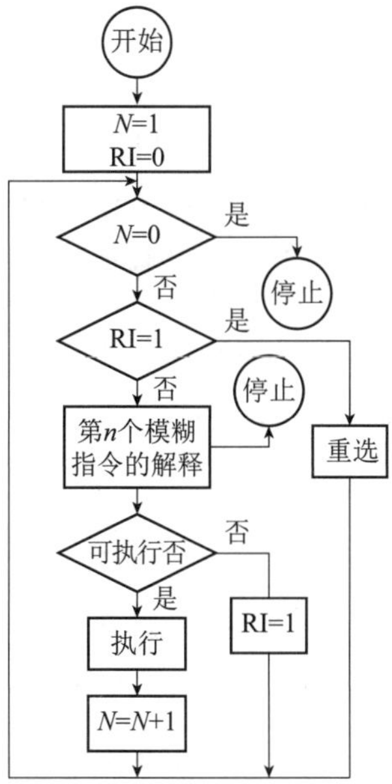

图 2-52　模糊程序的解释与重选

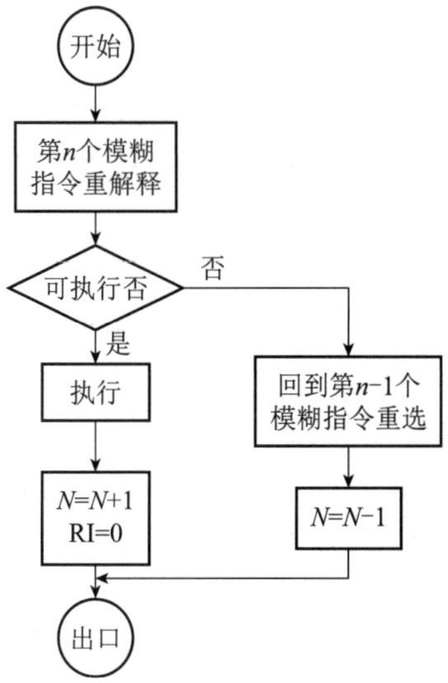

图 2-53　第 n 个模糊指令的重解释

以上框图体现了机器的思维，或者说是一种认识模拟. 它既是人脑思维的模拟，也是根据机器人硬件的性质设计出来的. 科学给予机器人以“智能”，模糊数学在其中起到了一定的作用.

第二节　模糊数学与医学

一、医疗诊断的模糊性

人体是一个复杂的有机联系的“机组”，若其中某部门发生“故障”，随即引起“失调”，同时也激起自身某种功能的自动调节，如人体的特异性、非特异性免疫功能. 失调在人体内引起复杂的变化，从而表现为各种症状，医生要从症状入手，通过观察、检查、探讨病源，做出恰如其分的诊断.

但是诊断是个复杂的过程，无论是病人的口述、医生的检查，还是病理分析、病源探讨以及诊断的确定，都有不同程度的模糊性，都与医生的主观认识有关，认识也带有模糊性，因而有存在误诊可能，甚至出现医疗事故，这关系到人民的疾苦，绝非小事. 医生和医院组织必须千方百计探求科学的途径与方法，尽可能使诊断立于不败之地. 目前对这类方法的探究已初现端倪.

马克思说，一种科学只有在成功地运用数学时才算达到了真正完善的地步. 由于医学中的模糊概念、模糊推理都比较多，模糊数学应用于医学的前景必然是光明的.

过去医学界深感经典数学和二值逻辑不能正确反映医学现实，创造出不少医疗术语，这些实际上是朴素的模糊数学概念.

例如，对某种疾病给出程度上的差别，规定了阴性(－)、弱阳性(＋)、双阳性(＋＋)、强阳性(＋＋＋)，这四级比有病无病两极分类要更为合理，再前进一步就可以用隶属函数来表示病情了.

又如对人的视力，规定 0.1，0.2，…，0.9，1，1.2，1.5 等十二级，也可以归一化放在[0,1]化成隶属度. 量病人体温，检验胆固醇、甘油三酯、白细胞等都可以用隶属度来刻画，甚至可以统一规定 0.5 为正常，大于 0.5 则偏高，小于 0.5 则偏低，可以不必强记各种不同的正常值，这样应用模糊数学必能为医学界所接受，医学数学化也就不是不可逾越的鸿沟了.

二、医疗诊断的数学模型

医疗诊断的过程，可用数学来描述，可以认为是从症状集(symptom set)

$$S=\{s_1,s_2,\cdots,s_n\}$$

到证型集(或诊断集 diagnosis set)

$$D=\{d_1,d_2,\cdots,d_m\}$$

的映射. 这种映射必须以医疗知识和医生的经验为基础，它实质上反映了医疗诊断的数学模型.

(一)概率模型

概率论是医学科研的工具之一，在以概率论作数学工具搞医学计量诊断或计算机诊断的同时，还要看到它有以下两方面的局限性. 其一，不同症状之间多有关联，很难满足概率论中常提出的事件独立性的要求;其二,统计频率的高低往往不能反映某个症状在诊断中所应占有的权重.例如,症状"完谷不化"对诊断"脾虚"很重要,但统计的频率却较低.而用模糊数学中的隶属函数来刻画就比较理想.若将模糊数学与概率论等传统数学结合起来,则可为医学提供更为理想的工具.

(二)数理逻辑诊断模型

设 s_1=寒战,s_2=发热,s_3=脾肿大,s_4=疟原虫,d_1=疟疾,d_2=回归热,d_3=黑热病,E=医学知识.应用数理逻辑符号得初诊:

$$s_1 \wedge s_2 \wedge s_3 \xrightarrow{E} d_1 \vee d_2 \vee d_3,$$

即可能患疟疾、回归热或黑热病.再复查疟原虫,得最后诊断:

$$s_1 \wedge s_2 \wedge s_3 \wedge s_4 \xrightarrow{E} d_1 \vee \bar{d}_2 \vee \bar{d}_3,$$

排除了回归热与黑热病而确诊为疟疾.

一般过程可表为

$$E \to (S \to D),$$

称为医学诊断的基本逻辑模型(basic logical model),也称数理逻辑诊断的基本方程.

(三)沙切斯模糊数学模型

人工智能领域的一个重要方面是专家咨询系统.所谓专家咨询系统就是让计算机模拟各行各业的专家,并根据提问者对专家提出的问题进行回答.

我们知道,让计算机进行工作必须首先编制程序,而编制程序前的首要问题就是构造数学模型.因为专家的经验很多是模糊概念,为此就需要构造模糊数学模型.事实上,模糊数学运用于医学,用机器进行医疗诊断在国内外已取得了显著成效.

在这方面,法国生物学家、数学家沙切斯(E. Sanchez)做了一系列的工作,他从专家经验和大量病例中总结出从 S 到 D 的模糊关系:

↗S	d_1	d_2	…	d_m
s_1	r_{11}	r_{12}	…	r_{1m}
s_2	r_{21}	r_{22}	…	r_{2m}
⋮	⋮	⋮		⋮
s_n	r_{n1}	r_{n2}	…	r_{nm}

其模糊矩阵为

$$\underset{\sim}{\boldsymbol{R}}=(r_{ij})_{n\times m}=\{r_{ij}(s,d)\mid(s,d)\in S\times D\},r_{ij}\in[0,1],$$

$\underset{\sim}{R}$为医学知识,亦可看作医疗诊断的专家系统,将$\underset{\sim}{R}$贮存在计算机内,如果某一病例的症状、体征、检验结果构成一模糊子集

$$\underset{\sim}{A}=(s_1,s_2,\cdots,s_n),s_i\in S,$$

则由$\underset{\sim}{A}$与$\underset{\sim}{R}$合成的关系矩阵

$$\underset{\sim}{\boldsymbol{A}}\circ\underset{\sim}{\boldsymbol{R}}=\underset{\sim}{\boldsymbol{B}}$$

就给出了该病人的诊断意见书,只要将$\underset{\sim}{A}$输入计算机,输出就是$\underset{\sim}{B}$.而$\underset{\sim}{R}$起转换器的作用,其示意图如下(图 2-54):

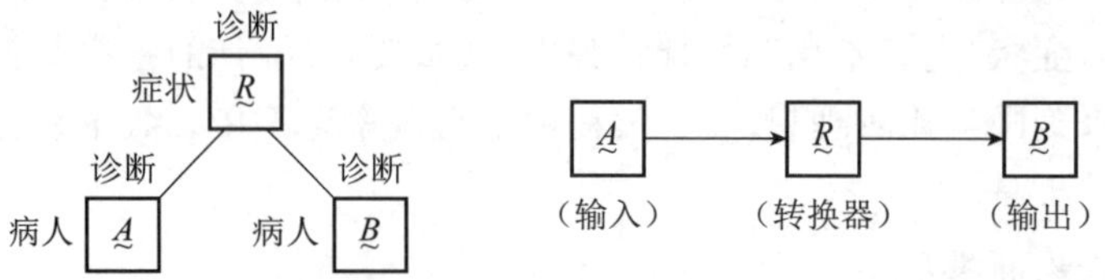

图 2-54 $\underset{\sim}{R}$起转换器的作用

$\underset{\sim}{A}\circ\underset{\sim}{R}=\underset{\sim}{B}$就是沙切斯诊断模型,它是可以借助模糊数学与计算机实现的.

(四)医疗诊断与模式识别

医生看病时要根据病人的症状、体征、脉搏、血象等判定病人患的是什么病,达到什么程度.各种病都有一定的模式,因此医生的诊断过程也是模式识别的过程.

医疗上常用的心电图就是模式识别的范例.根据心肌细胞的生物电现象,心脏正常情况下由窦房结发生兴奋,在每一心动周期内,心电图可形成三个以上的波,即 P、Q、R、S、T、U 波,以及 P-R 间期、QPS 间期、P-R 段和 ST 段等,然后做各波、段、间期分析.以 P 波为例,研究正常 P 波的形态、电压、时限、方向等,再研究正常 R 波,并结合成人与小孩定出 P-R 间期心率的最高限度,总结成表,这就是模式.根据这类模式来衡量病人的心电图,从而识别出心律失常、冠状动脉功能不全、心肌梗死、心包炎、心肌病变等病症.

对某种疑难病做病理分析,也可以用模式识别的理论做出判断.

设有 n 个症状 $s_1,s_2,\cdots,s_n$,某病人对各症状的隶属度分别为 $\mu_1,\mu_2,\cdots,\mu_n$,根据各症状对该疑难病的重要程度赋予不同的权数 $\alpha_1,\alpha_2,\cdots,\alpha_n(\alpha_i\in[0,1])$,再根据类似病例的统计资料确定阈值 M 和疑值 m,如果

$$\sum_{i=1}^{n}\alpha_i\mu_i\geqslant M,$$

则此病成立;如果

$$m\leqslant\sum_{i=1}^{n}\alpha_i\mu_i\leqslant M,$$

则此病可疑;如果

$$\sum_{i=1}^{n}\alpha_i\mu_i<m,$$

则此病可以排除.

这里 μ_i,α_i 以及 M,m 的取值没有要求归一化(即没有规定 $\sum_{i=1}^{n}\mu_i=1,\sum_{i=1}^{n}\alpha_i=1$);如果症状很多,致使 $\sum_{i=1}^{n}\alpha_i\mu_i>1$ 时,则必须要求归一化.

例 2-52 设对怀疑为肺结核(TB)的某门诊病人做病理分析:

症状	s_1 咳嗽	s_2 多痰	s_3 气喘	s_4 低烧	s_5 吐血
隶属度	$\mu_1=0.2$	$\mu_2=0.5$	$\mu_3=0.2$	$\mu_4=0.5$	$\mu_5=0.3$
权数	$\alpha_1=0.3$	$\alpha_2=0.4$	$\alpha_3=0.2$	$\alpha_4=0.5$	$\alpha_5=0.5$

表中第一栏是病人现症，第二栏隶属度是病人患各症的程度，第三栏权数是根据各症状对 TB 的影响程度确定的，再查阅类似病例的统计资料，知阈值 $M=0.75$，疑值 $m=0.45$，计算

$$\sum_{i=1}^{5}\alpha_i\mu_i = 0.06+0.20+0.04+0.25+0.15=0.70,$$

而

$$0.45<0.70<0.75,$$

因此判定该病人 TB 可疑.

这里只是根据病人的五种现症做出的初步分析，这项工作在门诊时即可完成，医生还可据此对病人做进一步检验和确诊.

显然统计资料中的阈值和疑值是模式的关键数字，必须在科学的、可靠的基础上才有实际价值. 药理分析也可以类似地找出数学模式，但权重可放宽到 $\alpha_i\in[-1,1]$，当 $\alpha_i<0$ 时，表示抵消某种药物的副作用. 中西医药中常用与病情无关的药物来抵消或稀释另一种药物的作用.

细胞核形状的识别是白细胞分类的关键之一，巴卡斯(J. W. Bacus)对核的圆形、长条、针状等形状利用隶属函数做了刻画.

设 $U_{圆}=\{(l,s)\mid l=核的周长, s=核面积\}$，

$$U_{圆}(l,s)=\frac{4\pi s}{l^2},$$

$$u_{长条}(a,b)=2\left(\frac{a}{a+b}-\frac{1}{2}\right),$$

$$u_{针状}(a,b)=[u_{长条}(a,b)]^2=4\left(\frac{a}{a+b}-\frac{1}{2}\right)^2,$$

a,b 为长条的长和宽.

(五)中医辨证的数学模型

辨证论治是中医诊断和治疗疾病的基本原则，也是中医基础理论的具体应用.

例 2-53　病人现症为自汗、恶寒、咳嗽、气喘，如果在八纲和脏腑分类中有如下模糊关系：

$\nearrow \underset{\sim}{R}$	自汗	恶寒	咳嗽	气喘
寒	0.3	0.3	0.3	0.7
热	0.3	0.3	0.3	0.3
虚	0.8	0.3	0.8	0.8
实	0.4	0.2	0.2	0

$\nearrow \underset{\sim}{R}$	肺	心
自汗	0.5	0.3
恶寒	0.3	0.3
咳嗽	0.8	0.2
气喘	0.6	0.3

对应的模糊矩阵分别为

$$\underset{\sim}{\boldsymbol{A}}=\begin{pmatrix}0.3 & 0.3 & 0.3 & 0.7\\0.3 & 0.3 & 0.3 & 0.3\\0.8 & 0.3 & 0.8 & 0.8\\0.4 & 0.2 & 0.2 & 0\end{pmatrix},\quad \underset{\sim}{\boldsymbol{B}}=\begin{pmatrix}0.5 & 0.3\\0.3 & 0.3\\0.8 & 0.2\\0.6 & 0.3\end{pmatrix},$$

矩阵$\underset{\sim}{\boldsymbol{A}}$表示 X(八纲中的寒热虚实)对 Y(自汗、恶寒、咳嗽、气喘四症)的模糊关系,矩阵$\underset{\sim}{\boldsymbol{B}}$表示 Y(自汗、恶寒、咳嗽、气喘四症)对 Z(肺、心二证)的模糊关系,于是$\underset{\sim}{\boldsymbol{A}}$与$\underset{\sim}{\boldsymbol{B}}$的合成$\underset{\sim}{\boldsymbol{A}}\circ\underset{\sim}{\boldsymbol{B}}$就表示 X 对 Z 的模糊关系.

$$\underset{\sim}{\boldsymbol{A}}\circ\underset{\sim}{\boldsymbol{B}}=\begin{pmatrix}0.3 & 0.3 & 0.3 & 0.7\\0.3 & 0.3 & 0.3 & 0.3\\0.8 & 0.3 & 0.8 & 0.8\\0.4 & 0.2 & 0.2 & 0\end{pmatrix}\circ\begin{pmatrix}0.5 & 0.3\\0.3 & 0.3\\0.8 & 0.2\\0.6 & 0.3\end{pmatrix}=\begin{pmatrix}0.6 & 0.3\\0.3 & 0.3\\0.8 & 0.3\\0.4 & 0.3\end{pmatrix},$$

故得 X 与 Z 的模糊关系:

↗$\underset{\sim}{R}$	肺	心
寒	0.6	0.3
热	0.3	0.3
虚	0.8	0.3
实	0.4	0.3

可依隶属度的大小定出该证的主从关系:主证肺虚(0.8),从证肺寒(0.6),则据证立方时取补肺为主,温肺为辅,如八珍汤加若干平和的温肺药味如苏梗、半夏、生姜等.

(六)关幼波治疗肝病的模糊数学模型

肝炎是一种常见的传染病,它严重威胁人们的健康.关幼波是治疗肝病的专家,积累了很多宝贵的医疗经验,早在 1975 年有关部门就想利用电子计算机来模拟他的经验,但因找不到适当的数学模型而无法进行.1979 年郭荣江(北京中医医院)、马斌荣(首都医学院)等利用模糊数学中的模式识别的最大隶属原则构造模型,成功地编出了计算机诊断程序,并用于门诊实践,取得了很好的效果.此项科研项目曾荣获 1980 年北京市科技成果一等奖.现举例简述其原理如下:

设$\underset{\sim}{A}$表示脾虚型迁延性肝炎病,根据关幼波的经验,$\underset{\sim}{A}$有一个表现症状名称的集合$\underset{\sim}{J}$:

$$\underset{\sim}{J}\triangleq\frac{0.3}{\text{GTP 异常}}+\frac{0.2}{\text{3T 高}}+\frac{0.2}{\text{纳呆或纳差}}+\frac{0.5}{\text{脘腹胀}}+\frac{0.4}{\text{肠鸣}}+\frac{0.4}{\text{矢气多}}+$$
$$\frac{0.4}{\text{完谷不化}}+\frac{0.4}{\text{乏力}}+\frac{0.4}{\text{便溏或腹泻}}+\frac{0.1}{\text{怕冷}}+\frac{0.1}{\text{苔薄白或白}}+\frac{0.2}{\text{舌边有齿痕}}+$$
$$\frac{0.3}{\text{脉沉缓或沉滑}}+\frac{0.3}{\text{月经错后与色淡或淋漓不止}}+\frac{0.2}{\text{肝区累后疼}}+\frac{0.1}{\text{嗳气}},$$

计算各权数之和

$$p_{\underset{\sim}{A}}^{0}=0.3+0.2+0.2+0.5+0.4+0.4+0.4+0.4+0.4+0.1+0.1+0.2+0.3+0.3+0.2+0.1=4.5,$$

现设某病人的症状为

$\underset{\sim}{I}$={腹胀,乏力,肠鸣,怕冷,纳差,GTP 异常,3T 高,口干,喜热饮,苔薄黄,脉沉缓},

$\underset{\sim}{I}-\underset{\sim}{J}$={腹胀,口干,喜热饮,苔薄黄},

因腹胀与脘腹胀近似,故可按脘腹胀赋值 0.5,其余三项应赋值 0,再计算$\underset{\sim}{I}$的各权数之和

$$p_{\underset{\sim}{A}}=0.5+0.4+0.4+0.1+0.2+0.3+0.2+0+0+0+0.3=2.4,$$

于是可得符合关幼波诊断肝病的模糊数学模型为

$$\mu_{\underset{\sim}{A}}(x)=\frac{p_{\underset{\sim}{A}}}{p_{\underset{\sim}{A}}^{0}}=\frac{2.4}{4.5}=0.533,$$

即该病人对脾虚型迁延性肝炎病的隶属度为 0.533.

第三节　模糊数学与气象科学

气象科学的许多概念如晴阴、冷暖、旱涝、强弱等都是模糊概念，要准确地做好预报工作，必须对复杂多变的气象给出比较理想或满意的数学模型，因此应用模糊数学的方法来处理气象资料、进行气象预报及天气形势分型等，显然是合理的. 实际上，我国气象学界就较早较快地运用了模糊数学，并已取得了一些初步成果.

利用模糊数学进行气象预报的方法很多，现还未形成一套成熟的理论，有待进一步完善，其大体思想是：先选择与预报对象相关性较好的预报因子，再以历史资料作为样本，建立预报因子与预报对象之间的模糊关系，按一定的原则（如隶属原则、贴近度、模糊度、阈值等）进行优选，对预报对象做出模糊综合判断. 下面举一个应用模糊综合评判分析农业气候条件的实例.

要对一个地区的农业气候条件的优劣进行评判，往往涉及较多的因素，而作物生长好坏对各因素的要求又有所不同，也就是对各因素分别有不同权的分配.

我们知道，若已知权分配$\underset{\sim}{A}$及单因素评判矩阵$\underset{\sim}{\boldsymbol{R}}$，则综合评判的结果为

$$\underset{\sim}{B}=\underset{\sim}{A}\circ\underset{\sim}{\boldsymbol{R}},$$

上式中$\underset{\sim}{B}$为评价集上的模糊子集.

以下用这一方法对南宁、广州、景洪、海口、万宁、龙州这六个地区的气候是否适宜于种植橡胶进行评定.

取评价结果集为

$$V=\{很适宜,较适宜,适宜,不适宜\},$$

由种植经验知道，橡胶的生长是否适宜取决于如下几个因素：

年平均气温：$\overline{T}$，

年极端最低气温：T_n，

年平均风速：F，

且认为 T_n 最重要，$\overline{T}$ 次之，F 更次之，它们的权数分配为

$$\underset{\sim}{A}=\{0.19,0.80,0.01\},$$

根据种植橡胶的经验，认为 $\overline{T}\geqslant 23$ ℃，$T_n\geqslant 8$ ℃，$F\leqslant 1$ m/s 为植胶最适宜的气候条件，于是通过上述六地区 1960—1978 年的实践总结，选定在 $\overline{T}$、T_n、F 条件下适宜于植胶的隶属函数为：

$$\mu(\overline{T})=\begin{cases}1, & \overline{T}\geqslant 23\ ℃,\\ \dfrac{1}{1+\alpha_{\overline{T}}(\overline{T}-23)^2}, & 0\ ℃\leqslant\overline{T}<23\ ℃,\end{cases}$$

其中 $\alpha_T=0.0625$.

$$\mu(T_n)=\begin{cases}1, & T_n\geqslant 8\ ℃,\\ \dfrac{1}{1+\alpha_{T_n}(8-T_n)^2}, & -4\ ℃\leqslant T_n<8\ ℃,\\ 0 & T_n<-4\ ℃,\end{cases}$$

其中 $\alpha_{T_n}=0.0833$.

$$\mu(F)=\begin{cases}1, & F\leqslant 1\ \mathrm{m/s},\\ \dfrac{1}{1+\alpha_F(F-1)^2}, & F>1\ \mathrm{m/s},\end{cases}$$

其中 $a_F=0.8182$.

上式中 $\alpha_{\overline{T}}$,α_{T_n} 及 α_F 称为经验参数.

根据以上公式,可以计算出六地区的各年平均气温、年最低气温、年平均风速的隶属函数的具体数据.例如对于南宁计算如下:

年　份 (年)	年平均气温 $\overline{T}$ $\alpha_{\overline{T}}$	年最低气温 T_n α_{T_n}	年平均风速 F α_F
1960	0.89	0.67	0.55
1961	0.91	0.67	0.55
1962	0.85	0.75	0.50
1963	0.93	0.62	0.50
1964	0.89	0.68	0.55
1965	0.92	0.71	0.71
1966	0.94	0.69	0.66
1967	0.80	0.57	0.60
1968	0.88	0.65	0.71
1969	0.85	0.67	0.66
1970	0.85	0.72	0.83
1971	0.80	0.62	0.60
1972	0.91	0.64	0.60
1973	0.93	0.59	0.71
1974	0.65	0.58	0.71
1975	0.91	0.61	0.66
1976	0.81	0.71	0.66
1977	0.88	0.61	0.78
1978	0.92	0.70	0.83

用同样方法,还可算出其余五个地区的隶属函数,因限于篇幅故略去.

我们根据隶属度的大小,规定:

$\mu\geqslant 0.90$ 为"很适宜",

$0.90>\mu\geqslant 0.80$ 为"较适宜",

$$0.80>\mu\geqslant 0.70 \text{ 为“适宜”},$$

$$\mu<0.70 \text{ 为“不适宜”},$$

从单因子评判入手，先考虑“年平均气温”，以南宁为例，“很适宜”的年份为 8 年，“较适宜”的年份为 10 年，“适宜”的年份为 0 年，不适宜的年份为 1 年（1974 年为特殊情况），总年数为 19 年，用 19 除以上数据分别得（选用原数据）：

$$42\%,58\%,0\%,0\%,$$

由此得单因素综合评判矩阵 $\underset{\sim}{\boldsymbol{R}}$ 的第一行为

$$(0.42,0.58,0,0).$$

再对“年最低气温”和“年平均风速”计算，则可得：

$$\underset{\sim}{\boldsymbol{R}}_{\text{南宁}}=\begin{pmatrix}0.42 & 0.58 & 0 & 0\\ 0 & 0 & 0.26 & 0.74\\ 0 & 0.11 & 0.26 & 0.63\end{pmatrix}\begin{matrix}\overline{T}\\ T_n,\\ F\end{matrix}$$

很适宜 较适宜 适宜 不适宜

同理可计算：

$$\underset{\sim}{\boldsymbol{R}}_{\text{万宁}}=\begin{pmatrix}1 & 0 & 0 & 0\\ 0.95 & 0.95 & 0 & 0\\ 0 & 0 & 0 & 0\end{pmatrix},$$

其余四地区的$\underset{\sim}{\boldsymbol{R}}$矩阵略去不写.

于是不难求得对南宁地区综合评判的结果为：

$$\underset{\sim}{\boldsymbol{B}}=\underset{\sim}{\boldsymbol{A}}\circ\underset{\sim}{\boldsymbol{R}}_{\text{南宁}}=(0.19,0.80,0.01)\circ\begin{pmatrix}0.42 & 0.58 & 0 & 0\\ 0 & 0 & 0.26 & 0.74\\ 0 & 0.11 & 0.26 & 0.63\end{pmatrix}$$

$$=(0.19,0.19,0.26,0.74)$$

做归一化处理，因

$$0.19+0.19+0.26+0.74=1.38,$$

用 1.38 除各项得

$$\underset{\sim}{\boldsymbol{B}}_{\text{南宁}}=(0.14,0.14,0.19,\underline{0.53}).$$

同理可算得

$$\underset{\sim}{\boldsymbol{B}}_{\text{万宁}}=(\underline{0.08},0.05,0,0),$$

$$\underset{\sim}{\boldsymbol{B}}_{\text{景洪}}=(0.32,\underline{0.37},0.26,0.05),$$

$$\underset{\sim}{\boldsymbol{B}}_{\text{广州}}=(0.14,0.14,0.12,\underline{0.60}),$$

$$\underset{\sim}{\boldsymbol{B}}_{\text{龙州}}=(0.19,0.11,0.21,\underline{0.74}),$$

$$\underset{\sim}{\boldsymbol{B}}_{\text{海口}}=(\underline{0.63},0.21,0.16,0.01),$$

按最大隶属原则知，万宁种植橡胶最适宜，海口次之，景洪更次之，南宁、广州、龙州均不宜种植.

若改变对气象因子权的分配，认为年平均温度最重要，年极端最低温度次之，年平均风速不太重要，其权的分配为

$$\underset{\sim}{\boldsymbol{A}}=(0.80,0.19,0.01),$$
$$\quad \bar{T} \quad T_n \quad F$$

则重复运算$\underset{\sim}{\boldsymbol{B}}=\underset{\sim}{\boldsymbol{A}}\circ\underset{\sim}{\boldsymbol{R}}$可得

$$\underset{\sim}{\boldsymbol{B}}_{南宁}=(0.30,\underline{0.42},0.14,0.14),$$
$$\underset{\sim}{\boldsymbol{B}}_{万宁}=(\underline{0.08},0.05,0,0),$$
$$\underset{\sim}{\boldsymbol{B}}_{景洪}=(\underline{0.53},0.31,0.16,0),$$
$$\underset{\sim}{\boldsymbol{B}}_{广州}=(\underline{0.47},0.27,0.10,0.14),$$
$$\underset{\sim}{\boldsymbol{B}}_{龙州}=(\underline{0.62},0.09,0.15,0.14),$$
$$\underset{\sim}{\boldsymbol{B}}_{海口}=(\underline{0.08},0.19,0.01,0),$$

结果表明，万宁、海口最适宜种植橡胶，景洪、龙州、南宁最差.

比较上述两种权数分配方案，知前一种比后一种更符合实际：万宁是我国主要橡胶产区，基本无冻害；海口也是橡胶产区之一，但有轻微冻害；景洪是西双版纳产胶地区之一，但条件不如万宁好，有冻害；龙州虽有部分胶林，但冻害严重，对橡胶生产十分不利；而广州、南宁根本不能种植.

第四节　模糊数学与管理科学

我国历史上有所谓文景之治、贞观之治，是指这时期国家管理得较好，人民安居乐业. 司马光所著《资治通鉴》是宋神宗取的书名，认为此书是皇帝治理国家的一面镜子. 可见人类社会很早就存在管理问题，只是没有找到这方面的规律而已.

孙中山先生 28 岁写《上李鸿章书》，重点阐述“人尽其才，物尽其用，地尽其利，货畅其流”的道理，揭示了管理学的性质与研究对象，是我国管理学理论的先河.

管理科学是人类智慧的结晶，是一门综合工程、经济、系统论、控制论、信息论、社会学、心理学、生理学、数学、计算机等学科的交叉学科. 管理的范畴包括人、物、能源、信息和时间以及它们的复合，因此它具有高度的复杂性，无论哪一范畴都具有一定的模糊性. 这样，模糊数学就成为管理科学的有力助手和工具.

一、农业区划

新疆在处理玉米种植农业区划中利用最大树法，根据各主要农业气象因子平均值的比较和玉米生长条件，确定了种植区划的指导方案，符合经济规划中经验效益最大的要求，现介绍如下.

例 2-54　设论域 $X=\{1,2,3,4,5,6,7,8,9,10\}$，各数码表示各个地区，见表 2-5.

选取影响玉米生长的主要因子：

x_1：≥10 ℃积温（全年不小于 10 ℃的日平均温度的度数累加），

x_2：无霜期（天数），

x_3：6—8 月平均气温（℃），

x_4：5—9 月降水量（mm），

这些因子的实际观测值 x'_{ij} 如表 2-5.

表 2-5　影响玉米生长的主要因子的实际观测值 x'_{ij}

地　区	x_1	x_2	x_3	x_4
1(阿勒泰)	2704.7	149	21.3	83.1
2(塔城)	2886.2	146	20.9	119.0
3(伊宁)	3412.1	175	21.8	139.2
4(昌吉)	3400.2	169	23.3	98.0
5(奇台)	3096.4	157	22.3	105.0
6(阿克苏)	3798.2	207	22.6	42.4
7(库车)	4283.6	227	25.3	31.2
8(喀什)	4256.3	222	24.5	40.7
9(和田)	4348.8	230	24.5	20.0
10(吐鲁番)	5378.3	221	31.4	8.3
平均值($\bar{x}_i$)	3756.6	190.3	23.8	68.4
标准差(S_i)	778.1	32.6	2.9	42.8

标准差的计算公式是

$$S_i=\sqrt{\frac{\sum (x_i-\bar{x}_i)^2}{n-1}},$$

由于 x'_{ij} 数值差异很大,为了均衡它们对玉米种植的影响,做代换得标准化值

$$x_{ij}=\frac{x'_{ij}-\bar{x}_i}{S_i},j=1,2,\cdots,10,$$

进行归一化处理,得表 2-6.

表 2-6　归一化处理值 x_{ij}

地　区	x_1	x_2	x_3	x_4
1	−1.4	−1.3	−0.9	0.3
2	−1.1	−1.4	−1.0	1.2
3	−0.4	−0.5	−0.7	1.7
4	−0.5	−0.7	−0.2	0.6
5	−0.9	−1.0	−0.5	0.9
6	0.1	0.5	−0.4	−0.6
7	0.7	1.1	0.5	−0.9
8	0.6	1.0	0.2	−0.7
9	0.8	1.2	0.2	−1.1
10	2.1	0.9	2.6	−1.4

表中 x_{ij} 有负值,且有绝对值超过 1 的数,为了得到模糊相似矩阵,再做“绝对值减数法”变换,令

$$r_{ij}=\begin{cases}1, & i=j,\\ 1-c\sum\limits_{K=1}^{4}\mid x_{iK}-k_{jK}\mid, & i\neq j,\end{cases}\quad i,j=1,2,\cdots,10,$$

取 c 为适当常数,使 $r_{ij}\in[0,1]$,这里取 $c=0.08$,得

$$\begin{array}{c} \\ \underset{\sim}{\boldsymbol{R}}= \end{array}\begin{array}{cccccccccc|c}
1 & 2 & 3 & 4 & 5 & 6 & 7 & 8 & 9 & 10 & \\
\hline
1 & 0.888 & 0.728 & 0.800 & 0.856 & 0.624 & 0.432 & 0.488 & 0.424 & 0.128 & 1\\
 & 1 & 0.808 & 0.784 & 0.888 & 0.560 & 0.368 & 0.424 & 0.360 & 0.224 & 2\\
 & & 1 & 0.848 & 0.848 & 0.672 & 0.480 & 0.536 & 0.488 & 0.176 & 3\\
 & & & 1 & 0.896 & 0.744 & 0.584 & 0.640 & 0.576 & 0.280 & 4\\
 & & & & 1 & 0.672 & 0.480 & 0.536 & 0.472 & 0.176 & 5\\
 & & & & & 1 & 0.808 & 0.864 & 0.800 & 0.504 & 6\\
 & & & & & & 1 & 0.944 & 0.944 & 0.664 & 7\\
 & & & & & & & 1 & 0.936 & 0.442 & 8\\
 & & & & & & & & 1 & 0.656 & 9\\
 & & & & & & & & & 1 & 10
\end{array}.$$

对以上矩阵元素的算法,说明如下:

$r_{ii}=1$,$r_{ij}=r_{ji}$ 是明显的,因而只写右上角的元素.

$$\begin{aligned}r_{12}&=1-0.08(|x_{11}-x_{21}|+|x_{12}-x_{22}|+|x_{13}-x_{23}|+|x_{14}-x_{24}|)\\&=1-0.08\times(0.3+0.1+0.1+0.9)\\&=1-0.08\times1.4=1-0.112=0.888,\end{aligned}$$

其余同理.

由相似矩阵 $\underset{\sim}{\boldsymbol{R}}$ 寻求最大树的方法如下:

按 r_{ij} 从大到小的顺序,依次写出元素号码,并算上 r_{ij} 的值,如果其一步出现回路,便舍去该元素退一步再往下连,直到所有元素都连通为止.这样就得到一颗最大树(图 2-55).

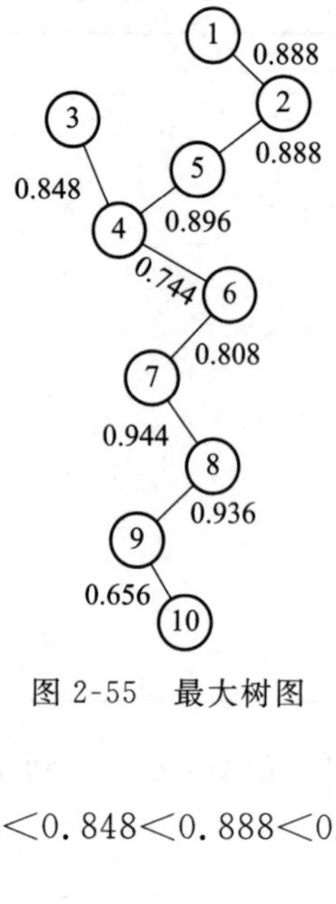

图 2-55　最大树图

将现有 r_{ij} 的值排队,

$$0.656<0.744<0.808<0.848<0.888<0.896<0.936<0.944,$$

取 $\lambda=0.656$,则全部元素聚成一类,对本问题无任何意义.

取 $\lambda=0.744$,砍去图 2-55 中小于 0.744 的边,则分离出{10}聚成两类:

$$\{1,2,3,4,5,6,7,8,9\},\{10\}.$$

取 $\lambda=0.808$,又砍去图中④ ⑥ 所连的边,聚成三类:

$$\{1,2,5,4,3\},\{6,8,7,9\},\{10\}.$$

取 $\lambda=0.848$,则{6}分离出来,聚成四类:

$$\{1,2,5,4,3\},\{7,8,9\},\{6\},\{10\}.$$

取 $\lambda=0.888$,则{3}又分离出来,聚成五类:

$$\{1,2,5,4\},\{3\},\{6\},\{7,8,9\},\{10\}.$$

取 $\lambda=0.896$,则{1,2},又从{1,2,5,4}中分离出来,聚成六类:

$$\{5,4\},\{1,2\},\{3\},\{7,8,9\},\{6\},\{10\}.$$

取 $\lambda=0.944$,则{8,9}又从{7,8,9}中分离出来,聚成七类:

$$\{5,4\},\{1,2\},\{3\},\{7\},\{8,9\},\{6\},\{10\}.$$

应用模糊数学分析就到此,以后则应结合实际进行优选,得到两个方案:

(1) 分为三类:即{阿勒泰$_1$,塔城$_2$,伊宁$_3$,昌吉$_4$,奇台$_5$},{阿克苏$_6$,库车$_7$,喀什$_8$,和田$_9$},{吐鲁番$_{10}$},即北疆地区、南疆地区、吐鲁番地区,这一方案的优点恰好是按地区分类,分类不多,便于管理.

(2) 分为五类:即{阿勒泰$_1$,塔城$_2$,昌吉$_4$,奇台$_5$},{伊宁$_3$},{阿克苏$_6$},{库车$_7$,喀什$_8$,和田$_9$},{吐鲁番$_{10}$},这一方案的优点是:3、6、10 号地区,虽可种植玉米,根据扬长避短、有效利用的原则,可放弃或减少玉米的种植;伊宁适宜于发展园艺、畜牧农业;阿克苏以盛产大米驰名;吐鲁番盛产长绒棉、哈密瓜、无核白葡萄,适于单独分类.

权衡利弊,发挥优势,在聚类分析的基础上分为五类是最优的方案.

这个例子告诉我们,利用模糊数学这个工具把情况科学地摆在面前,再结合实际做出合理的决策,在全面进行农业经济规划时,能产生更大的经济效益.

这个例子还告诉我们:把一个实际观测的数据,从表 2-5 改造为表 2-6,再改造为 $\boldsymbol{R}$ 以便用于聚类分析,我们用数学理论解决实际问题时,其间还有一个过程,本例给出了示范和启发.

二、综合评价科研成果

例 2-55　西安交大建立了用隶属函数评价科研成果的公式

$$\mu_E(x)=\left[1+\frac{1}{(a_1x_1+a_2x_2+\cdots+a_nx_m)^m}\right]^{-1},$$

其中 x_i 是基本变量.

x_1:理论上的创造性,按程度以小到大赋值 1,2,3;

x_2:国际国内水平,赋值 1,2,3;

x_3:理论和方法上的学术意义,赋值 1,2,3;

x_4:逻辑严密性,赋值 1,2,3;

x_5:技术上的见识深度,赋值 1,2,3;

x_6:经济效益和实用价值,赋值 1,2,3;

x_7:研究周期率$\left(\frac{t_0}{t}\times100\%\right)$,$x_7>1$,或 $x_7\leqslant1$(t_0 为规定时间,t 为实用时间);

x_8:经济利用率$\left(\frac{m_0}{m}\times 100\%\right)$,$x_8>1$,或 $x_8\leqslant 1$(m_0为规定投资,m 为实用投资);

x_9:规模(组织规模,难度与复杂性),一般赋值 0.4,较大赋值 0.7,宏大赋值 1;

a_i:加权系数,决定 x_i起作用的大小,并给出

$$\underset{\sim}{A}=[\text{学术水平高}]=\left[1+\frac{1}{(0.2x_1+0.4x_2+0.3x_3+0.1x_4)^3}\right]^{-1},$$

$$\underset{\sim}{B}=[\text{技术水平高}]=\left[1+\frac{1}{(0.1x_1+0.4x_2+0.1x_5+0.4x_6)^3}\right]^{-1},$$

$$\underset{\sim}{C}=[\text{规模大}]=\left[1+\frac{1}{(0.4x_7+0.6x_8)^2}\right]^{-1},$$

$$\underset{\sim}{D}=[\text{研究效率高}]=\left[1+\frac{0.1}{(0.4\,x_7+x_8)^2}\right]^{-1}.$$

综合评价成绩应考虑学术水平或技术水平、规模与难度、时间、经费利用率等方面,并定义综合评价指标为

$$\underset{\sim}{M}=(\underset{\sim}{A}\cup\underset{\sim}{B})\cap\underset{\sim}{C}\cap\underset{\sim}{D},$$

这里$\underset{\sim}{A}$,$\underset{\sim}{B}$,$\underset{\sim}{C}$,$\underset{\sim}{D}$,$\underset{\sim}{M}$表示各模糊子集的隶属度.

三、物资分配的模糊方法

如何将供不应求的物资合理、科学地分配给需要的用户,是一个具有广泛实用价值的研究课题,用户的重要性与物资的急需性应作为物资分配的依据,它们是分配中的模糊条件.

设有总数为 W 的某类物质,有几个用户需要这类物质,用户集记为

$$U=\{u_1,u_2,\cdots,u_n\},$$

用户各自需要这类物质的数量集记为

$$Q=\{q_1,q_2,\cdots,q_n\},$$

由于供不应求,显然有

$$W<\sum_{i=1}^{n}q_i.$$

根据用户的情况,对用户 u_i关于重要性、急需性分别评定其重要程度 a_i($\in[0,1]$)和急需程度 b_i($\in[0,1]$),于是得 U 上的两个模糊子集

$$\underset{\sim}{A}=\{(u_1,a_1),(u_2,a_2),\cdots,(u_n,a_n)\},$$

$$\underset{\sim}{B}=\{(u_1,b_1),(u_2,b_2),\cdots,(u_n,b_n)\}.$$

在物质分配中,重要性与急需性不一定有平等地位,可以给出合理的权重分配,设分配权重为 α,β,并满足

$$\alpha,\beta\in[0,1],\alpha+\beta=1,$$

对于$\underset{\sim}{A}$,$\underset{\sim}{B}$的隶属函数进行加权处理,得综合模糊子集

$$\underset{\sim}{D}=\{(u_i,d_i)\mid d_i=\alpha a_i+\beta b_i,i=1,2,\cdots,n\}.$$

对物资总的不足量,让用户合理承受的百分比为

$$r_i = \frac{\overline{d}_i}{\sum_{i=1}^{n} \overline{d}_i} \times 100\%,$$

故各用户实际物资供应量为

$$q_i' = q_i - \left(\sum_{i=1}^{n} q_i - W\right) \times r_i.$$

这种模糊方法在计算过程中具有逻辑顺序性,易于在小型计算机上实现管理分配自动化.

例 2-56 铜川煤矿第四季度可提供煤 20 万吨,而西安等七个地区需煤 24 万吨,尚欠 4 万吨,按上述模糊方法进行分配.计算如下.

选 $\alpha=0.6,\beta=0.4$:

项　目	西安	渭南	汉中	宝鸡	安康	咸阳	临潼
需要量 q_i/万吨	8	5	4	3	2	1	1
重要性隶属度 a_i	0.95	0.70	0.80	0.70	0.60	0.80	0.90
急需性隶属度 b_i	0.90	0.70	0.50	0.70	0.50	0.70	0.90
$\alpha a_i=0.6a_i$	0.57	0.42	0.48	0.42	0.36	0.48	0.54
$\beta b_i=0.4b_i$	0.36	0.28	0.20	0.28	0.20	0.28	0.36
$d_i=0.6a_i+0.4b_i$	0.93	0.70	0.68	0.70	0.56	0.76	0.90
$\overline{d}_i=1-d_i$	0.07	0.30	0.32	0.30	0.44	0.24	0.10
$r_i=\overline{d}\Big/\sum_{i=1}^{7}\overline{d}_i$	0.040	0.169	0.181	0.169	0.249	0.136	0.056
供应量 q_i'/万吨	7.840	4.324	3.276	2.324	1.004	0.456	0.776

例 2-57 某校年终除去工资、水电费等固定开支外,剩余 11 万元,而各项开支需 12 万元,尚欠 1 万元,按上述方法,取 $\alpha=0.4,\beta=0.6$,分配方案可计算如下表:

项目	校办工厂	行政	冬季取暖	学生实习	专业系	修房	子弟中学	托儿所	美化校园
q_i	3	2	1	1	3	1	0.4	0.2	0.4
a_i	0.90	0.70	0.90	0.95	0.70	0.90	0.90	0.80	0.50
b_i	0.90	0.60	0.95	0.95	0.60	0.90	0.80	0.80	0.40
αa_i	0.36	0.28	0.36	0.38	0.28	0.36	0.36	0.32	0.20
βb_i	0.54	0.36	0.57	0.57	0.36	0.54	0.48	0.48	0.24
d_i	0.90	0.64	0.93	0.95	0.64	0.90	0.84	0.80	0.44
$\overline{d}_i$	0.10	0.36	0.07	0.05	0.36	0.10	0.16	0.20	0.56
r_i	0.051	0.184	0.036	0.025	0.184	0.051	0.082	0.102	0.285
q_i'	2.949	1.816	0.964	0.975	2.816	0.949	0.318	0.098	0.115

四、模糊决策

在确定某一事业发展方向上往往涉及因素很多,面也很广,在讨论时意见很多,既难以集中，更难以做出决策，下面举一应用综合评判的方法来做出决策的例子.

例 2-58 设

$$U=\{着眼因素\}=\{可能性,合理性,适应性\},$$

$V=\{$对某事业的评语$\}=\{$好，中，差$\}$（或$\{$大，中，小$\}$，$\{$一等，二等，三等$\}$），

$\underset{\sim}{R}$是从 U 到 V 的模糊关系，$r_{ij}(i,j=1,2,3)$表示从第 i 个因素着眼，对被评判对象做出第 j 种评语的可能程度

$$\underset{\sim}{\boldsymbol{R}}=\begin{bmatrix} r_{11} & r_{12} & r_{13} \\ r_{21} & r_{22} & r_{23} \\ r_{31} & r_{32} & r_{33} \end{bmatrix}.$$

设$\underset{\sim}{\boldsymbol{A}}=(0.30,0.45,0.25)$，它的三个分量表示可能性、合理性、适应性的权数分配，将讨论中的五个方案依公式

$$\underset{\sim}{\boldsymbol{B}}=\underset{\sim}{\boldsymbol{A}}\circ\underset{\sim}{\boldsymbol{R}}$$

列表计算如下：

方案	因素	好	中	坏	综合评判结果
	可能性	0.57	0.29	0.14	
Ⅰ	合理性	0.25	0.50	0.25	(0.30,0.45,0.25)
	适应性	0.50	0.25	0.25	
	可能性	0.34	0.33	0.33	(0.45,0.30,0.30)
Ⅱ	合理性	0.60	0.20	0.20	或
	适应性	0.75	0	0.25	(0.42,0.29,0.29)
	可能性	0.18	0.36	0.46	(0.45,0.30,0.30)
Ⅲ	合理性	0.73	0.09	0.18	或
	适应性	0.60	0.30	0.10	(0.42,0.29,0.29)
	可能性	0.65	0.30	0.05	(0.45,0.30,0.05)
Ⅳ	合理性	0.86	0.14	0	或
	适应性	0.81	0.19	0	(0.57,0.38,0.05)
	可能性	0.33	0	0.67	(0.30,0.45,0.30)
Ⅴ	合理性	0	1	0	或
	适应性	0.50	0.50	0	(0.29,0.42,0.29)

显然方案Ⅳ是最优方案，其中好的分数最大，差的分数最小.

五、体育训练的科学管理

体育科学是生命科学的分支，是自然科学与社会科学交叉学科，传统的数学方法是难以进入这个领域的. 模糊数学的问世，突破了运动训练不易定量化的“禁区”，为体育训练的科学管理闯开了新路.

现代运动的特点是不断为训练加负荷量，对运动员素质水平有较高的要求，因此运动选材十分重要，设选材涉及的因素有：

(1) 年龄	(2) 身高	(3) 体重
(4) 胸围	(5) 肺活量	(6) 智力水平
(7) 运动能力	(8) 速度	(9) 弹跳
(10) 力量	(11) 耐力	(12) 灵敏
(13) 柔韧	(14) 情感	(15) 意志
(16) 思维	(17) 感知力	(18) 反应速度
(19) 注意力	(20) 表象	

等基本因素，它们构成一个模糊子集，请有专门知识经验的人对它们之间的关系程度一一打分，换算成[0,1]上的一位小数，得到对称关系矩阵$\underset{\sim}{\boldsymbol{R}}=(r_{ij})$，$i,j=1,2,\cdots,20$，$r_{ij}\in[0,1]$. 列表如下：

$\nearrow\underset{\sim}{R}$	1	2	3	4	5	6	7	8	9	10	11	12	13	14	15	16	17	18	19	20
1	1																			
2	0.9	1																		
3	0.9	0.9	1																	
4	0.9	0.5	0.8	1																
5	0.8	0.2	0.4	0.9	1															
6	0.9	0.1	0.1	0.1	0.1	1														
7	0.8	0.3	0.4	0.4	0.8	0.7	1													
8	0.8	0.5	0.7	0.3	0.3	0.5	0.9	1												
9	0.4	0.4	0.7	0.3	0.3	0.1	0.9	0.9	1											
10	0.9	0.4	0.9	0.8	0.3	0.1	0.9	0.9	0.9	1										
11	0.9	0.4	0.7	0.3	0.9	0.1	0.5	0.5	0.3	0.3	1									
12	0.6	0.7	0.6	0.2	0.1	0.6	0.9	0.7	0.7	0.6	0.6	1								
13	0.9	0.4	0.4	0.1	0.1	0.1	0.7	0.7	0.3	0.3	0.1	0.1	1							
14	0.6	0.2	0.1	0.1	0.1	0.9	0.7	0.3	0.2	0.1	0.4	0.4	0.1	1						
15	0.8	0.1	0.1	0.1	0.1	0.7	0.8	0.1	0.1	0.4	0.5	0.1	0.2	0.9	1					
16	0.9	0.1	0.1	0.1	0.1	0.9	0.7	0.1	0.1	0.4	0.3	0.3	0.1	0.7	0.5	1				
17	0.8	0.1	0.1	0.1	0.1	0.7	0.9	0.6	0.3	0.1	0.3	0.5	0.1	0.4	0.2	0.5	1			
18	0.7	0.5	0.3	0.1	0.1	0.3	0.8	0.9	0.3	0.1	0.5	0.6	0.1	0.3	0.3	0.5	0.9	1		
19	0.9	0.1	0.1	0.1	0.1	0.8	0.7	0.2	0.2	0.3	0.2	0.3	0.1	0.8	0.3	0.4	0.8	0.9	1	
20	0.8	0.1	0.1	0.1	0.1	0.6	0.7	0.2	0.2	0.2	0.1	0.1	0.2	0.1	0.1	0.4	0.9	0.2	0.7	1

运用最大树法进行聚类分析，取$\lambda=0.8$得$\underset{\sim}{R}$的一棵最大树$\underset{\sim}{T}$(不是唯一的)，见图 2-56.

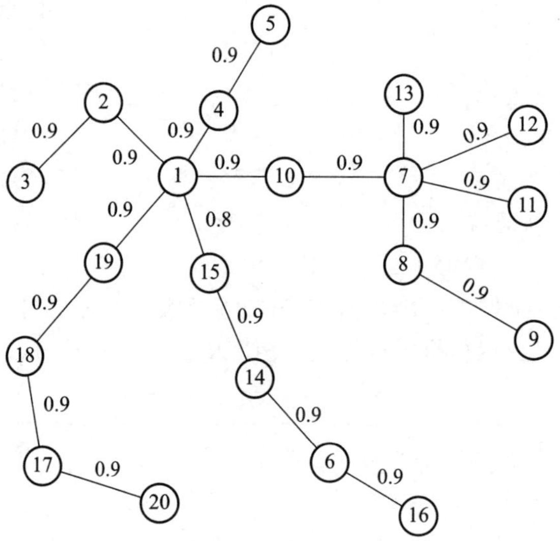

图 2-56　最大树图

取 $\lambda=0.9$，$\underset{\sim}{T}$分为两类：

{1,2,3,4,5,10,7,8,9,11,12,13,19,18,17,20}（身体素质类）与{15,14,6,16}（心理素质类）. 这是符合运动训练的一般规律的，同时也验证了预先选取的因素是合理的.

第五节　模糊数学与生物、化学

一、小麦亲本的模糊识别

在小麦的杂交过程中，亲本的选择是关键指数之一. 所谓小麦的亲本，就是小麦的品种，如矮秆、大粒、早熟等. 每种小麦都有它自己的一系列特性，如抽穗期、株高、有效穗数、主穗粒数、百粒重等. 在一定范围内同一品种的小麦，其抽穗数、株高随着所选株的不同又有所不同，其百粒重也视所取的颗粒而异. 因此可以认为，任一品种小麦的任一特性是实数域上的模糊子集.

为了便于讨论，我们只采用其中的一个特性——百粒重来考察小麦的亲本. 根据实践经验，我们确定如下几种小麦亲本的百粒重为正态模糊集，它们分别为：

早熟型小麦的百粒重记为$\underset{\sim}{A}_1$，

$$\mu_{\underset{\sim}{A}_1}(x)=\mathrm{e}^{-\left(\frac{x-3.7}{0.3}\right)^2};$$

矮秆型小麦的百粒重记为$\underset{\sim}{A}_2$，

$$\mu_{\underset{\sim}{A}_2}(x)=\mathrm{e}^{-\left(\frac{x-2.9}{0.3}\right)^2};$$

大粒型小麦的百粒重记为$\underset{\sim}{A}_3$，

$$\mu_{\underset{\sim}{A}_3}(x)=\mathrm{e}^{-\left(\frac{x-5.0}{0.3}\right)^2};$$

高肥丰产型小麦的百粒重记为$\underset{\sim}{A}_4$，

$$\mu_{\underset{\sim}{A}_4}(x)=\mathrm{e}^{-\left(\frac{x-3.9}{0.3}\right)^2};$$

中肥丰产型小麦的百粒重记为$\underset{\sim}{A}_5$，

$$\mu_{\underset{\sim}{A}_5}(x)=\mathrm{e}^{-\left(\frac{x-3.7}{0.3}\right)^2}.$$

于是我们的模式为模糊集$\underset{\sim}{A}_1$，$\underset{\sim}{A}_2$，$\underset{\sim}{A}_3$，$\underset{\sim}{A}_4$，$\underset{\sim}{A}_5$. 现若有一种小麦种子，我们不知道它的品种名称，那么，如何来确定它是属于哪一种亲本呢？我们可以多次采样，每次取出一百粒，称出其重量，称为百粒重. 然后根据数理统计的方法，确定其平均值 a 与标准差 b，从而确定该种小麦相应于百粒重这一特性所对应的模糊集$\underset{\sim}{B}$. 若我们已得到模糊集$\underset{\sim}{B}$，其隶属函数为

$$\mu_{\underset{\sim}{B}}(x)=\mathrm{e}^{-\left(\frac{x-3.43}{0.28}\right)^2},$$

则据此即可算得相应的贴近度为

$$(\underset{\sim}{A}_1,\underset{\sim}{B})=0.91,\ (\underset{\sim}{A}_2,\underset{\sim}{B})=0.72,$$
$$(\underset{\sim}{A}_3,\underset{\sim}{B})=0.50,\ (\underset{\sim}{A}_4,\underset{\sim}{B})=0.72,$$
$$(\underset{\sim}{A}_5,\underset{\sim}{B})=0.89,$$

据择近原则，$\underset{\sim}{B}$应归入$\underset{\sim}{A}_1$ 类，即此小麦亲本应判为早熟型.

二、生态模糊聚类分析

在植物群落分类的研究中，把某一种植物（如箭竹）在林区不同地点的优势程度视为一个模糊集. 对不同种的模糊集在适当水平上进行截割，便可以对植物群落分类.

把某种灌木与草本植物种群盖度值的相对百分数定义为这种灌木的优势度.

在兰州附近兴隆山取 10 个观测点构成论域

$$U=\{(1),(2),\cdots,(10)\}.$$

对箭竹$\underset{\sim}{A}_1$ 来说，有

$$\underset{\sim}{A}_1=0.48/(1)+0.53/(2)+0.30/(3)+0.45/(4)+0.06/(5)+0.90/(6)+0.79/(7)+0.81/(8)+0.20/(10),$$

对茹草$\underset{\sim}{A}_2$ 来说，有

$$\underset{\sim}{A}_2=0.01/(1)+0.05/(2)+0.09/(4)+0.42/(5)+0.05/(6)+0.11/(7)+0.08/(8)+0.38/(9)+0.20/(10),$$

设共有 n 类植物，它们的优势度 μ_{ij} 形成矩阵 $\underset{\sim}{\boldsymbol{M}}=(\mu_{ij})$，它满足以下条件

$$\sum_{i=1}^{n}\mu_{ij}=1,\sum_{i=0}^{n}\mu_{ij}>0,$$

具备这两个条件的一类模糊集叫作论域 U 的一种软划分.

在群落分类中，对于构成优势的优势种群的优势度还要给出一定要求，例如，箭竹要求≥0.5，灌草要求≥0.4，草本层要求≥0.1.

取 $\lambda=0.5$，记

$$A_1^*=(\underset{\sim}{A}_1)_\lambda=1/(2)+1/(6)+1/(7)+1/(8)+1/(9)+1/(10)$$
$$=\{(2),(6),(7),(8),(9),(10)\},$$

令$\underset{\sim}{A}_{11}=A_1^* \cap \underset{\sim}{A}_2$，有

$$\underset{\sim}{A}_{11}=0.05/(2)+0.05/(6)+0.11/(7)+0.08/(8)+0.38/(9)+0.20/(10).$$

对$\underset{\sim}{A}_2$，取$\lambda=0.1$，记

$$A_{11}^*=(\underset{\sim}{A}_{11})_\lambda=1/(7)+1/(9)+1/(10)=\{(7),(9),(10)\},$$

于是(7)，(9)，(10)可以归为一类，叫作茹草-箭竹-青杆林群落.

记$\underset{\sim}{B}_{11}=\underset{\sim}{A}_{11}\cap(A_{11}^*)^C$，有

$$\underset{\sim}{B}_{11}=0.05/(2)+0.05/(6)+0.08/(8).$$

记$B_{11}^*=\mathrm{Supp}\,\underset{\sim}{B}_{11}=1/(2)+1/(6)+1/(8)=\{(2),(6),(8)\}$，在$B_{11}^*$中，$\mu_{\underset{\sim}{A}_1}$均$>0.5$而$\mu_{\underset{\sim}{A}_2}$均$<0.1$，箭竹有明显的优势，而茹草不构成草本层优势，故$B_{11}{}^*$构成另一类，称为箭竹-青杆林群丛.

又记

$$B_1^*=\mathrm{Supp}\,\underset{\sim}{A}_1\cap(\underset{\sim}{A}_1^*)^C=1/(1)+1/(3)+1/(4)+1/(5)=\{(1),(3),(4),(5)\},$$

$$\underset{\sim}{B}_{12}^*=\underset{\sim}{A}_2\cap B_1^*=0.01/(1)+0.09/(4)+0.42/(5),$$

取$\lambda=0.4$，记$B_{12}^*=(\underset{\sim}{B}_{12})_\lambda$，有

$$B_{12}^*=1/(5)=\{(5)\}.$$

称B_{12}^*为苔草-青杆林群丛.

B_{12}^*关于B_1^*的余集还可以根据其他灌木的优势度进行命名.若$\geqslant 0.4$，则称之为杂灌木-青杆林群丛，否则不命名，或称为分辨不清.

这样，兴隆山青杆林群原划分为茹草-箭竹-青杆林群丛(A_{11}^*)、箭竹-青杆林群丛(B_{11}^*)、苔草-青杆林群丛(B_{12}^*)和杂灌木-青杆林群丛四个类型.这种划分与兴隆山的实际情况基本相符.

三、加氢催化剂研究中的数学模型

催化剂是复杂的体系，催化剂的活性与其特性因素(指催化剂的组成及物理、化学性态)之间存在着模糊关系，因而目前极少甚至还没有关于催化剂制备的数学模型.这里需要用到模糊数学.

下面仅介绍运用模糊关系方程求解催化剂特征因素与目标函数(指转化率、产品收率等)之间模糊关系的方法.

令$Q=\{A,B,C\}$，这里A,B,C代表三种不同的加氢精制催化剂.

令$U=\{\text{Ⅰ},\text{Ⅱ},\text{Ⅲ},\text{Ⅳ}\}$，这里有四个特征因素：

Ⅰ：担体中二氧化硅含量；

Ⅱ：催化剂中助剂含量；

Ⅲ：催化剂总金属含量；

Ⅳ：催化剂的平均孔直径.

令$V=\{Y\}$，这里Y表示在催化剂上进行加氢脱氮反应时的转化率.

Q,U,V是三个论域.通过评分或折算的方法，可以得到从Q到U的模糊关系矩阵$\underset{\sim}{\boldsymbol{M}}$及从$Q$到$V$的模糊关系矩阵$\underset{\sim}{\boldsymbol{N}}$.它们是

$$\begin{array}{c} \quad \text{I} \quad\; \text{II} \quad\; \text{III} \quad\; \text{IV} \\ \underset{\sim}{\boldsymbol{M}}=\begin{bmatrix} 0 & 0.8 & 0.7 & 0.7 \\ 0 & 0.4 & 0.8 & 0.7 \\ 0.8 & 0 & 0.6 & 0.7 \end{bmatrix}, \end{array}$$

$$\underset{\sim}{\boldsymbol{N}}=\begin{bmatrix} 0.7 \\ 0.6 \\ 0.6 \end{bmatrix}\begin{matrix} A \\ B. \\ C \end{matrix}$$

$$Y$$

我们的目的是要求出从 U 到 V 的模糊关系矩阵$\underset{\sim}{\boldsymbol{R}}$，它是未知的矩阵，满足模糊关系方程：

$$\underset{\sim}{\boldsymbol{M}} \circ \underset{\sim}{\boldsymbol{R}} = \underset{\sim}{\boldsymbol{N}},$$

即
$$\begin{bmatrix} 0 & 0.8 & 0.7 & 0.7 \\ 0 & 0.4 & 0.8 & 0.7 \\ 0.8 & 0 & 0.6 & 0.7 \end{bmatrix} \circ \begin{bmatrix} r_1 \\ r_2 \\ r_3 \\ r_4 \end{bmatrix} = \begin{bmatrix} 0.7 \\ 0.6 \\ 0.6 \end{bmatrix}.$$

利用前述方法，知$\underset{\sim}{\boldsymbol{R}}$有两组解：

$$\underset{\sim}{\boldsymbol{R}}_1=\begin{bmatrix} [0,0.6] \\ 0.7 \\ 0.6 \\ [0.1,0.6] \end{bmatrix}, \underset{\sim}{\boldsymbol{R}}_2=\begin{bmatrix} [0,0.6] \\ 0.7 \\ [0.1,0.6] \\ 0.6 \end{bmatrix},$$

图示如下(图 2-57)：

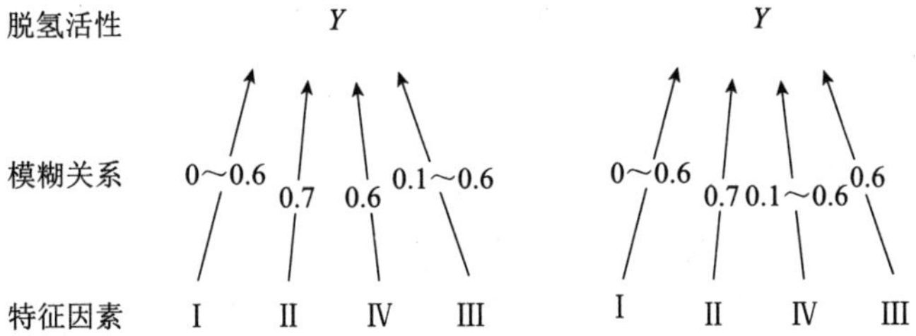

图 2-57　特征因素与脱氮活性的模糊关系

从$\underset{\sim}{\boldsymbol{R}}$的这两种解可以看出，在四个特征因素中以因素Ⅱ(助剂)对提高脱氮活性(Y)的影响最为重要，关联程度最高且无伸缩之余地，这是符合实际情况的，是近年来发展脱氧活性高的催化剂的重要方向；因素Ⅲ与Ⅳ有某种对称的影响，若想改变其中一种的含量，便必须将另一种固定在它所容许的极大水平；二氧化硅(Ⅰ)含量总可以在[0,0.6]内任意变化，实际情况是Ⅰ对催化剂脱氧活性并无显著影响.

第六节　模糊数学与地质科学

由于地质情况复杂，人们对预测区地质规律的认识往往界限不清，偏离实际，引进模糊集理论可使预测尽可能接近实际，下面简介一个矿藏预测中的模糊集模型作为参考.

为实现矿产预测的目的，可以用一定边长的正方形网络来覆盖所研究的区域.每一个方格叫作一个矿产预测单元.

以预测单元为元素，组成论域 U."有矿区"是 U 上的子集，但非普通子集.因为，常常有这样一些预测单元存在，对于它们，不能绝对地谈有矿或无矿.有的单元只有零星矿点，有的单元有较多矿区，有的单元只有未达到工业价值的贫矿床存在，而有的单元却有品位较高的有工业价值的富矿存在.对于这些单元而言，只能讨论它们有矿的程度如何，故"有矿区"是 U 的模糊子集.

河北省南部有一个接触交叉型富铁矿区.该矿与燕山期中性熔浆侵入杂岩有成因联系，在研究区内广泛出露燕山期中性岩浆岩，奥陶统灰岩、石灰二叠纪地层也有一定出露，区内构造断裂和褶皱广泛发育，地质条件复杂，需对该区有矿无矿加以预测.

在铁矿区东北部取试验地段面积 250 平方公里，以 1 平方公里的小方格为预测单元，在 1∶25000 地质图和航磁图上取下列 5 种地质变量和地球物理变量作为矿产预报的原始数据.它们是：

(1) 中生代岩浆在单元中的出露面积(万平方米)；

(2) 奥陶系中统灰岩在单元内的出露面积(万平方米)；

(3) 单元内的断裂构造长度(米)；

(4) 单元内平均航磁值(伽马)；

(5) 单元内最高航磁值(伽马).

在该区内选取 22 个已知有矿的单元，设第 j 个单元上述 5 个变量的实测数据为

$$(u_{1j}, u_{2j}, u_{3j}, u_{4j}, u_{5j}), j=1,2,\cdots,22,$$

令

$$\bar{u}_i = \frac{1}{22}\sum_{j=1}^{22} u_{ij},$$

$$\sigma_i^2 = \frac{1}{21}\left(\sum_{j=1}^{22} u_{ij}^2 - \bar{u}_i^2\right),$$

$$\alpha_i^2 = 2\sigma_i^2, i = 1,2,\cdots,5,$$

$$\alpha_i = \sqrt{2}\sigma_i.$$

构造有矿($\underset{\sim}{A}$)的各个变量的分隶属函数

$$\mu_{\underset{\sim}{A_i}}(u_i)=\begin{cases}1-\dfrac{1}{2\sigma_i^2}(u_i-\bar{u}_i)^2, & \text{当} |u_i-\bar{u}_i| \leqslant \alpha_i (i=1,2,3,4,5), \\ 0, & \text{否则}.\end{cases}$$

同样，在该区内选取若干个应判为无矿的已知单元，建立无矿($\underset{\sim}{B}$)的分隶属函数

$$\mu_{\underset{\sim}{B_i}}(u_i)=\begin{cases}1-\dfrac{1}{2\sigma_i'^2}(u_i-\bar{u}_i)^2, & \text{当} |u_i-\bar{u}_i| \leqslant \alpha_i' (i=1,2,3,4,5), \\ 0, & \text{否则}.\end{cases}$$

此处 $\bar{u}_i'$ 及 $\sigma_i'^2$ 分别为无矿单元第 i 个变量观测值的样本均值与样本方差，$\alpha_i'=\sqrt{2}\sigma_i'$.

有关参数计算结果如表 2-7.

表 2-7　有关参数的计算结果

类型		变量				
		1	2	3	4	5
		参数值				
有矿($\underset{\sim}{A}$)	$\bar{u}_i$	37.49	61.52	364.55	331.83	540.91
	$\sigma_i^{\ 2}$	2005.41	889.11	886975.97	31082.25	97770.56
	α_i^2	4010.82	1778.22	1773951.94	62164.50	195541.12
	α_i	63.33	42.17	1331.9	249.33	442.20
无矿($\underset{\sim}{B}$)	$\bar{u}_i'$	5.51	12.49	310	33.08	23.08
	$\sigma_i'^2$	395.4	646.08	455320.83	1923.08	1923.08
	$\alpha_i'^2$	790.80	1292.16	910641.66	3846.16	3846.16
	α_i'	28.12	35.95	954.28	62.02	62.02

将$\underset{\sim}{A}$，$\underset{\sim}{B}$作为模型，对河北南部铁矿取观察数据如下(见表 2-8)：

表 2-8　对河北南部铁矿的观察值

参数值	1	2	3	4	5
$\bar{u}_i''$	36.72	53.21	387.5	283.33	475
$\sigma_i''^2$	842.4732	864.7820	617215.9091	16515.1513	47500.0001
α_i''	41.05	41.59	1111.05	181.74	308.22

将河北南部铁矿视为模糊集$\underset{\sim}{C}$，其分隶属函数为：

$$\mu_{\underset{\sim}{C_i}}(u_i)=\begin{cases}1-\dfrac{1}{2\sigma_i''^2}(u_i-\bar{u}_i'')^2, & \text{当}\ |u_i-\bar{u}_i''|\leqslant\alpha_i''(i=1,2.3.4.5),\\ 0, & \text{否则}.\end{cases}$$

分别计算$\underset{\sim}{C_i}$与$\underset{\sim}{A_i}$，$\underset{\sim}{C_i}$与$\underset{\sim}{B_i}$的贴近度，采取的定义有

$$(\underset{\sim}{A_1},\underset{\sim}{C_1})=0.9995,(\underset{\sim}{B_1},\underset{\sim}{C_1})=0.627,$$

$$(\underset{\sim}{A_2},\underset{\sim}{C_2})=0.9902,(\underset{\sim}{B_2},\underset{\sim}{C_2})=0.724,$$

$$(\underset{\sim}{A_3},\underset{\sim}{C_3})=0.9950,(\underset{\sim}{B_3},\underset{\sim}{C_3})=0.999,$$

$$(\underset{\sim}{A_4},\underset{\sim}{C_4})=0.9923,(\underset{\sim}{B_4},\underset{\sim}{C_4})=0,$$

$$(\underset{\sim}{A_5},\underset{\sim}{C_5})=0.9870,(\underset{\sim}{B_5},\underset{\sim}{C_5})=0,$$

最后，视$\underset{\sim}{C}$对$\underset{\sim}{A}$的贴近程度为

$$(\underset{\sim}{A},\underset{\sim}{C})=\min_{1\leqslant i\leqslant 5}(\underset{\sim}{A_i},\underset{\sim}{C_i})=0.9870,$$

视$\underset{\sim}{C}$对$\underset{\sim}{B}$的贴近程度为

$$(\underset{\sim}{B},\underset{\sim}{C})=\min_{1\leqslant i\leqslant 5}(\underset{\sim}{B_i},\underset{\sim}{C_i})=0.$$

故判得河北南部铁矿$\underset{\sim}{C}$为“有矿”，具有开采价值.

第七节　模糊控制

现代控制论已在工业控制、军事科学、空间飞行等多方面得到成功的运用，但是都需要建立精确的数学模型. 然而在系统工程、经济学、人工智能、心理学、医学、生物学等领域中，经常会遇到无法建立精确数学模型的问题，这就引出了模糊控制论.

所谓模糊控制，即在控制方法上应用模糊数学的知识，使之能模拟人的思维方法对一些无法构造数学模型的问题进行控制.

而要实现模糊控制，也就是希望能通过计算机来完成人们用自然语言所描述的控制活动，就需要根据人们总结出来的控制规律，以及系统的性能指标，来设计一个模糊控制器.

要设计模糊控制器以实现语言控制，必须解决以下几个问题：

(1) 模糊控制算法的设计.

(2) 把各语言变量化为某适当论域上的模糊子集.

(3) 模糊控制器上模糊判决方法的设计.

在这三条中，第一条模糊控制算法的设计经常要用到模糊条件语句或似然推理. 例如：

若$\underset{\sim}{P}$则$\underset{\sim}{Q}$，

若$\underset{\sim}{P}$或$\underset{\sim}{Q}$则$\underset{\sim}{S}$，

若$\underset{\sim}{A}$则$\underset{\sim}{B}$，否则$\underset{\sim}{C}$.

第二条，关于语言变量的取值，一般都取如下几级：

正大(PL)，正中(PM)，正小(PS)，正 0($P0$)，负 0($N0$)，负小(NS)，负中(NM)，负大(NL). 但也有时把“负 0”“正 0”合并为“零”(0).

一般的模糊控制器的示意图如图 2-58 所示，输入一般是二维的，即模糊集$\underset{\sim}{A}$和$\underset{\sim}{B}$；输出为模糊集$\underset{\sim}{C}$，它一般是一维的，即控制量. $\underset{\sim}{A}$，$\underset{\sim}{B}$，$\underset{\sim}{C}$一般都按上述语言变量取值.

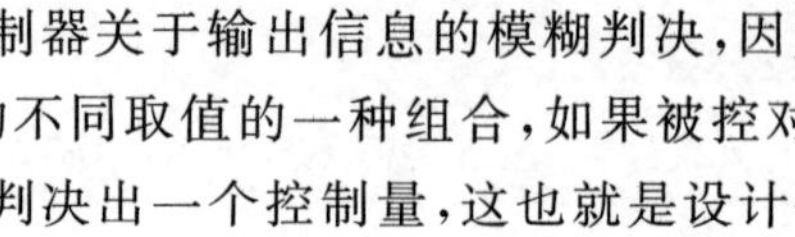

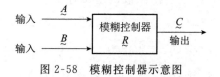

图 2-58　模糊控制器示意图

模糊控制器可以看成是一个模糊关系$\underset{\sim}{R}$，并可以把输入、输出看作模糊向量按模糊变换的方法来处理.

最后再简单谈谈模糊控制器关于输出信息的模糊判决，因为模糊控制器的输出是一个模糊子集，它反映控制语言的不同取值的一种组合，如果被控对象只能够接受一个控制量，就需要从输出的模糊子集中判决出一个控制量，这也就是设计一个由模糊集合到普通集合的映射，这个映射就称为判决.

以上仅抽象简述了怎样设计模糊控制器以便实现模糊控制，下面举一实例加以说明.

例 2-59　关于水位的模糊控制.

设有一贮水容器，具有可变的水位，另有一调节阀门可以向内注水和向外抽水，试设计一个模糊控制器,并通过调节阀将水位稳定在固定点(设为 0 点)附近.

假定对水位变化原因掌握不详,按照人的一般经验,有一些控制原则,例如:

若水位高于 0 点,则排水,差值越大,排水越快;

若水位低于 0 点,则向内注水,差值越大,注入越快.

现根据以上经验,按以下步骤进行分析,并设计模糊控制器.

(1) 观测量与控制量

观测量是水位对于 0 点的偏差 e,它可分为五级:负大(NL)、负小(NS)、零(O)、正小(PS)、正大(PL),并将误差分为 7 挡,即七个等级,并以 $-3,-2,-1,0,+1,+2,+3$ 来表示,它们是将水位变化范围适当划分而得.这样就确定了表 2-9.

表 2-9　观测量与水位变化等级之间的隶属度

变量	−3	−2	−1	0	+1	+2	+3
PLe	0	0	0	0	1	0.5	1
PSe	0	0	0	0	1	0.5	0
Oe	0	0	0.5	1	0.5	0	0
NSe	0	0.5	1	0	0	0	0
NLe	1	0.5	0	0	0	0	0

此处论域

$$U=\{-3,-2,-1,0,+1,+2,+3\}.$$

控制量是阀门转盘的角度变化 u,逆时针旋转为正(注水),顺时针旋转为负(排水).设阀门角度变化分为 9 挡,类似前面又列表如表 2-10.

表 2-10　控制量与阀门角度变化之间的隶属度

变量	−4	−3	−2	−1	0	+1	+2	+3	+4
PLu	0	0	0	0	0	0	0	0.5	1
PSu	0	0	0	0	0	0.5	1	0.5	0
Ou	0	0	0	0.5	1	0.5	0	0	0
NSu	0	0.5	1	0.5	0	0	0	0	0
NLu	1	0.5	0	0	0	0	0	0	0

此处论域

$$U=\{-4,-3,-2,-1,0,+1,+2,+3,+4\}.$$

(2) 语言控制规则

按照人们的经验,给出下列规则:

若 e 负大,则 u 正大;

若 e 负小,则 u 正小;

若 e 为 0,则 u 为 0;

若 e 正小,则 u 负小;

若 e 正大,则 u 负大.

或列于表 2-10.

表 2-10　语言控制经验规则

若(if)	NLe	NSe	Oe	PSe	PLe
则(then)	PLu	PSu	Ou	NSu	NLu

语言控制规则是一个多级条件语句,它可以表示为 $U\times V$ 的一个模糊子集,即模糊关系

$$\underset{\sim}{R}=(NLe\times PLu)\cup(NSe\times PSu)\cup(Oe\times Ou)\cup(PSe\times NSu)\cup(PLe\times NLu)$$

其中

$$\boldsymbol{NLe}\times\boldsymbol{PLu}=\begin{bmatrix}0&0&0&0&0&0&0&0.5&1\\0&0&0&0&0&0&0&0.5&1\\0&0&0&0&0&0&0&0&0\\0&0&0&0&0&0&0&0&0\\0&0&0&0&0&0&0&0&0\\0&0&0&0&0&0&0&0&0\\0&0&0&0&0&0&0&0&0\end{bmatrix},$$

$$\boldsymbol{NSe}\times\boldsymbol{PSu}=\begin{bmatrix}0&0&0&0&0&0&0&0&0\\0&0&0&0&0&0.5&0.5&0.5&0\\0&0&0&0&0&0.5&1&0.5&0\\0&0&0&0&0&0&0&0&0\\0&0&0&0&0&0&0&0&0\\0&0&0&0&0&0&0&0&0\\0&0&0&0&0&0&0&0&0\end{bmatrix},$$

$$\boldsymbol{Oe}\times\boldsymbol{Ou}=\begin{bmatrix}0&0&0&0&0&0&0&0&0\\0&0&0&0&0&0&0&0&0\\0&0&0&0.5&0.5&0.5&0&0&0\\0&0&0&0.5&1&0.5&0&0&0\\0&0&0&0.5&0.5&0.5&0&0&0\\0&0&0&0&0&0&0&0&0\\0&0&0&0&0&0&0&0&0\end{bmatrix},$$

$$\boldsymbol{PSe}\times\boldsymbol{NSe}=\begin{bmatrix}0&0&0&0&0&0&0&0&0\\0&0&0&0&0&0&0&0&0\\0&0&0&0&0&0&0&0&0\\0&0&0&0&0&0&0&0&0\\0&0.5&1&0.5&0&0&0&0&0\\0&0.5&0.5&0.5&0&0&0&0&0\\0&0&0&0&0&0&0&0&0\end{bmatrix},$$

$$PLe\times NLu=\begin{bmatrix}0&0&0&0&0&0&0&0&0\\0&0&0&0&0&0&0&0&0\\0&0&0&0&0&0&0&0&0\\0&0&0&0&0&0&0&0&0\\0&0&0&0&0&0&0&0&0\\0.5&0.5&0&0&0&0&0&0&0\\1&1&0&0&0&0&0&0&0\end{bmatrix}.$$

由以上5个矩阵求并(即求隶属函数之最大值)则得：

$$\underset{\sim}{\boldsymbol{R}}=\begin{bmatrix}0&0&0&0&0&0&0&0.5&1\\0&0&0&0&0&0.5&0.5&0.5&0.5\\0&0&0&0.5&0.5&0.5&1&0.5&0\\0&0&0&0.5&1&0.5&1&0.5&0\\0&0.5&1&0.5&0.5&0.5&0&0&0\\0.5&0.5&0.5&0.5&0&0&0&0&0\\1&0.5&0&0&0&0&0&0&0\end{bmatrix}$$

(3) 响应动作(输出)

任意给出一个观测结果$\underset{\sim}{\boldsymbol{e}}$作为输出，把$\underset{\sim}{\boldsymbol{R}}$作为模糊控制器，则得输出(并称之模糊响应)

$$\underset{\sim}{\boldsymbol{u}}=\underset{\sim}{\boldsymbol{e}}\circ\underset{\sim}{\boldsymbol{R}}.$$

例如，设

$$\underset{\sim}{\boldsymbol{e}}=\boldsymbol{NLe}=(1,0.5,0,0,0,0,0),$$

则$\underset{\sim}{\boldsymbol{u}}=\underset{\sim}{\boldsymbol{e}}\circ\underset{\sim}{\boldsymbol{R}}$

$$=(1,0.5,0,0,0,0,0)\circ\begin{bmatrix}0&0&0&0&0&0&0&0.5&1\\0&0&0&0&0&0.5&0.5&0.5&0.5\\0&0&0&0.5&0.5&0.5&1&0.5&0\\0&0&0&0.5&1&0.5&1&0.5&0\\0&0.5&1&0.5&0.5&0.5&0&0&0\\0.5&0.5&0.5&0.5&0&0&0&0&0\\1&0.5&0&0&0&0&0&0&0\end{bmatrix},$$

将它表为模糊集即为：

$$\underset{\sim}{u}=\frac{0}{-4}+\frac{0}{-3}+\frac{0}{-2}+\frac{0}{-1}+\frac{0}{0}+\frac{0.5}{1}+\frac{0.5}{2}+\frac{0.5}{3}+\frac{1}{4},$$

由此“+4”级隶属度最大，故应取控制量为“+4”级，这就叫确切响应，也就是模糊判决.

另外观测结果也可以是非模糊的，如水位偏差处于“−2”级时

$$\underset{\sim}{\boldsymbol{e}}=(0,1,0,0,0,0,0),$$

$$\underset{\sim}{\boldsymbol{u}}=\underset{\sim}{\boldsymbol{e}}\circ\underset{\sim}{\boldsymbol{R}}=(0,0,0,0,0,0.5,0.5,0.5,0.5),$$

此时$\underset{\sim}{u}$的峰域为{1,2,3,4}四级,中心值在2.5.若峰域包括U的多个元素,但彼此不相邻,则无法得到确切响应,此时称模糊控制器对观测结果$\underset{\sim}{e}$是不可响应的.

最后,将所有非模糊观测结果做成响应表,就是最终采用的控制表.

此外,还能将模糊控制论方法应用于蒸汽机与锅炉的控制、压力容器的控制、烧结工厂原料混合渗透率的控制、十字路口的交通控制等,国内外已有不少应用实例,均已取得了良好的效果.

第三篇

灰色系统预测与决策

第一章
灰色系统概述

灰色系统理论(theory of grey system)起源于对控制论的研究. 灰色系统是我国创立的一门新学科,它的创始人是我国学者邓聚龙教授. 这门学科为处理"少数据不确定、信息不完全"的预测、决策问题,给出了一种很好的决策方法.

第一节　灰色系统的概念

一、"灰色"的含义

客观世界是物质的世界,也是信息的世界. 可是,在国民经济、工程技术、工业、农业、生态、环境、军事等各种系统中经常会遇到信息不完全的情况,如参数(或元素)信息不完全,结构信息不完全,关系(指内、外关系)信息不完全,运行行为信息不完全等.

在控制理论中,人们常用颜色的深浅来形容信息的明确程度,如将内部信息未知的对象称为黑箱(black box);再如在政治生活中,人民群众希望了解决策及其形成过程的有关信息,就提出要增加"透明度". 我们用"黑"表示信息未知,用"白"表示信息完全明确,用"灰"表示部分信息明确、部分信息不明确. 相应地,我们将信息完全明确的系统称为白色系统,信息未知的系统称为黑色系统,部分信息明确、部分信息不明确的系统称为灰色系统.

二、信息不完全的表现

在人们的社会、经济或科研活动中,会经常遇到信息不完全的情况. 如在农业生产中,即使是播种面积、种子、化肥、灌溉等信息完全明确,但由于劳动力技术水平、自然环境、气候条件等信息不明确,仍难以准确地预计出产量、产值. 又如生物防治,虽然人们对害虫与其天敌之间的关系十分明了,却往往因对害虫与饵料、天敌与饵料、某一种天敌与别的天敌、某一种害虫与别的害虫之间的关联信息了解不够,而难以取得预期的效果. 再如价格系统的调整与改革,常因缺乏某种商品价格变动对其他商品价格影响的确切信息而举步维艰;类似又如电工系统由于缺乏运行信息、参数信息而使电压、电流等参数的随机波动难以观测;在一些社会经济系统中,由于没有明确的"内""外"关系,系统本身与系统环境、系统内部与系统外部的边界若明若暗,难以分析输入(投入)对输出(产出)的影响,而对同一个经济变量,有的研究者把它视为内生变量,另一些研究者却把它视为外生变量,这是缺乏系统结构、系统模型及系统功能信息所致.

综上所述，系统信息不完全的情况有以下四种：

(1) 元素（参数）信息不完全；

(2) 结构信息不完全；

(3) 边界信息不完全；

(4) 运行行为信息不完全.

第二节　灰色系统理论的特点

灰色系统理论是一个内涵非常广泛的理论，它是系统控制理论的新发展，具有以下特点：

一、系统性

在灰色系统中，包含着部分已经确知的元素和部分未知的元素，这些元素之间是有机联系、相互作用的，具有某种相互依赖的特定关系，具有系统的全部特征，因而灰色系统是作为系统分类中的一种而存在的. 系统研究方法是研究和处理事物的整体联系的方法，必须遵循整体性原则、相关性原则、目的性原则以及动态性原则. 灰色系统的一般研究程序是：灰色统计，聚类，规律性数据的生成处理，然后通过各因素之间的关联性分析建立动态模型，做出预测，进而决策，最后达到对系统的控制，这就是系统研究的全过程. 可见，灰色系统理论处处包含着系统分析的思想.

二、联系性

作为研究对象的任何一个系统，都是由相互联系的多个因子组成的复杂系统. 在诸多因子中，有的对系统全局变化起主导作用，有的则作用不大；有些因子之间关系非常密切，而有的则不明显. 一般在进行系统分析时，很多时候不用对所有的因子加以研究，而只需抓住对系统影响大、相互之间关系密切，且能反映事物主要特征的那些因子来进行研究. 这些因子的确定，一般采用定性分析和经验判断. 而灰色系统理论则通过关联分析来研究系统中各因子之间的相互关系. 在系统的灰色控制、灰色预测、层次决策中，关联分析起到了重要作用，它渗透到灰色系统理论的全部技术方法中.

三、动态性

系统的特征之一是具有动态性，即把系统看作是一个随着时间变化而变化的函数，是一个动态变化的过程. 灰色系统理论与方法用表示时间序列的连续性微分方程建立的动态模型以及离散系统与系统的动态分析手段，来反映系统的动态特征，实现动态微分方程建模以及对系统的动态控制，这样就能够展示系统运行的全过程，就能预先逼近真实的系统，反映事物的运动规律，为系统控制的研究和实施创造条件.

四、内部性

灰色系统理论主张从内部研究问题，提倡在定量分析与定性分析相结合的基础上得出适宜于控制的“满意解”. 1953 年，艾什比首先使用“黑箱”一词来定义内部结构、特性和参数全部未知的系统.之后,又出现了“灰箱”的提法,“灰箱”意味着仍然是从外部来研究部分确知、部分不确知的系统.这样,内部的部分确知的信息不能充分发挥作用或不能得到充分利用,而在“灰箱”基础上提出的灰色系统,主张从事物的内部、从系统内部结构和参数研究系统.目前,随着科学研究的不断深入,所研究的系统越来越复杂,“精确化”“最优化”的解越来越难以求出,对此,灰色系统理论将以其定量分析与定性分析相结合的优势,在合理处理“精确”与“不精确”的基础上得出“满意解”.

第三节　“信息不完全”原理

一、“信息不完全”含义的引申

“信息不完全”是“灰”的基本含义.从不同的场合、不同的角度看,还可以将“灰”的含义加以引申.

“信息不完全”原理的运用是“少”与“多”的辩证统一,是“局部”与“整体”的转化,也是灰色系统理论研究问题的根本特征.“非唯一性”原理是灰色系统解决问题所遵循的基本思路.

人们在认识世界与改造世界的过程中常常自觉或不自觉地通过已经掌握的部分信息对事物做整体剖析,通过少量已知信息的筛选、加工、延伸和扩展,深化对系统的认识,再经系统改造、系统重组,提高效率.

“非唯一性”原理在决策上的体现是灰靶思想.灰靶是目标非唯一与目标可约束的统一,也是目标可接近、信息可补充、方案可完善、关系可协调、思维可多向、认识可深化、途径可优化的具体体现.“非唯一性”使人们处理问题的态度灵活机动,决策多目标,方法多途径,计划能调整,效果也具有可塑性,在面对许多可能的解时,能够通过定性分析,补充信息,确定出一个或几个满意解.“非唯一性”的求解途径是定性分析与定量分析相结合的求解途径,也是灰色系统和数学科学中常常采用的有效途径.

灰靶、灰数、灰元、灰关系是灰色系统的主要研究对象.因此,灰数及其运算、灰色矩阵与灰色方程是灰色系统理论的基础.工业控制及社会、经济、农业、生态等系统中,本征性灰系统的分析、建模、预测、决策和控制是其主要研究任务.

对一个问题的研究往往需要同时从若干方面综合进行.如制定一个地区或一个行业的长远发展规划,首先要对现状进行分析、诊断.然后在此基础上建立系统模型,对未来做出科学、可信的预测,制定计划,选准重点,进行有效的决策与控制,从而达到少投入、多产出的目的.再如研究生态系统的食物链,则同时涉及绿色植物、食草动物、食肉动物三个层次.而上述问题的解决,都同时包括了分析、建模、预测、决策和控制几个方面的内容.

二、灰色系统分析及其建模步骤

灰色系统分析主要包括灰色关联分析、灰色统计和灰色聚类等方面的内容.而灰色决策方法就是从灰色现象的特点出发,运用灰色系统理论与方法,通过灰色关联分析及相关的一些现代统计分析,进而建立起灰色关联分析模型,使灰色关系量化、序化、显化而得到满意的优化模型与优化决策的方法.

建模是灰色决策的核心，灰色决策建模可以克服传统建模要求数据完整、信息明确、分布典型有规律等缺陷. 灰色决策可以在少数据、少信息、任意分布的条件下，直接将离散的时间序列转化为微分方程，建立起能描述自然科学与社会科学中许多抽象系统发展变化的动态模型. 从控制的角度看，它是一种新的建模思想与方法；从数学的角度看，它是一种新的"逼近"途径. 而其系统建模主要是通过数的生成或序列算子作用，寻找其规律，然后根据灰色理论的五步建模思想完成系统建模. 灰色决策的五步建模如下：

语言模型→网络模型→量化模型→动态模型→优化模型

灰色预测是基于灰色动态 GM(1,1)模型进行的定量预测，按照其功能和特征可分成数列预测、区间预测、灾变预测、季节灾变预测、拓扑预测和系统预测；灰色决策包括灰靶决策、灰色关联决策、灰色统计、聚类决策、灰色局势决策、灰色层次决策和灰色规划等；灰色控制的主要内容包括本征性灰系统的控制问题和以灰色系统方法为主构成的控制，如灰色关联控制和 GM(1,1)预测控制等.

第四节　灰色系统与模糊数学、黑箱方法的区别

灰色系统与模糊数学、黑箱方法的区别，主要在于对系统内涵与外延处理态度不同，研究对象内涵与外延的性质不同. 灰色系统着重外延明确、内涵不明确的对象，模糊数学着重外延不明确、内涵明确的对象. 例如中国到 2008 年要把人口控制在 13 亿左右，或者说要控制在 12.5 亿到 13.5 亿之间，这"13 亿左右"或"12.5 亿到 13.5 亿之间"就是灰概念，其外延是明确的，但如果确切地问是哪个具体的数值，则不清楚；而"年轻人"这个概念则是个模糊概念，其内涵是明确的，但到底多少岁的人才算"真正的年轻人"就很难划分了，因为年轻人这个概念的外延不明确.

黑箱方法是着重于系统外部行为数据的处置方法，是因果关系的量化方法，是扬外延而弃内涵的处置方法，而灰色系统方法则是外延、内涵均扬的方法. 具体地，就建模基础而言，灰色系统是按生成数列建模，而黑箱方法却是按原始数据建模；就建模概念而言，灰色系统可以对单端对象(单序列)建模，而黑箱方法却适合对双端对象(双序列)建模.

灰色系统是由黑箱、灰箱理论发展起来的. 所谓"灰箱"问题指的就是客观事物中部分明确的这类问题，而"箱"即意味着仍然是从系统外部特征去研究，"箱"内部的白色信息无法利用. 灰色系统则主张打破"箱"的约束，主张着重从事物内部(结构、参数、总的特征)研究，尽量发挥白色信息的作用.

大系统，比如社会、经济系统一般都是部分白、部分黑的灰色系统，这些系统除了时间数据外，其他信息几乎全部没有. 为此，20 世纪 70 年代末，我国学者邓聚龙等人开始研究用时间数据列建立系统动态模型，做出了打开控制理论通向社会、经济领域第一个关卡的尝试. 在这里，灰色系统的"外"是指仅用系统输出的时间数据列，不涉及别的信息. 而这里灰色系统的"内"则是指模型是微分方程而不是差分方程，是长期的发展变化模型，不是短期的变化关系. 因为"内"与"外"(对抽象系统而言)实际上是指接近事物本质的程度、了解内在规律的程度，只有认识了事物的内部本质，才可能揭示事物发展变化的长期规律；对内部本质认识

越深，对事物发展变化的长期规律了解才越深.而仅认识表面现象、外部特征，只能理解事物发展变化的较短过程.

第五节　三种不确定性理论比较

一、三种不确定性理论的研究宗旨

灰色理论（grey theory）、概率论（probability）与模糊理论（fuzzy theory）是三种不同的不确定性理论，这三种不确定性理论研究内容的区别在于：

(1) 灰色理论讨论“少数据不确定”，强调信息优化，研究现实规律.

(2) 概率论讨论“大样本不确定”，强调统计数据与历史关系，研究历史的统计规律.

(3) 模糊理论讨论“认知不确定”，强调先验信息，依赖人的经验，研究经验认知的表达规律.

二、三种不确定性理论的全面对比

下面列表（表 3-1）对三种不确定性理论做一全面对比与区分.

表 3-1　灰色理论、概率论、模糊理论三者的区别

	灰色理论	概率论	模糊理论
内涵	小样本不确定	大样本不确定	认知不确定
基础	灰朦胧集	康托集	模糊集
依据	信息覆盖	概率分布	隶属函数
手段	生成	统计	截集
特点	少数据	大样本	经验(数据)
要求	允许任意分布	要求经典分布	隶属度可知
目标	现实规律	历史统计规律	认知表达
思维方式	多角度	重复再现	外延量化
信息准则	最小信息	无限信息	经验信息

三、关于三种理论“区别”的解释

(一)基础

灰色理论的基础是灰朦胧集，概率论的基础是康托集，模糊理论的基础是模糊集.

若记属于集合 A 的元素的特征值为 1，不属于 A 的元素的特征值为 0，则有：

康托尔集（cantor set）是只包含“1”与“0”的集合，其元素具有“是”或“非”的特征.

模糊集（fuzzy set）是可以在区间[0,1]连续取值的集合.

灰朦胧集（grey hazy set）是可以兼容“0”与“1”、兼容[0,1]，并具有演变动态的集合，是信息由少到多不断补充的集合，是元素由不明确到明确、由抽象到具体、由灰到白的集合，是有“生命”、有“时效”、有动态的集合，是具有四种形态——胚胎、发育、成熟与实证的集合.

(二)依据

灰色理论的依据是信息覆盖，概率论的依据是概率分布，模糊理论的依据是隶属函数.

由于概率分布与隶属函数人们已熟知，故只对灰色理论的依据——信息覆盖加以解释.

所谓信息覆盖是指用一组信息去包容、覆盖给定的命题，如用集合{童年，少年，青年，中年，老年}覆盖人的一生，用一组关键词覆盖一篇论文的基本内容.

信息覆盖的实质是：不完全信息的汇集，认知的灰性.

(三)手段

灰色理论的研究手段为灰色生成，概率论的研究手段为统计，模糊理论的研究手段为边界取值.

概率论中的统计，及模糊集运算的取大“∨”和取小“∧”均为人们熟知，故只解释灰色生成.

灰色生成是数据处理、信息加工. 其目的是为灰色分析、灰色建模、灰色预测、灰色决策等提供可比、合理、同极性的数据，发现数据中隐含的规律.

(四)特点

灰色理论的特点即少数据，概率论的特点即大样本，模糊理论的特点为经验.

概率论与模糊理论的特点是显见的.

灰色理论为少数据的概念是：灰动态模型的建立，可少到 4 个数据；灰色关联分析模型的建立，每一序列可少到 3 个数据；灰局势决策，每一目标可少到 3 个样本.

(五)要求

灰色理论允许数据为非典型分布，概率论要求典型分布，而隶属函数是模糊理论赖以建立的基础. 既然灰色理论研究少数据不确定，就不可能构成某种分布.

(六)思维方式

灰色理论的思维方式是多视角的，概率论的思维方式为重复再现，模糊理论的思维方式为外延量化.

灰色理论以信息覆盖为依据，信息覆盖体现多视角.

概率论与数理统计研究历史统计规律，这决定了它的思维方式是重复再现(类比).

模糊理论将不确定的外延用隶属度(函数)表达，这就是外延量化.

(七)信息准则

灰色理论为最小信息，概率论为无限信息，模糊理论为经验信息.

灰色理论立足于(有限)序列，而非函数；立足于对称，而非任意取点.

概率论立足于大样本，追求无穷信息.

模糊理论立足于经验丰富，立足于以经验为内涵的隶属函数.

灰色理论自诞生以来迅速成长，其应用遍及了工业、农业、经济、气象、社会、生态、水利、生物等诸多领域，成为对社会、国民经济、科学技术等各种客观、抽象系统进行分析、建模、预测、决策的一个新型工具.

第二章
灰色理论与灰色建模

在宏观世界中，灰色系统比白色系统和黑色系统更普遍存在，可以说，白色系统和黑色系统不过是灰色系统的极端存在形式. 由于对于任何现实系统我们都很难完全掌握或完全获得与之有关的所有信息，即形形色色的现实系统都具有一定的灰度，因此，从这个意义上来说，研究灰色系统更具有普遍的现实意义. 灰色系统不仅研究的对象非常广泛而且它研究的内容也是很多的.

第一节　灰色理论的主要内容

目前，灰色理论的研究主要包括灰色哲学、灰色生成、灰色分析、灰色建模、灰色预测、灰色决策、灰色控制、灰色评估、灰色数学等.

一、灰色哲学

灰色哲学的主要内容有：研究定性认知与定量认知、符号认知的关系；研究默承认、默否认、否认、承认、确认、公认的内涵；研究原理、性质、模式；研究少信息的思维规律等.

二、灰色生成

灰色生成是数据的映射、转化、加工、升华与处理. 其目的是为灰色哲学提供定性资料的转化数据，为灰色分析提供数据的可比领域，为灰色建模提供初加工的数据基础，为灰色决策提供统一测度的数据矩阵.

三、灰色分析

灰色分析一般指灰色关联分析. 灰色关联分析是将运行机制与物理原型不清晰或者根本缺乏物理原型的灰色关系序列化、模式化，进而建立灰色关联分析模型，使灰色关系量化、序化、显化.

四、灰色建模

灰色建模是少数据（允许少数据）的建模，是基于灰因果律、差异信息原理、平射原理的建模. 其目的是在数据有限（即有限序列）的条件下，模仿微分方程建立具有部分微分方程性质的模型.

五、灰色预测

灰色预测是建立(行为)时轴上现在与未来的定量关系.通过此定量关系(灰色模型)预测事物的发展.

六、灰色决策

灰色决策是对事物与对策的灰色关系,在数据的统一测度空间,按目标进行量化或灰色关联化,以找出应对事件的满意对策.

七、灰色控制

灰色控制目前主要是灰色预测控制.灰色预测控制是按新陈代谢的采样序列,建立时间轴上的滚动模型,或者称为滚动建模,通过滚动模型获得系统行为发展的预测值,然后用预测值对系统进行控制.

八、灰色评估

灰色评估是对事物的灰色类别进行评估.

九、灰色数学

灰色数学是对非完全抽象的灰数,在灰认知模式的基础上,在灰朦胧集的框架下,研究其运算的法则、算式、模式,研究灰数本身的结构、内涵、性质、类别,研究灰数的表达,研究其灰度的大小与变化.

第二节　灰色建模概述

所谓灰色模型是指在序列的基础上,所建立的近似微分方程模型.

一、灰色模型类型

(1) 单序列的 1 阶到 n 阶线性动态模型;
(2) 多序列的 1 阶到 n 阶线性动态模型;
(3) 非线性动态、静态模型.

二、灰色模型结构

(1) 白色子块与灰色子块的耦合;
(2) 大系统的等效窗口;
(3) 灰色大系统逐步白化的白色嵌入.

三、灰色建模性质

(一)数据量

(1) 回归模型、差分模型、时序模型属于大样本量模型;

(2) 模糊模型属经验模型,但仍以大量经验(数据)为基础;

(3) 灰色模型属少数据模型,建立一个常用的灰色模型 GM(1,1),允许数据少到 4 个.

(二)模型性质

(1) 回归模型、时序模型为函数模型,差分模型为差分方程模型,模型在关系上、性质上不具有不确定性;

(2) 模糊模型也属函数模型,在模型的关系上、性质上也不具有不确定性;

(3) 灰色模型既不是一般的函数模型,也不是完全(纯粹)的差分方程模型或完全(纯粹)的微分方程模型,而是具有部分差分性质、部分微分性质的模型,模型在关系上、性质上、内涵上具有不确定性.

四、灰色建模的难点与要点

(一)难点

我们知道,一般微分方程含有差异信息,而只当差异信息可以演化,而且演化具有极限时,才可以定义微分. 然而,“具有极限”表明差异信息是无穷多的,表明微分方程模型是差异信息无穷空间的模型. 通过序列比较,可以获得差异信息,而作为序列(一般指有限序列)只能获得有限差异信息,因此,用序列建立微分方程模型,实质上是用有限差异信息建立一个无限差异信息模型,这就是灰色建模的难点.

(二)要点

灰色建模的要点(思路)是:从序列的角度剖析一般微分方程,以了解其构成的主要条件;然后,对那些近似的、基本满足这些条件的序列建立起近似的(信息不完全的)微分方程模型.

对微分方程做序列剖析的途径、手段与基础是差异信息原理、灰因果律、平射.

五、灰色建模方法

(1) 微分拟合法;

(2) 灰色模块求解法.

六、灰色关联分析

(1) 关联度、关联极性、关联序;

(2) 计划经济与市场经济的关联模型.

七、灰色预测

(1) 灰色模块;

(2) 灰色平面;

(3) 数据函数残差辨识；
(4) 单段函数残差辨识.

八、灰色规划

(1) 灰色物流；
(2) 灰色非线性规划；
(3) 灰色动态规划；
(4) 灰色区别；
(5) 灰色动态区别.

九、灰色决策

(1) 灰色局势决策；
(2) 灰色层次决策.

十、灰色系统的动态分析

用灰色系统研究社会、经济系统的意义在于：将抽象的问题具体化、量化；对信息不完全、变化规律不明确的事物，找出其规律，用以分析事物的发展变化过程，分析事物的可控性、可观性、可达性；通过分析，揭示系统发展过程的优势、劣势、潜力、危机；通过揭示，做出正确的决策，以促进系统迅速、健康、满意、高效地发展.

社会、经济系统的复杂性与抽象性，使得建模成为对社会、经济系统研究的最大障碍.而通过灰色系统的五步建模，可以对系统的整体功能、协调功能，以及系统各因素之间的关联关系、因果关系、动态关系进行具体的量化研究.灰色系统的五步建模如下：

(1) 语言模型.研究系统前首先要明确目的、要求、条件.而明确这些问题首先要有思想的开发，然后将思想开发的结果用准确精练的语言进行描述，这就是语言模型.如政府以文件形式下发的各种政策性规定，自然科学和社会科学中的许多结论性论述等，都是高层次的语言模型.

(2) 网络模型.在语言模型的基础上，进行因素分析，做前因与后果的辨识，做关系的归纳分解，然后将构成“前因”与“后果”的一对或几对，多个前因或多个后果，作为一个整体(环节)，并用方框表示，就得到一个单元网络，或称为一个环节的框图，如图 3-1 所示.

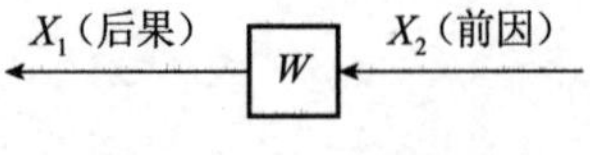

图 3-1 单元网络图

在图 3-1 中，前因亦称环节 W 的输入，用 X_2 表示；后果亦称环节 W 的输出，用 X_1 表示.

但系统一般包含有相互关联的多个因素(变量).作为前因的因素，也可能是上一个环节的后果.有时还会相互穿插，交替影响.图 3-2 所示的多环节网络框图，就反映了这些关联因素之间的网络关系.

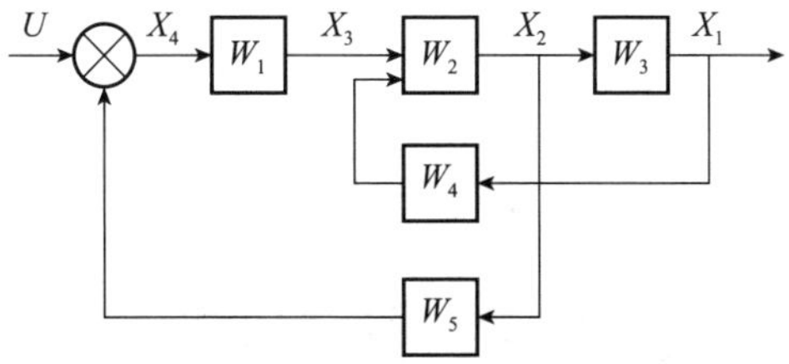

图 3-2　多环节网络图

(3) 量化模型. 得到网络模型后，搜集前因与后果之间的数量关系. 如 X_1 与 X_2 之间若有比例关系 k，即 $X_1 = kX_2$，则在图 3-2 的相应方框内填上 k，这就是量化模型.

(4) 动态模型. 上述量化模型，只能说明前因与后果之间的简单量化关系，而不能说明"前因"作用在环节上以后，"后果"如何发展变化；"前因"如何随时间变化，"后果"又如何变，是增长还是衰减，是变得快还是变得慢等. 显然这些问题的回答依赖于 X_1 与 X_2 的时间数据序列. 通过输入、输出的时间数据序列可以建立它们之间的发展变化关系，这称为动态模型.

(5) 优化模型. 前述动态模型的动态品质如果不能令人满意，则应采取适当措施，改变系统参数、结构或加入新的环节. 进行这种优化处理后的模型称为优化模型.

建模是灰色系统的核心内容. 传统的建模方法只限于差分方程和离散模型，不便于描述生命科学、社会科学、经济学、生物医学等系统内部的物理或化学过程的本质. 而在灰色系统中，可以直接将时间序列转化为微分方程，进而建立起抽象系统发展变化的动态模型. 从控制的角度看，它是一种新的建模思想与方法；从数学角度看，这是一种新的"逼近"途径.

灰色系统用到的模型一般是指：

(1) 微分方程描述的动态模型.

(2) 时间函数形式的时间响应模型.

(3) 拉普拉斯变换关系描述的动态模型，这里仅是指线性常系数系统. 当系统中有灰元时，则灰元的存在，或者灰数域范围的位置，应该不影响拉普拉斯变换的存在.

(4) 动态框图. 动态框图特别有利于系统中各变量间关系的说明.

我们知道，在灰色系统中，"语言模型—网络模型—量化模型—动态模型—优化模型"的建模过程，是信息不断补充，系统因素及其关系不断明确，明确的关系进一步量化，量化后关系进行判断改进的过程，是系统由灰变白的过程. 以思想开发为基础的语言模型，是建立在人们头脑中大量先验信息(即先验的白化信息)的基础上的，可是又缺乏大量的其他信息(如量化信息)以及没有对先验信息进行加工处理，因此只能以语言模型的形式表现出来，并且由于概括程度的不同，模型是有层次的，概括性越强，层次越高. 语言模型主要描述了事物的客观实际. 建立语言模型，便起到了"确立事实"的作用. 对语言模型补充说明因素性质、因素间关系的信息，便可建立网络模型. 对网络模型补充各因素偶对("前因"与"后果")问题的定量关系信息，便得到了初级的量化模型. 如果能补充"前因""后果"的时间数据序列，便可建立高级的量化模型，即动态模型. 可见，上述五步建模体现了灰色系统不断白化的思想.

从方法的角度看，对灰色系统的研究大体包括：(1) 灰色因素的关联分析；(2) 灰色系统思想与方法；(3) 灰色预测方法；(4) 灰色决策方法；(5) 灰色系统分析；(6) 灰色系统控制.

第三章 灰色因素的关联分析

第一节　关联分析的概念和特点

灰色因素关联分析即灰因素的系统分析. 在含有多种因素的系统中，因素的主次、影响的大小、显在或潜在的程度等，都可以通过关联分析加以明确，这是一种分析系统中各因素相关联程度的方法，或者说，是对系统动态过程发展态势的量化比较分析的方法. 其基本思路是依据系统历史有关统计数据的几何关系和相似程度来判断其关联程度. 关联分析可以是点与点的关联分析、区间与区间的关联分析或空间与空间的关联分析，也可以是序列与序列的关联分析. 关联分析有以下几个特点：

(1) 对数据要求不甚严格，不像统计分析那样，要求大量观察数据，也不要求数据有典型分布规律(线性、指数或对数的)；

(2) 计算方法简便，即使是多因素比较分析，计算工作量也不像统计分析那样复杂.

第二节　关联分析的计算方法

灰色关联分析的计算一般分为如下步骤：原始数据变换，计算关联系数，求关联度.

灰色关联分析方法是根据因素之间的发展趋势的相似或相异程度，来衡量因素间关联程度的方法. 此分析方法对样本量的多少没有要求，计算量小，也不需要有典型的分布规律. 对系统进行关联度分析，需找出数据序列，即用什么数据才能反映系统的行为特征. 用几何图形的方法效果很明显，能观察出哪些数据序列间的关联度大，哪些数据序列间的关联度小.

设有 n 个时间序列：

$$\{x_1(t)\},t=1,2,\cdots,M,$$
$$\{x_2(t)\},t=1,2,\cdots,M,$$
$$\vdots$$
$$\{x_n(t)\},t=1,2,\cdots,M,$$

其中，M 为数据的个数，n 个序列代表 n 个因素(变量). 另外，再设定一个时间序列 $\{x_0(t)\}$，$t=1,2,\cdots,M$，它们的具体图形如图 3-3 所示.

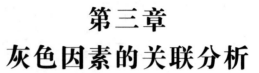

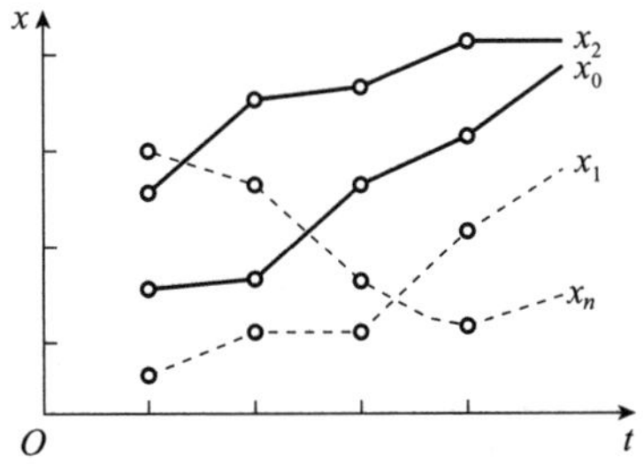

图 3-3 各时间序列间的关联度比较图

从图 3-3 中可明显看出，几何形状相似的时间序列关联度较大；反之，几何形状差异度较大的时间序列关联度较小. 例如，$x_0(t)$和 $x_1(t)$，$x_0(t)$和 $x_2(t)$之间的关联度大于 $x_0(t)$和 $x_n(t)$之间的关联度.

一、原始数据变换

关联度由关联系数演变而来，在计算关联系数之前必须先进行原始数据的变换，消除量纲对数列之间关系的影响. 不同的数据序列由于物理意义不同，量纲也不一定相同. 例如，产值一般用"元"作为价值单位，产量却用"千克"作为度量单位，而种植面积一般用"公顷"或者"亩"来计量，不同的量纲会造成几何曲线的比例不同，因此进行数列比较时，很难得到正确的结果，故必须消除量纲对序列的影响，使序列转换为可以进行比较的数列. 原始数据变换的方法通常有两种：

(1) 均值化变换. 先分别求出每个序列的平均值，然后用各个序列的均值去除相应序列中的每一个数据，得到一组新的序列，于是在新的序列中没有了量纲，而且新的序列中的每一个数都分布在 1 左右.

(2) 初值化变换. 把每一组序列中的每一个数分别去除相应序列中的第一个数，得到一组新的序列，称为初值化数列. 初值化数列中没有量纲.

在消除序列量纲的过程中，两种方法都可以，但在对稳定的经济系统做动态序列的关联度分析时，一般情况下用初值化变换，因为经济系统中大多数的动态序列是呈增长趋势的. 如果对原始数列只做数据之间的关联度分析，也可以使用均值化变换.

二、计算关联系数

记消除量纲后的一个序列为$\{x_0(t)\}$，另一个序列为$\{x_1(t)\}$，如果两个序列处在同一时刻 k 的值分别记为$\{x_0(k)\}$，$\{x_1(k)\}$，即

$$X_0(t) = \{x_0(1), x_0(2), x_0(3), \cdots, x_0(k)\},$$

$$X_1(t) = \{x_1(1), x_1(2), x_1(3), \cdots, x_1(k)\},$$

则 $x_0(i)$，$x_1(i)$的绝对差值记为

$$\Delta_i = |x_0(i) - x_1(i)| \quad (i=1,2,3,\cdots,k).$$

若将各个时刻的最小差值记为 $\Delta_{\min}$，最大差值记为 $\Delta_{\max}$，即

$$\Delta_{\min} = \min_{1 \leqslant i \leqslant k}\{|x_0(i) - x_1(i)|\},$$

$$\Delta_{\max} = \max_{1 \leqslant i \leqslant k}\{|x_0(i) - x_1(i)|\},$$

则关联系数(correlative coefficient)的计算公式为

$$r_i=\frac{\Delta_{\min}+\rho\Delta_{\max}}{\Delta_i(k)+\rho\Delta_{\max}},$$

其中$\Delta_i(k)$为k时刻两比较序列的绝对差;ρ为分辨系数,取值介于0～1之间,一般情况下的ρ可取0.1～0.5,ρ的作用是消除$\Delta_{\max}$值过大从而使计算的关联系数r_i值失真的影响.

关联系数反映了两个序列在同一时刻的紧密程度,关联系数越大,两个序列在该时刻的关系越密切,反之,两个序列在该时刻的关系越不密切.从关联系数的公式中不难看出,在某个时刻$\Delta_i(k)$取最小值$\Delta_{\min}$时,关联系数r的值为1;$\Delta_i(k)$的值取最大即为$\Delta_{\max}$时,r的值取最小值.因此,关联系数r的取值范围为$0<r\leqslant 1$.

三、求关联度

关联度是一种“关系”,两个时间序列借助于几何图形进行比较,如果两个几何图形在任一时刻点的值都相等,则两个序列的关联度一定等于1.因此,两序列的关联度是两个序列各个时刻关联系数的算术平均数,用R表示,则

$$R=\frac{1}{N}\sum_{i=1}^{N}r_i,$$

其中,N为两个序列的数据个数,r_i为两个序列i时刻的关联系数.

四、关联度的性质

关联度具有以下三种性质:

(1) 自反性:设$X_0(t)$为一时间序列,则该序列自身的关联度$R_{00}=1$.

(2) 对称性:设有两个序列$X_1(t)$,$X_2(t)$,则$X_1(t)$,$X_2(t)$的关联度R_{12}和$X_2(t)$,$X_1(t)$的关联度R_{21}相等,即$R_{12}=R_{21}$.

(3) 传递性:设有三个序列$X_0(t)$,$X_1(t)$,$X_2(t)$,如果$R_{01}>R_{02}$,$R_{02}>R_{12}$,则$R_{01}>R_{12}$.

五、关联度计算方法举例

以下举例说明关联度的计算步骤与方法.

设有四组时间序列:

$$\{x_1^{(0)}\}=\{39.5,40.3,42.1,44.9\},$$

$$\{x_2^{(0)}\}=\{46.7,47.3,48.2,47.5\},$$

$$\{x_3^{(0)}\}=\{5.4,5.8,6.1,6.3\},$$

$$\{x_4^{(0)}\}=\{6.1,6.0,5.8,6.4\},$$

(1) 以$\{x_1^{(0)}\}$为母序列,其余数列为子序列.

(2) 将原始数据做初值化处理,则

$$\{x_1^1\}=\left\{\frac{39.5}{39.5},\frac{40.3}{39.5},\frac{42.1}{39.5},\frac{44.9}{39.5}\right\}=(1,1.02,1.07,1.14),$$

$$\{x_2^2\}=\left\{\frac{46.7}{46.7},\frac{47.3}{46.7},\frac{48.2}{46.7},\frac{47.5}{46.7}\right\}=(1,1.01,1.03,1.02),$$

$$\{x_3^3\}=\left\{\frac{5.4}{5.4},\frac{5.8}{5.4},\frac{6.1}{5.4},\frac{6.3}{5.4}\right\}=(1,1.07,1.13,1.17),$$

$$\{x_4^4\}=\left\{\frac{6.1}{6.1},\frac{6.0}{6.1},\frac{5.8}{6.1},\frac{6.4}{6.1}\right\}=(1,0.98,0.95,1.05),$$

(3) 计算各子序列同母序列在同一时刻的绝对差，计算公式为

$$\Delta_{1i}=|x_1(t)-x_i(t)|\quad (i=2,3,4,t=1,2,3,4).$$

计算结果如表 3-2 所示.

表 3-2　两比较序列的绝对差

Δ_{1i}	t			
	1	2	3	4
$\Delta_{12}(t)$	0	0.01	0.04	0.12
$\Delta_{13}(t)$	0	0.05	0.06	0.03
$\Delta_{14}(t)$	0	0.04	0.12	0.09

从表中找出最小值和最大值：

$$\Delta_{\min}=0,\Delta_{\max}=0.12.$$

(4) 计算关联系数(取 $\rho=0.5$)

$$r_{1i}=\frac{\Delta_{\min}+\rho\Delta_{\max}}{\Delta_{1i}(t)+\rho\Delta_{\max}}\ (i=2,3,4).$$

计算关联系数的结果如表 3-3 所示.

表 3-3　关联系数计算值

Δ_{1i}	t			
	1	2	3	4
$r_{12}(t)$	1	0.86	0.60	0.33
$r_{13}(t)$	1	0.55	0.50	0.67
$r_{14}(t)$	1	0.60	0.33	0.40

(5) 计算关联度

$$R_{12}=\frac{1}{4}\sum_{t=1}^{4}r_{12}(t)=\frac{1+0.86+0.60+0.33}{4}=0.70,$$

$$R_{13}=\frac{1}{4}\sum_{t=1}^{4}r_{13}(t)=\frac{1+0.55+0.50+0.67}{4}=0.68,$$

$$R_{14}=\frac{1}{4}\sum_{t=1}^{4}r_{14}(t)=\frac{1+0.60+0.33+0.40}{4}=0.58,$$

则对各序列 $\{x_i^{(0)}\}$ 之间的关联度，有

$$R_{12}>R_{13}>R_{14}.$$

第四章
灰色系统预测建模原理与方法

第一节　灰色预测的概念

预测即借助于对过去的探讨去推测、了解未来，而灰色预测(grey forecast)则是通过原始数据的处理和灰色动态模型(grey dynamic model)的建立，发现、掌握系统发展规律，对系统的未来状态做出科学的定量预测. 灰色预测方法的特点表现在：首先，它把离散数据视为连续变量在其变化过程中所取的离散值，从而可利用微分方程处理数据；其次，不直接使用原始数据，而是由它产生累加生成数，对生成数序列使用微分方程模型. 这样就可以抵消大部分随机误差，显示出规律. 灰色预测方法现在已经广泛应用于社会经济和科学技术的各个领域，并取得了良好的预测效果，其原因是灰色预测具有以下优点：

(1) 灰色预测方法计算简单. 灰色预测以深厚的数学知识为其基础，但计算步骤却较简单，多数可由人工或计算器完成.

(2) 灰色预测需要的原始数据少. 有些统计方法需要大量的统计数据才能找出现象发展的规律，而灰色预测需要的数据较少，只用四五个数据就可做累加，进而建立模型进行预测.

(3) 灰色预测的适用范围较广，灰色预测不但可以进行短期预测，也可用于中、长期预测.

第二节　灰色预测的类型

一、数据预测

有些数据随时间的变化呈现出规律变化，预测在将来的某个时刻该数据数量的多少，称为数据预测. 例如，预测某地区的游客人数随时间推移的变化规律.

二、灾变预测

对发生灾变或可能出现异常突变事件的时间进行的预测称为灾变预测. 例如，对某地区旱灾、涝灾的预测以及对地震时间的预测等.

三、系统预测

对系统中变量间相互协调发展变化及其数量进行的预测称为系统预测. 例如，在大农业系统中，农、林、牧、渔各业产值对农业总产值影响的预测属于系统预测.

四、拓扑预测

在坐标系中，画出原始数据对应的曲线图，在曲线上找出各个定值对应的时点，形成时点数列，然后建立模型，预测未来某定值发生的时点，这种预测称为拓扑预测.

第三节　灰色系统预测建模原理与步骤

一、建模原理

灰色理论是将随机的无规律的原始数据生成后，使其变为较有规律的生成数列，进而建立灰色动态模型进行预测、控制、决策的理论.

灰色系统常用的生成方式有三类：累加生成、累减生成、映射生成. 下面以累加生成为例介绍灰色预测建模的方法.

设原始数列为 $X^{(0)}=\{x^{(0)}(1),x^{(0)}(2),\cdots,x^{(0)}(n)\}$，将原始数列经过一次累加生成，可获得新数据列：

$$X^{(1)}=\{x^{(1)}(1),x^{(1)}(2),\cdots,x^{(1)}(n)\},$$

其中 $x^{(1)}(1)\ (k)=\sum\limits_{i=1}^{k}x^{(0)}(i)(k=1,2,\cdots,n)$.

对于非负的数据列，累加的次数越多，随机性弱化越明显，数据列呈现的规律性越强. 这种规律如果能用一个函数表示出来，这种函数就称为生成函数. 一般情况下，生成函数为指数函数.

二、建立灰色模型步骤

灰色模型(grey model)记为 GM. 微分方程适合描述社会经济系统、生命科学内部过程的动态特征，因此灰色系统预测模型的建立，常应用微分拟合法为核心的建模方法.

GM(m,n)表示 m 阶 n 个变量的微分方程. 在 GM(m,n)模型中，由于 m 越大，计算越复杂，因此常用的灰色模型为 GM(1,i)，称为单序列一阶线性动态模型.

下面以 GM(1,1)为例说明建模步骤.

(一)GM(1,1)的建模过程

GM(1,1)表示一阶一个变量的微分方程预测模型，它是灰色预测的基础，主要用于时间序列预测. 其建模步骤为：

第一步，设原始数列为

$$X^{(0)}=\{x^{(0)}(1),x^{(0)}(2),\cdots,x^{(0)}(n)\}.$$

第二步，对原始数列做一次累加生成，得累加生成数列

$$X^{(1)}=\{x^{(1)}(1),x^{(1)}(2),\cdots,x^{(1)}(n)\},$$

其中

$$x^{(1)}(k)=\sum_{i=1}^{k}x^{(0)}(i)\quad(k=1,2,\cdots,n).\tag{1}$$

对累加生成数列建立预测模型的白化形式方程：

$$\frac{\mathrm{d}X^{(1)}}{\mathrm{d}t}+aX^{(1)}=u,\tag{2}$$

式中 a,u 为待定系数.

第三步，利用最小二乘法求出参数 a,u 的值：

$$[\boldsymbol{a},\boldsymbol{u}]^{\mathrm{T}}=(\boldsymbol{B}^{\mathrm{T}}\boldsymbol{B})^{-1}\boldsymbol{B}^{\mathrm{T}}\boldsymbol{Y}_n,\tag{3}$$

其中累加矩阵 $\boldsymbol{B}$(由累加生成数列构成)为

$$\boldsymbol{B}=\begin{bmatrix}-\frac{1}{2}[x^{(1)}(1)+x^{(1)}(2)] & 1\\ -\frac{1}{2}[x^{(1)}(2)+x^{(1)}(3)] & 1\\ -\frac{1}{2}[x^{(1)}(3)+x^{(1)}(4)] & 1\\ \vdots & \vdots\\ -\frac{1}{2}[x^{(1)}(n-1)+x^{(1)}(n)] & 1\end{bmatrix},\tag{4}$$

原始数据列矩阵为

$$\boldsymbol{Y}_n=\begin{bmatrix}x^{(0)}(2)\\ x^{(0)}(3)\\ x^{(0)}(4)\\ \vdots\\ x^{(0)}(n)\end{bmatrix}.\tag{5}$$

第四步，将求得的参数 a,u 代入(2)式并求解此微分方程，得 GM(1,1)预测模型为

$$\hat{x}^{(1)}(k+1)=\left(x^{(0)}(1)-\frac{u}{a}\right)\mathrm{e}^{-ak}+\frac{u}{a}.\tag{6}$$

第五步，对(6)式表示的离散时间响应函数中的序变量 k 求导，得还原模型为

$$\hat{x}^{(0)}(k+1)=(-a)\left(x^{(0)}(1)-\frac{u}{a}\right)\mathrm{e}^{-ak}.\tag{7}$$

(二)模型精度检验

精度检验有两种方法：

第一，绝对误差与相对误差检验，公式如下：

$$q^{(0)}(t)=x^{(0)}(t)-\hat{x}^{(0)}(t),\tag{8}$$

$$e(t)=\frac{x^{(0)}(t)-\hat{x}^{(0)}(t)}{x^{(0)}(t)}=\frac{q^{(0)}(t)}{x^{(0)}(t)},\tag{9}$$

式中，$q^{(0)}(t)$表示残差；$x^{(0)}(t)$表示 t 时刻的实际原始数据值；$\hat{x}^{(0)}(t)$表示 t 时刻的预测数据

值；$e(t)$表示相对误差.

第二，后验差检验法：

求$x^{(0)}(t)$的平均值$\bar{x}$：

$$\bar{x}=\frac{1}{n}\sum_{t=1}^{n}x^{(0)}(t). \tag{10}$$

求$x^{(0)}(t)$的方差s_x^2：

$$s_x^2=\frac{1}{n}\sum_{t=1}^{n}(x^{(0)}(t)-\bar{x})^2. \tag{11}$$

求残差$q^{(0)}(t)$的均值$\bar{q}$：

$$\bar{q}=\frac{1}{n}\sum_{t=1}^{n}q^{(0)}(t). \tag{12}$$

求$q^{(0)}(t)$的方差s_q^2：

$$s_q^2=\frac{1}{n}\sum_{t=1}^{n}(q^{(0)}(t)-\bar{q})^2. \tag{13}$$

求后验比值c：

$$c=s_q/s_x. \tag{14}$$

求小误差概率p：

$$p=P\{|q^{(0)}(t)-\bar{q}|<0.6745s_q\}. \tag{15}$$

一般情况下，c越小越好，一般要求$c<0.35$，最大不能超过0.65；同时p越大越好，一般要求$p>0.95$，不能小于0.7.具体精度等级见表3-4.

表3-4　灰色预测模型精度等级

等级	等级代号	p	c
好	Ⅰ	>0.95	<0.35
合格	Ⅱ	>0.80	<0.45
勉强	Ⅲ	>0.70	<0.50
不合格	Ⅳ	$\leqslant 0.70$	$\geqslant 0.65$

若检验不合格，应再建残差GM(1,1)模型进行修正.

第四节　灰色预测模型应用实例

例3-1　已知某市工业总产值数据如表3-5，试建立该市工业总产值的GM(1,1)模型并进行预测.

表3-5　某市工业总产值原始数据

时间	2001年	2002年	2003年	2004年
工业总产值/亿元	60.3	79.94	95.61	111.5

表 3-5 内容可写成：

$$x^{(0)}(t)=\{60.3,79.94,95.61,111.5\}.$$

(1) 一次累加生成数列：

$$x^{(1)}(k)=\{60.3,140.24,235.85,347.35\}.$$

(2) 建立数据矩阵 $\boldsymbol{B}$ 和 $\boldsymbol{Y}_n$.

根据第三节的(4)式和(5)式有

$$\boldsymbol{B}=\begin{bmatrix}-\frac{1}{2}(60.3+140.24) & 1\\ -\frac{1}{2}(140.24+235.85) & 1\\ -\frac{1}{2}(235.85+347.35) & 1\end{bmatrix}=\begin{bmatrix}-100.27 & 1\\ -188.045 & 1\\ -291.6 & 1\end{bmatrix},$$

$$\boldsymbol{Y}_n=(79.94,95.61,111.5)^{\mathrm{T}}.$$

(3) 根据第三节的(3)式利用最小二乘法有

$$[\boldsymbol{a},\boldsymbol{u}]^{\mathrm{T}}=(\boldsymbol{B}^{\mathrm{T}}\boldsymbol{B})^{-1}\boldsymbol{B}^{\mathrm{T}}\boldsymbol{Y}_n,$$

其中

$$\boldsymbol{B}^{\mathrm{T}}\boldsymbol{B}=\begin{bmatrix}-100.27 & -188.045 & -291.6\\ 1 & 1 & 1\end{bmatrix}\begin{bmatrix}-100.27 & 1\\ -188.045 & 1\\ -291.6 & 1\end{bmatrix}.$$

$$=\begin{bmatrix}130445.55 & -579.915\\ -579.915 & 3\end{bmatrix}.$$

因为

$$(\boldsymbol{B}^{\mathrm{T}}\boldsymbol{B}\,\vdots\,\boldsymbol{I})=\left[\begin{array}{cc:cc}130445.55 & -579.915 & 1 & 0\\ -579.915 & 3 & 0 & 1\end{array}\right]$$

$$\sim\left[\begin{array}{cc:cc}1 & -0.0044456 & 0.0000077 & 0\\ 0 & 0.4219020 & 0.0044456 & 1\end{array}\right]$$

$$\sim\left[\begin{array}{cc:cc}1 & 0 & 0.0000545 & 0.0105372\\ 0 & 1 & 0.0105372 & 2.3702185\end{array}\right],$$

所以

$$(\boldsymbol{B}^{\mathrm{T}}\boldsymbol{B})^{-1}=\begin{bmatrix}0.0000545 & 0.0105372\\ 0.0105372 & 2.3702185\end{bmatrix}.$$

又 $$\boldsymbol{B}^{\mathrm{T}}\boldsymbol{Y}_n=\begin{bmatrix}-100.27 & -188.045 & -291.6\\ 1 & 1 & 1\end{bmatrix}\begin{bmatrix}79.94\\ 95.61\\ 111.5\end{bmatrix},$$

于是得到 $a=-0.16398,u=63.86114$.

(4) 根据第三节的(6)式和(7)式可得离散时间响应函数为

$$\hat{x}^{(1)}(k+1)=\left(60.3+\frac{63.86114}{0.16398}\right)\mathrm{e}^{0.16398k}+\frac{63.86114}{-0.16398}$$

$$=(60.3+389.4447)\mathrm{e}^{0.16398k}-389.4447,$$

所以

$$\hat{x}^{(1)}(k+1)=(60.3+389.4447)e^{0.16398k}-389.4447,$$

其还原模型为

$$\hat{x}^{(0)}(k+1)=0.16398\left(60.3+\frac{63.86114}{0.16398}\right)e^{0.16398k}$$
$$=73.749134\,e^{0.16398k},$$

即

$$\hat{x}^{(0)}(k+1)=73.749134\,e^{0.16398k}. \tag{16}$$

(5) 模型检验见表 3-6(绝对误差与相对误差检验).

表 3-6 模型检验

k 序号	计算值	实际累加值	误差/%
$k=1$	140.44	140.24	−0.14
$k=2$	234.86	235.85	0.42
$k=3$	346.11	347.35	0.36

还原模型的检验见表 3-7.

表 3-7 还原模型的检验

k 序号	计算值	实际累加值	残差	误差/%
$k=1$	86.89	79.94	−6.95	−8.69
$k=2$	102.37	95.61	−6.76	−7.07
$k=3$	120.62	111.5	−9.12	−8.16

由以上检验可知,计算值与原始值误差较小,预测模型可以使用.

(6) 灰色模型预测

用(16)式计算 2005—2017 年该市工业总产值分别为:

2005 年 $\hat{x}^{(0)}(4+1)=73.749134\,e^{0.16398\times4}$ 亿元$=142.11$ 亿元,

2006 年 $\hat{x}^{(0)}(5+1)=73.749134\,e^{0.16398\times5}$ 亿元$=167.43$ 亿元,

2007 年 $\hat{x}^{(0)}(6+1)=73.749134\,e^{0.16398\times6}$ 亿元$=197.26$ 亿元,

2008 年 $\hat{x}^{(0)}(7+1)=73.749134\,e^{0.16398\times7}$ 亿元$=232.42$ 亿元,

2009 年 $\hat{x}^{(0)}(8+1)=73.749134\,e^{0.16398\times8}$ 亿元$=273.83$ 亿元,

⋮

2012 年 $\hat{x}^{(0)}(11+1)=447.85$ 亿元,

⋮

2017 年 $\hat{x}^{(0)}(16+1)=1016.73$ 亿元.

由以上预测数据显示,该市 2005—2017 年工业总产值有较大增长,且 2005—2009 年及 2012 年和 2017 年工业产值分别可达到 142.11 亿元、167.43 亿元、197.26 亿元、232.42 亿元、273.83 亿元、447.85 亿元和 1016.73 亿元.

综上所述,灰色预测是一种处理“少数据不确定,信息不完全”系统的有效预测方法.灰

色系统是介于白色系统与黑色系统之间的一种系统. 白色系统是指一个系统的内部特征是完全已知的,即系统的信息是完全充分的,而黑色系统是指外界对一个系统的内部信息一无所知.

灰色预测通过鉴别系统因素之间发展趋势的相异程度,并通过对原始数据的生成处理来寻找系统变动的规律,从而建立预测模型来预测事物未来的发展趋势.

应用最多的灰色预测模型是 GM(1,1)模型,该模型是通过求解微分方程

$$\frac{\mathrm{d}X^{(1)}}{\mathrm{d}t}+aX^{(1)}=u$$

而求得,其预测模型的一般形式为

$$\hat{x}^{(1)}(k+1)=\left(x^{(0)}(1)-\frac{u}{a}\right)\mathrm{e}^{-ak}+\frac{u}{a}.$$

建立的 GM(1,1)模型一般要通过一系列的检验,若建立的 GM(1,1)模型检验不合格或精度不理想,则要对模型进行残差修正,修正方法则是建立 GM(1,1)的残差模型.

第五章 灰色系统决策

灰色决策是指数据中含有灰元的决策，或指与灰色模型 GM(1,1)结合的规划型决策. 本章主要讨论灰色局势决策和灰色层次决策. 决策必须包括下述要素:(1) 事件;(2) 对策;(3) 效果;(4) 目标. 可见决策也就是指对于发生的事件所考虑的许多对策，而不同的对策效果不同，进而就要用目标去衡量，挑选出一个效果最佳者.

第一节 灰色局势决策

一、决策元

发生了某事件 a_i 用某对策 b_j 去解决，就构成了一个局势 $s_{ij}(a_i, b_j)$，称其为二元组合. 它对某一局势有某一特定效果. 为此，记二元组合(事件，对策)与效果测度的整体为

$$((\text{事件},\text{对策}),\text{效果测度}) \stackrel{\text{def}}{=\!=\!=} \frac{\text{效果测度}}{(\text{事件},\text{对策})},$$

称之为决策元. 对于事件 a_i 与对策 b_j 的决策元记为

$$\frac{r_{ij}}{(a_i, b_j)},$$

式中 r_{ij} 即局势 (a_i, b_j) 的效果测度.

二、决策向量与矩阵

若有事件 $a_1, a_2, \cdots, a_n$，有对策 $b_1, b_2, \cdots, b_m$，则对于同一事件 a_i 可用不同的对策，从而构成了 m 个局势 $(a_i, b_1), (a_i, b_2), \cdots, (a_i, b_m)$. 将相应的决策元排成一行，便有下述决策行

$$\delta_i = \left(\frac{r_{i1}}{(a_i, b_1)}, \frac{r_{i2}}{(a_i, b_2)}, \cdots, \frac{r_{im}}{(a_i, b_m)}\right).$$

对于同一个对策 b_j 考虑与不同的事件 $a_1, a_2, \cdots, a_n$ 匹配，并将其相应的决策元排成一列，便有下列决策列

$$q_j = \left(\frac{r_{1j}}{(a_1, b_j)}, \frac{r_{2j}}{(a_2, b_j)}, \cdots, \frac{r_{nj}}{(a_n, b_j)}\right)^{\mathrm{T}}.$$

将上述 $\delta_i\,(i=1,2,\cdots,n)$ 与 $q_j\,(j=1,2,\cdots,m)$ 按相应的行列排列，便得矩阵 $\boldsymbol{D}$，记为 $\boldsymbol{D}(\delta_i, q_j)$，即

$$\boldsymbol{D}(\delta_i,q_j)\overset{\text{记为}}{=}\boldsymbol{D}=\begin{bmatrix}\frac{r_{11}}{(a_1,b_1)} & \frac{r_{12}}{(a_1,b_2)} & \cdots & \frac{r_{1m}}{(a_1,b_m)}\\ \frac{r_{21}}{(a_2,b_1)} & \frac{r_{22}}{(a_2,b_2)} & \cdots & \frac{r_{2m}}{(a_2,b_m)}\\ \vdots & \vdots & & \vdots\\ \frac{r_{n1}}{(a_n,b_1)} & \frac{r_{n2}}{(a_n,b_2)} & \cdots & \frac{r_{nm}}{(a_n,b_m)}\end{bmatrix}.$$

三、决策准则

决策准则是在各有关决策元中取其效果测度最大者，因此有行决策和列决策：

(一)行决策

在决策行∂_i中取最优决策元，从而得到最优局势. 其准则是：

若$r_{ij^*}=\max\limits_{i}(r_{ij})=\max\{r_{i1},r_{i2},\cdots,r_{im}\}$，则决策元

$$\frac{r_{ij^*}}{(a_i,b_{j^*})}$$

为最优决策元，局势(a_i,b_{j^*})为最优局势，即在处理事件a_i中，以对策b_{j^*}最为有效.

(二)列决策

在决策列q_j中取最优决策元，从而得到最优局势. 其准则是：

若$r_{i^*j}=\max\limits_{j}(r_{ij})=\max\{r_{1j},r_{2j},\cdots,r_{nj}\}$，则决策元

$$\frac{r_{ij}^*}{(a_i^*,b_j)}$$

为最优决策元. 即事件a_i^*最适合用对策b_j来处理，也称同一对策在不同事件中寻找最优局势(a_i^*,b_j)及最适合事件a_{i^*}.

四、多目标决策

当局势目标有1,2,…多个时，则记局势(a_i,b_j)对目标$K(K\in\{1,2,\cdots\})$的效果测度$r_{ij}^{(K)}$的相应决策元为$\frac{r_{ij}^{(K)}}{(a_i,b_j)}$. 为此有相应的决策行、决策列及相应的决策矩阵$\boldsymbol{M}^{(K)}$：

$$\boldsymbol{M}^{(K)}=\begin{bmatrix}\frac{r_{11}^{(K)}}{(a_1,b_1)} & \frac{r_{12}^{(K)}}{(a_1,b_2)} & \cdots & \frac{r_{1m}^{(K)}}{(a_1,b_m)}\\ \frac{r_{21}^{(K)}}{(a_2,b_1)} & \frac{r_{22}^{(K)}}{(a_2,b_2)} & \cdots & \frac{r_{2m}^{(K)}}{(a_2,b_m)}\\ \vdots & \vdots & & \vdots\\ \frac{r_{n1}^{(K)}}{(a_n,b_1)} & \frac{r_{n2}^{(K)}}{(a_n,b_1)} & \cdots & \frac{r_{nm}^{(K)}}{(a_n,b_m)}\end{bmatrix},K=1,2,\cdots,$$

$\boldsymbol{M}^{(K)}$称为第K个目标的决策矩阵. 而一个有N个目标的N个决策矩阵应先综合为一个决策矩阵$\boldsymbol{M}^{(\Sigma)}$，然后再用单目标决策准则，找最优局势. $\boldsymbol{M}^{(\Sigma)}$的形式同$\boldsymbol{M}^{(K)}$，只要将$K$用$\sum$替代即可. $\boldsymbol{M}^{(\Sigma)}$中的元素与各个单目标决策矩阵$\boldsymbol{M}^{(K)}$间的元素有下述关系：

$$r_{ij}^{(\Sigma)}=\frac{1}{N}\sum_{i=1}^{N}r_{ij}^{(K)},$$

这是效果测度生成方式之一.

五、效果测度

用 m 个对策去处理同一个事件,则有 m 个不同的效果.在多目标局势决策中,有不同的目的,就有评价效果的不同准则,因此在局势决策过程中要求有统一的效果测度.

(一)上限效果测度

记 s_{ij} 为事件 a_i 与对策 b_j 的局势,$s_{ij}=(a_i,b_j)$,若 s_{ij} 在目标 P 下有效果白化值为 $u_{ij}^{(p)}$,则局势 s_{ij} 的上限效果测度 r_{ij} 为

$$r_{ij}^{P}=\frac{u_{ij}^{(p)}}{\max\limits_{i,j}\{u_{ij}^{(p)}\}}\quad(i=1,2,\cdots,n;j=1,2,\cdots,m).$$

(二)下限效果测度

一般形式为

$$r_{ij}^{P}=\frac{\min\limits_{i,j}\{u_{ij}^{(p)}\}}{u_{ij}^{(p)}}\quad(i=1,2,\cdots,n;j=1,2,\cdots,m).$$

(三)适中效果测度

在白化值 $u_{ij}^{(p)}$ 中指定 u_0 为适中值,则有适中测度

$$r_{ij}^{P}=\frac{\min\{u_{ij}^{(p)},u_0\}}{\max\{u_{ij}^{(p)},u_0\}}\quad(i=1,2,\cdots,n;j=1,2,\cdots,m).$$

六、局势决策步骤

一般离散可数局势空间的局势决策的步骤是:第一步,给出事件与对策;第二步,构造局势;第三步,给出目标;第四步,给出不同目标的白化值;第五步,计算不同目标的局势效果测度;第六步,将多目标问题化为单目标问题;第七步,按最大局势效果测度选取最佳局势,进行决策.

按上述步骤,再根据前面所示的各有关公式就可以进行灰色局势决策,限于篇幅,举例从略.

第二节 灰色层次决策

灰色层次决策又称集团决策或模糊层次决策.所谓层次决策是指决策者人数众多,按决策者的决策意向、信息来源、态度、职责将其分为几个层次.一般是三个层次:群众层、专家层、领导层.层次决策主要用于大型开发计划的确定或大型投资决策等方面.

群众层主要是提出比较广泛的决策意向、有关意向的各种信息及渠道,为专家层提供进一步咨询决策的参考;专家层主要是从该项决策的决策意向方面提出技术性或业务性的信

息和看法,使决策意向相对比较集中,认识更明确;领导层主要是将来自专家的比较集中的意向做进一步加工和筛选,重点考虑该项决策的财政方面的安排和信息的来源及与政府政策的关系.领导层对决策有充分的权力.就灰色层次决策的角度而言,群众层可以通过灰色统计用白化数表示意向,权数大者表示总的意向;专家层可用灰色预测模型 GM(1,1)来分析各项决策方案的效益及权重;领导层则可用灰色聚类分析来确定各决策方案的权数.当得到三个层次决策权向量后,按大中取小、小中取大的保险决策来确定群众与专家的联合决策,再按关联度大小来判断哪个联合决策与领导层的决策最接近,便可取之为最优决策.因篇幅有限,举例从略.

第四篇

可拓决策

第一章
可拓决策的基本思想

在现实世界中,人们常常会碰到要实现的目标和给出的条件之间有矛盾,即在某些条件下,按通常的办法去处理则达不到预期的目的,这样的问题称为"不相容问题".不相容问题广泛地存在于人们的学习、生活和工作中,也广泛存在于自然科学、社会科学和工程技术中.可以说,人类的历史就是一部不断解决矛盾、不断开拓的历史.在历史上曾有过"曹冲称象"这类巧妙解决矛盾的故事,多少年过去了,人们对此仍然津津乐道,无非是想借此说明曹冲是多么聪明,却很少有人想到这里面的深刻意义以及如何探求解决此类事件的规律性方法.那么,解决不相容问题有无规律可循呢?能否建立一套处理不相容问题的理论与方法,以至于构成一个完整体系、形成一门学科呢?对此,中国学者蔡文教授于1983年提出的"可拓集合"理论开创了对这一问题的深入研究."可拓集合"理论的建立,为寻找解决不相容问题的规律提供了理论依据,并为决策科学的发展闯出了又一条新的途径.

按照可拓集合的观点,解决不相容问题要考虑如下三个方面:(1) 必须涉及事物的变化及其特征,如曹冲把大象换成相同重量的石头,由于石头的可分性而使问题得到解决;(2) 必须使用非数学的(如物理或化学的)方法使不相容问题变为相容;(3) 必须建立允许一定矛盾前提的逻辑,这也是解决不相容问题的基础.

经过多年可拓学研究者们的深入研究与艰苦努力,可拓学已粗具规模,包括可拓论、可拓方法、可拓工程等,在理论与方法研究上都取得了不少具有创新性、突破性的研究成果,并在多领域、多类型的实际应用中取得了许多成果,引起了国内外学术界的广泛关注.

第一节　可拓决策的基本思想

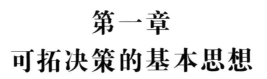

可拓决策的基本思想是:从处理矛盾问题(即不相容问题)的角度出发,研究如何运用形式化的模型分析事物拓展的可能性,开拓创新的规律,寻找可拓资源,化不相容为相容,化对立为共存,并形成一套解决矛盾问题的方法.利用这些方法,可以为解决计算机与人工智能、控制与检测、经济与管理、资源整合、市场营销、危机防范与处理等多个领域中的矛盾问题提

供可拓优化决策.

纵观人类社会的进步史,实质上就是一部从不可能到可能,再从可能到现实的不断创新的历史.在这个过程中,人们不断地否定"不可能",从而获得更大的自由思维空间.可拓学作为研究事物的可拓性及开拓的规律和方法的新学科,为实现从"不可能"到"可能"提供了定量化和形式化的工具.

根据可拓学中矛盾问题的可拓模型知,策划与决策的目标和条件都可以用物元或事元形式化表达,策划中的矛盾问题都可以用可拓模型来形式化表达.解决矛盾问题的思路可归结为图 4-1 所示的流程.

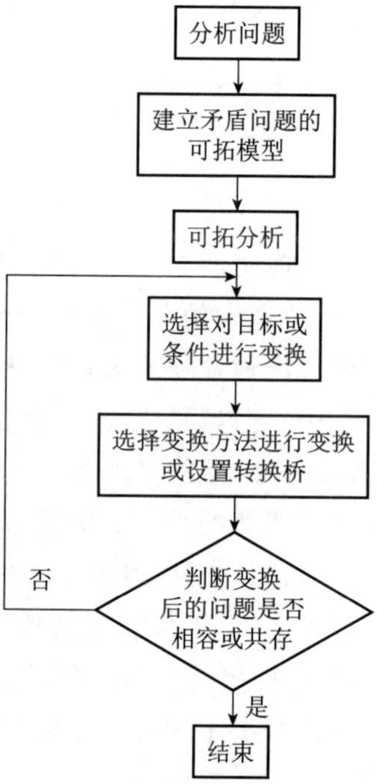

图 4-1　解决矛盾问题的流程

一般而言,要化解矛盾,有三条路径可以选择.

(1) 变换目标.如果在某个条件下目标不能实现,而条件又难以改变,此时可考虑变换问题的目标.例如,"曹冲称象"问题,在当时的条件下,秤的称量是难以改变的(比如只能称量 100 kg),即条件是难以改变的,曹冲把称象的目标改成了"称石头",而石头具有可分性,可以用小秤来称量,从而使矛盾化解.

(2) 变换条件.如果矛盾问题的目标不易改变,则应考虑改变条件.例如某居民区有 100 户居民,因政府用地需要搬迁,政府拨款 1400 万元,而居民在市里再买房平均每户需约 18 万元,显然这是个不相容问题.如果能设法争取到政府的更多拨款,或从其他渠道筹集到经费,则可使矛盾化解,这就是改变条件解决矛盾的方法.

(3) 同时变换目标和条件.在许多矛盾问题的解决过程中,往往单独进行目标的变换或条件的变换不能化解矛盾,此时可考虑同时改变问题的目标和条件.例如某房地产开发商要建一高档住宅花园,经过市场调查后发现,很多消费者既想要别墅式有花园的住宅,又由于南方天气潮湿而不想要一层住宅.为了解决这一矛盾问题,该开发商设计了多套带楼顶花园的复式住宅,很受消费者的欢迎.这就是同时改变目标(不住底层)和条件(花园在地面)而解决矛盾的例子.

实现"不相容变为相容"、"对立变为共存"的关键是生成变换法、设置变换法.不论选择对目标的变换还是对条件的变换,都要涉及变换方法的选择.可拓学中规定了四种基本变换和四种变换的整合规则,分别为置换变换、增删变换、扩缩变换、组分变换以及与变换、或变换、积变换、逆变换.每种变换或变换的整合都可以成为解决矛盾问题的方案,通过评价选优后再确定要实施的变换.

转换桥方法是一种用"各行其道,各得其所"的思想解决对立矛盾问题的有效方法.可拓学中研究了各种对立问题转换桥的设置方法,为解决策略中的对立问题提供了可行的思路.例如,深圳的皇岗桥即为连接中国内地和香港特别行政区,变两个对立的交通系统为共存的转换桥的一个典型实例.

可拓学中的可拓变换、转换桥等方法，都是化“不相容为相容”、化“对立为共存”的有效方法，应用这些思想和方法于策划与决策之中，可以使策划中的矛盾问题得到有效的解决.

不论何种类型的矛盾，都具有相对性和绝对性. 在一定时间和空间状态下的矛盾问题，随着事物的变化、事态的发展或时间空间的变化，可能会发生质的变化，由矛盾化为相容或共存. 另外，由于人们的认识水平和习惯的差异，对某些人而言是矛盾的问题对其他人而言却可能是相容或共存问题. 随着科技的发展、技术水平的提高，原来被认为是矛盾的问题也可变为相容或共存问题. 可见，从某种意义上讲，发现矛盾或产生矛盾并不一定是坏事，人类就是在不断解决矛盾问题的过程中发展、进化的. 矛盾是人们改革、创新的动力，矛盾为人类的发展提供了契机.

第二节　可拓学和其他学科的联系

数学与可拓学有着天然的联系，由于现有的数学工具很难描述不相容问题，因此促使新的、更能贴切地描述不相容问题及其求解过程的数学形式应运而生.

经典数学的基础是经典集合，经典集合本质上描述的是事物的确定性，它的数学表达形式是特征函数，在经典集合中“是”“非”分明，经典集合$\{0,1\}$描述的是元素属于某一集合的绝对隶属关系.

在模糊数学中，模糊集合将普通集合绝对化只能取 0 和 1 两个值推广到了可以取$[0,1]$区间上的任一实数，从而实现了可以定量刻画模糊性事物的目的. 模糊集合是用隶属函数来表征的，模糊集合是模糊数学的基础.

而要解决不相容问题，就必须考虑“非”和“是”可以互相转化的情形. 例如，上万斤重的大象不属于能用小秤称量的物体的集合，然而用可拓方法却能使其变成能用小秤称量的集合中的一个元素. 可见，在可拓集合基础上建立的新的数学工具与物元分析理论，也为数学研究提供了一种新的思想与思维方法.

物元分析以促进事物转化、解决不相容问题为其主要研究对象. 也可以说，物元分析研究的是人们“出主意、想办法”的规律. 由于思维科学也是研究人们认识客观世界规律性的一门学科，因此，物元分析与思维科学之间有着不可分割的紧密相连的关系，思维科学中关于灵感思维的探讨与思维过程的定量化描述可以采用物元分析中的主要工具去完成.

此外，系统科学中对系统的描述与物元分析中的一些观点也有着深刻的联系. 物元分析提出了系统物元和结构变换等概念，通过系统物元变换去寻求合理的系统结构，并在这个基础上建立起解决大系统决策问题的可拓决策方法.

物元分析还将数学命题与所考察事物的具体意义紧密联系起来进行研究. 物元理论通过物元变换研究事物改变的规律和方法，并把它形式化，从而也为哲学研究提供了一种新的思想与工具.

因此,可拓学(物元分析)是介于数学、思维科学、系统科学和哲学之间的一门交叉学科.它们的关系如图 4-2 所示.

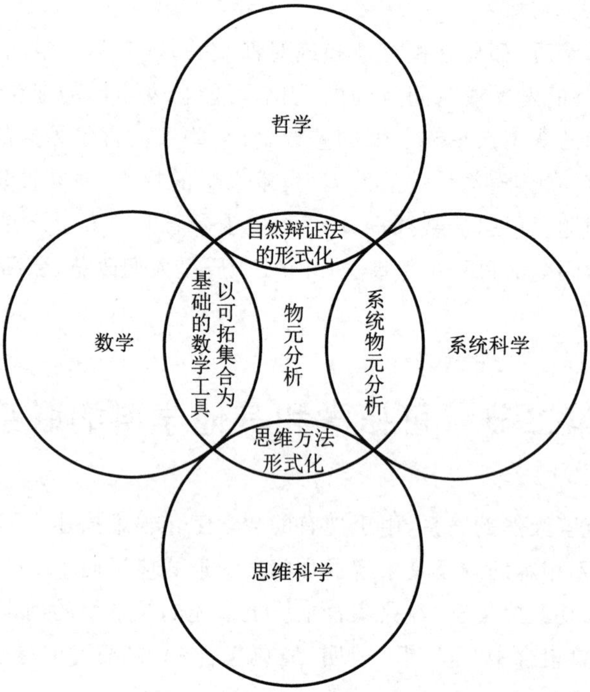

图 4-2　五门学科之间的关系图

第二章 物元与物元变换

第一节 物元

所谓物元，顾名思义，就是描述事物变化的基本元. 物元是可拓集合理论的一个基本概念，也是研究如何将不相容问题转化为相容问题时必须有的一个“逻辑细胞”. 物元这个“逻辑细胞”在决策科学中能较好地刻画决策问题所涉及的物质客体或现象(包括主观上与客观上的两种状态). 一般地，记有序三元组

$$R=(M,C,X)$$

为物元，这里 M 表示事物，C 表示特征，X 表示 M 关于 C 的量值，此三者称为物元的三要素. 若事物 M 用 n 个特征 $C_1,C_2,\cdots,C_n$ 及相应的量值 $x_1,x_2,\cdots,x_n$ 来描述，则称 R 为 n 维物元，记为

$$R=\begin{bmatrix} M & C_1 & x_1 \\ & C_2 & x_2 \\ & \vdots & \vdots \\ & C_n & x_n \end{bmatrix}.$$

例如

$$R=(M,C,X)=\begin{bmatrix} M & C_1 & x_1 \\ & C_2 & x_2 \\ & C_3 & x_3 \end{bmatrix}=\begin{bmatrix} \text{工件} & \text{长} & 30\ \text{cm} \\ & \text{直径} & 5\ \text{cm} \\ & \text{质量} & 5\ \text{kg} \end{bmatrix}$$

就是一个三维物元，(M,C_1,x_1)，(M,C_2,x_2)，(M,C_3,x_3) 称为 R 的分物元.

第二节 物元三要素及其关系

事物，包括一切自然现象和社会现象，也包括物质范畴的一切客观存在.

特征，是用以描述事物的属性，如重量、体积、颜色等. 要完整地刻画一个事物，需通过许多个特征去体现. 然而，在解决实际问题时，我们不可能也没有必要把一个事物所有特征全部列出来，而要根据实际问题的需要，列出事物的某些特征.

量值，是相对于具体的事物和特征而言的，是指该事物关于所指特征的规模、程度和范围等.

如研究对象是"某项工程",用物元描述时则首先要明确我们研究该工程的哪些属性. 若是工程的投资额,投资额为 1000 万元人民币,用物元表述即为

$$R=(\text{某项工程},\text{投资额},1000\text{ 万元})=(M,C,X),$$

其中,M 表示工程本身,C 表示投资额,X 表示 1000 万元.

在物元三个要素中,特征起着关键性的作用. 下面对特征做一介绍.

一、事物决定特征

要认识事物,就要认识它的特征. 不相容问题有很多解法的根本原因在于事物具有众多的特征. 一个事物关于这个特征是不相容的,但另一些特征却可能为解决这个问题提供条件. 特征改变了,事物关于原特征不相容就可能变为关于新特征相容;事物改变了,关于某特征的不相容也可能变为相容.

二、特征之间的联系

一个事物的若干特征中,有的是孤立存在的,有的是相互联系的. 事物某些特征的变化会引起另外一些特征的变化. 若物元集

$$\{R\}=\left\{\begin{bmatrix} M & C_1 & x_1 \\ & C_2 & x_2 \end{bmatrix}\middle| x_1\in U, x_2\in V\right\}$$

中有一个关系 f,使

$$x_1=f(x_2)\neq a \quad (a\text{ 是固定的量值}),$$

则称C_1和C_2为相关特征,否则称为无关特征.

三、事物与量值的关系

事物的变化会引起某些特征的量值的改变;相反,量值的变化超过一定范围就会产生质的变化,即事物的改变.

第三节　物元变换

建立了物元这一概念后,再通过对其进行变换,就可将不相容问题转化为相容问题. 所谓物元变换,就是把一个物元变为另一个物元,或把一个物元分解为若干个物元. 物元变换实际上是对事物,或对特征,或对量值的变换,每种变换可分解为四种基本形式.

一、置换变换

事物 M_0 变为另一事物 M_1 的变换为事物的置换变换. 同样可定义特征与量值的置换变换.

二、增删变换

物元的事物或特征或量值附加另一事物或特征或量值的变换称为物元的事物或特征或量值的增加变换,反之为删减变换. 增加变换和删减变换统称为增删变换. 如在牙膏中掺入某种药物,可以使牙膏有治疗口腔疾病的功效,此称为增加变换;又如在价值工程中,剔除产

品的多余功能，从而降低成本，这种减少多余功能的变换就是删减变换.

三、扩缩变换

物元的量值的 α 倍（α 是实数且 $\alpha>0$）的变换称为量值的扩缩变换. 当 $\alpha>1$ 时，称为扩大变换；当 $\alpha<1$ 时，称为缩小变换.

设物元的特征 C 由特征 $C_1,C_2,\cdots,C_n$ 结合而成，事物关于 $C_1,C_2,\cdots,C_n$ 的量值 $x_1,x_2,\cdots,x_n$ 满足

$$x=x_1\cdot x_2\cdot\cdots\cdot x_n,$$

则称特征 C 为 $C_1,C_2,\cdots,C_n$ 之积，记为

$$C=C_1\times C_2\times\cdots\times C_n,$$

并称 C 为 $C_1,C_2,\cdots,C_n$ 的母特征，$C_1,C_2,\cdots,C_n$ 都看成 C 的子特征.

$C_i(i=1,2,\cdots,n)$ 变为 C 的变换称为特征的扩大变换，而 C 变为 $C_i(i=1,2,\cdots,n)$ 的变换称为特征的缩小变换.

物元的事物由大变小或由小变大的变换称为事物的扩缩变换，如物体热胀冷缩.

四、组分变换

物元 $R_0=(M_0,C_0,x_0)$ 的量值 x_0 分解为若干个量值 $x_1,x_2,\cdots,x_n$ 的变换称为量值的分解变换；反之，物元 $R_1=(M_0,C_0,x_1),R_2=(M_0,C_0,x_2),\cdots,R_n=(M_0,C_0,x_n)$ 结合成物元 $R=(M_0,C_0,x_0)$ 的变换称为组合变换. 组合变换和分解变换统称为量值的组分变换.

若特征 $C_1,C_2,\cdots,C_n$ 和 C 满足

$$C=C_1\times C_2\times\cdots\times C_n,$$

则 $C_1,C_2,\cdots,C_n$ 变为 C 的变换，称为 $C_1,C_2,\cdots,C_n$ 的组合变换；反之，特征 C 变为 $C_1,C_2,\cdots,C_n$ 的变换，称为 C 的分解变换. 特征的组合变换和分解变换统称为特征的组分变换.

事物 M_0 变为若干个（不少于两个）事物 $M_1,M_2,\cdots,M_n$ 的变换称为事物的分解变换；事物 $M_1,M_2,\cdots,M_n$ 组成具有某种意义的事物 M 的变换称为事物的组合变换. 事物的组合变换和分解变换统称为事物的组分变换.

如一台大型机器搬不进车间时，我们可将机器拆成几部分，搬进去后，再组装起来，前一种变换就是分解变换，后一种变换是组合变换.

以上物元三要素的四种基本变换中，增删、扩缩、组分三种变换都是一对互为逆变换的基本变换.

除上述物元的四种基本变换外，还有连锁变换，以及多维物元的受迫变换和双否变换等.

对于物元变换还规定了一些基本运算：

积：把物元 R_0 变换到 R_1，再把 R_1 变换到 R_2，则 R_0 直接变换到 R_2 的变换就称为前两个变换的积.

逆：先把物元 R_0 变换到 R_1，则把 R_1 变换到 R_0 的变换称为原变换的逆变换.

或：对两个变换采用其中一种变换的变换，称为这两个变换的或变换.

与：同时采用两个变换的变换，称为这两个变换的与变换.

所谓解决一个问题，就是指在一定的条件下要达到某种目的. 用物元分析的观点表述，即是一个目的物元 R 和一个条件物元 r 的综合 $R\cdot r$

如果要真正将具运用到决策科学中去，则还需建立相应的一些概念，如关联函数、相容度等. 但由于其数学形式过分复杂，因篇幅所限，本章只做简要叙述.

第三章
物元变换与可拓决策

我们知道,物元分析是一门研究物元及其变换的科学,可拓集合为人们描述事物的变化提供了强有力的工具,从辩证范畴看,可拓集合不仅突破了“排中律”与“矛盾律”,使现实世界中的辩证矛盾在思维形式中得以再现,而且可拓集合还突破了“同一律”,突出了可拓集合中事物的可转化性,为科学决策和辩证哲学的发展做出了新贡献. 然而,可拓集合理论究竟是如何运用到决策科学中去的呢? 它又是通过哪些具体手段将不相容问题转变为相容问题的呢? 要弄清楚这一问题,还要继续讨论物元变换与可拓集合.

物元分析认为,任何一个问题都可以划分为目的和条件两部分. 例如,一个工厂一年中要获得一定的利润,这可以看成是目的,而现有的厂房、设备、人员和管理水平等可以看成是条件. 如何合理地改变条件、目的以及企业的各种关系,来使工厂、企业向着人们需要的目的前进,这就是工矿企业的决策者所要考虑的问题. 对此,物元分析用物元表示问题,并通过分析它们的结构与相互关系,找出变换及其转化的相互关系和规律,从而解决实际问题.

对于一个给定的实际问题,可以通过变换目标、变换条件及同时变换目标和条件这三条途径,再利用置换、组分、扩缩和增删四种基本变换,通过“或”“与”“逆”三种组合方式形成各种解决问题的方法,这就是物元分析的“三四三”法. 物元变换的“三四三”法在经济管理、环境投资等决策中有着广泛的应用.

第一节 “三四三”法

“三四三”法是指一种人们遵循一定的程序寻求合理解决问题方法的思维过程. 前“三”指的是解决问题的三条途径,中“四”指的是四种基本变换,后“三”是指变换的三种组合方式.

一、三条途径

一个问题,既然是由目的和条件构成的,则解决问题就可以从改变条件、改变目的或者同时改变条件和目的这三条途径入手,寻求解决问题的方法.

(1) 变换条件可以使不可能的事情变成可能的事情. 同一个人,在不同的环境中可以发挥不同的作用. 因此,改变事物存在的环境常常是处理不相容问题的有效方法.

对于同一产品,某一个推销员推销不出去,而另一个推销员却可推销成千上万件,这也是变换条件——更换推销员的结果.

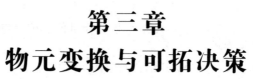

(2) 变换目的.“曹冲称象”这一故事,通过把大象换为石头解决了矛盾,这从本质上来讲是变换了目的,先把“小秤称大象”的问题换为另一问题“小秤称石头”,这样,原来不相容的问题就变成了可解的问题.

在变换目的时,一定要注意问题的蕴含性,即变换后目的的实现能导致原目的的实现.

如果变换后目的的实现不能导致原目的的实现,则得到的解只可能是“相似解”.例如,用2100元去购买A型电视机,由于商店缺货,只好购买了一台B型电视机,这样的解就是相似解,它无法达成原目的(购买A型电视机)的实现.

(3) 同时变换目的与条件.

二、四种基本变换

四种基本变换是置换、增删、扩缩和组分.

三、三种组分方式

在四种基本变换的基础上,可以组合出更多的构思,这些组合有如下三种方式:与变换、或变换、逆变换.

第二节 “三四三”法在价值工程中的应用

利用“三四三”法,可以提出新产品的构思,以下简介“三四三”法在价值工程中的应用.

价值工程是研究如何提高产品或作业价值的科学方法,它可以运用物元分析的方法,通过变换原材料、工序、零件等寻找最优方案.

所谓价值,就是指功能和成本的比值:

$$价值=功能/成本,$$

其中功能是指一个产品、一道工序、一个单位所具有的作用或用途.企业活动的本质上是围绕采购功能、生产功能和出售功能来进行的.因此,功能观念是价值工程的起点,它要求我们考虑问题要从功能出发,从功能的角度来观察、分析和处理工厂的产、供、销等活动,去寻求最合理的方案.

在价值工程中,有两个重要的基本原则:

原则1:相同功能的东西可以互相替代;

原则2:一切方案都是可以改进的,都存在着提高经济效益的潜力.

从价值工程的观点来看,任何方案都是不完善的,任何产品工序和结构都是可以改进的.如何改进?怎样创新?各种创新的方案、办法和措施是怎样想出来的?我们利用“三四三”法,可以从如下四个角度提出创新方案.

(1) 能否置换.虽然每种原材料或者每个零件都是为实现某种功能所必需的,但是,往往有这种情况,即要实现某种功能,并非非使用它不可.在工厂里,只要具有相同功能的东西,就可以作为互相替换的对象.也就是说,相同功能的同征物元可以互相替代.寻找同征物元,是解决工厂里原料不足、成本过高矛盾的主要方法.例如有家工厂发现,在生产过程中,甲醇和甲酚都具有满足配制某一产品需要的功能，即（甲醇，功能，x）和（甲酚，功能，x）是同征物元．因此，可用甲醇代替甲酚，而每年可为工厂节约7.2万元；与此相仿，另一工厂提出用重芳烃代替脂类的方案，每年可为工厂节省15万元．

由于科学技术的进步，新材料、新工艺、新产品层出不穷．因此，对每一种正在使用的材料、零件、工序甚至生产人员都可以提出这样的问题：能否用确定同征物元的方法去寻找成本更低、效果更好的替代物？

(2) 能否组合或分解．把一些零部件或工序合并而保持所需要的功能，往往可以节省很多材料或资金．如，某胶鞋厂过去将海绵中底与硬中底分成两道工序硫化，但经后来分析、革新，提出了两道工序合并为一道工序的方案且保持了原有的功能，进而节省了劳动力、时间和原料．

与组合相反的变换方法是分解．有时候，把复杂的零件或工序分解为若干部分，也可以提高经济效益．如，某农药厂把"乐果乳剂"的包装工序分解为若干工序：灌装、统一加内塞、统一旋外盖、套草套等，并采取了流水作业．经过分解变换后，总功能没有改变，但生产一个产品消耗的总时间却减少了，从而提高了工作效率，降低了成本．

(3) 能否增加或删减．在有些事物中，加进少量添加剂，便会发挥极大的效能．如，某化工厂使用环氧树脂和固化剂配制的黏胶剂很脆，人们在生产中加入了少量的磷苯二甲酸二丁酯等增韧剂，便解决了这一问题．

通过功能分析，我们时常会发现一些多余的零部件、动作或工序，若去掉这些部分，既可为工厂节省大量的成本，又能保持原产品的必要功能．如，某化工厂提出把万能胶包装中的塑料内盖去掉，并使用闭口软管，既减少了一道工序，又节省了材料．

(4) 能否扩大或缩小．在有些生产过程中，通过缩小某些零部件的尺寸、体积或减轻其重量，减少某些工序的时间或加料量，既降低了产品的成本，又保证了原产品的必要功能．如，某胶鞋厂将网球鞋橡胶大底原来的含胶量42%减少为40%，又将填充料从58%扩大到60%，既降低了成本，又保持了所需要的功能．

可见，若对工厂里的原料、零部件、规格、设备、包装、工序等都能根据上述四个方面提出创新方案，则可得到多种提高工效、降低成本的创新方法．

物元变换是解决价值工程问题的一种实用方法，下面介绍某啤酒厂薄板冷却系统节能革新改造中的物元变换新方案．

例 4-1 某啤酒厂根据"三四三"法，提出薄板冷却系统一次节能新技术的改造方案．

(1) 问题的提出

啤酒酿造冷却工序原来采用的生产工艺的物元模型是

$$R_0=(p_0,\theta_0,x_0)=\begin{bmatrix}\text{薄板冷却机} & \text{水冷却面积} & 8\ \mathrm{m}^2\\ & \text{酒精水冷却面积} & 12\ \mathrm{m}^2\\ & \text{水冷却温差} & 15\ ℃\\ & \text{酒精水冷却温差} & 16\ ℃\\ & \text{单锅冷却用时} & 2\ \mathrm{h}\\ & \text{单锅冷却耗水} & 35\ \mathrm{t}\\ & \text{冷却水回收} & 0\ \mathrm{t}\end{bmatrix}.$$

按此工艺生产多年，基本上能保证啤酒质量. 但由于单锅冷却用时长，耗水量大，酒精水冷却温差大，用于酒精水的制冷电耗大，所以能源浪费严重.

(2) 用物元变换提出新方案

根据热平衡理论中传热量的基本公式：

$$Q=k\cdot\Delta t\cdot F \text{ 或 } Q=(\Delta t/R_k)\cdot F,$$

其中，Q 为导热量，Δt 为温差，F 为导热面积，k 为传热系数，R_k 为热阻.

在原生产工艺下，k，Δt，R_k，F 等均为定值，若要缩短冷却用时，降低耗水量、耗电量是不可能的. 实践证明，这是一个不相容问题.

为变不相容问题为相容问题，以实现节能的目的，根据四种基本变换，并从厂内现有设备条件出发，首先考虑事物置换变换，将单机使用改为双机串联使用，酒精水冷却面积不变. 这样不仅增加了水冷却面积，也相对减少了酒精水冷却温差. 此时冷却工艺的物元描述为

$$R_1=\begin{bmatrix} P_1 & \theta_1 & x_{11} \\ & \theta_2 & x_{12} \\ & \theta_3 & x_{13} \\ & \theta_4 & x_{14} \\ & \theta_5 & x_{15} \\ & \theta_6 & x_{16} \\ & \theta_7 & x_{17} \\ & \theta_8 & x_{18} \end{bmatrix}=\begin{bmatrix} \text{双机联用} & \text{水冷却面积} & 23\ \text{m}^2 \\ & \text{进出水方式} & \text{三进三出} \\ & \text{酒精水冷却面积} & 12\ \text{m}^2 \\ & \text{水冷却温差} & 42\ ^\circ\text{C} \\ & \text{酒精水冷却温差} & 6\ ^\circ\text{C} \\ & \text{单锅冷却用时} & 3\sim4\ \text{h} \\ & \text{单锅冷却耗水} & 45\ \text{t} \\ & \text{冷却水回收} & 20\ \text{t} \end{bmatrix}.$$

第一个变换是把事物从单机改变为双机；从工厂的实际出发，第二个变换是把进出水方式从三进三出改为二进二出或一进一出. 一进一出冷却工艺的物元描述为

$$R_1=\begin{bmatrix} P_1 & \theta_1 & x_{11} \\ & \theta_2 & x_{12} \\ & \theta_3 & x_{13} \\ & \theta_4 & x_{14} \\ & \theta_5 & x_{15} \\ & \theta_6 & x_{16} \\ & \theta_7 & x_{17} \\ & \theta_8 & x_{18} \end{bmatrix}=\begin{bmatrix} \text{双机联用} & \text{水冷却面积} & 28\ \text{m}^2 \\ & \text{进出水方式} & \text{一进一出} \\ & \text{酒精水冷却面积} & 12\ \text{m}^2 \\ & \text{水冷却温差} & 52\ ^\circ\text{C} \\ & \text{酒精水冷却温差} & 8\ ^\circ\text{C} \\ & \text{单锅冷却用时} & 5\sim6\ \text{h} \\ & \text{单锅冷却耗水} & 20\ \text{t} \\ & \text{冷却水回收} & 20\ \text{t} \end{bmatrix}.$$

(3) 效果

通过上述两个变换，不相容问题转化为相容问题，而且新工艺使单锅节水 15 t 以上，还使酒精水冷却温差大大降低，大量减少耗能，同时回收的冷却水温度达到 70 ℃以上，冷却水采用强磁除垢后，水质很好，只需微量蒸气加热就可供糖化工序使用，收到一举多得的效果.

由于该方案每年可节约 78 万多元，因此获得了合理化建议节能改革奖.

第四章
基于物元变换的可拓决策方法

随着人类对自然界和社会认识的不断深化，科学决策与控制已越来越成为现代企业生产与管理的核心，人类运用数学工具来认识世界与改造世界进入了一个崭新时期. 当今亟待解决的工程技术、企业生产与管理以及复杂大系统的决策问题，涉及因素很多，约束条件也很复杂，其中存在大量的不相容问题. 对此，传统决策理论与数学方法已无能为力. 为了解决现实世界中大量存在的不相容问题，就必须在辩证思维基础上，开拓出一套化不相容问题为相容的独特的、富有创新性的手段与方法. 而可拓学的理论与方法正好提供了描述事物变化与矛盾转化的形式化语言和可拓模型，进而为寻求解决不相容问题的规律以及可拓决策分析方法，为实现企业的现代化改造与谋求企业的最佳经济效益提供最佳科学决策. 基于物元变换的可拓决策分析方法是解决客观世界中普遍存在的不相容问题的有力工具与科学决策方法.

为了更严密、更准确地对创造性思维过程加以形式化描述，首先介绍可拓集合与关联函数.

第一节　可拓集合与关联函数

可拓集合论是传统集合论的一种开拓和突破. 它是描述事物“是”与“非”的相互转化及量变与质变过程的定量化工具，可拓集合的可拓域和关联函数使可拓集合具有层次性与可变性，从而为研究矛盾问题，发展定量化的数学方法——可拓数学和可拓逻辑奠定基础.

可拓逻辑是研究可拓思维形式及其规律的科学，它是可拓论和可拓方法的逻辑基础.

一、可拓集合与关联函数

我们知道，经典集合的逻辑基础是二值逻辑的排中律，它所表现的是一种非此即彼的逻辑关系. 而模糊集合表现的却是一种亦此亦彼的逻辑关系——模糊逻辑，在这里排中律是不存在的，它所研究的范围是界线不分明的模糊领域，所研究的对象是寻求一个贴近的程度来进一步刻画事物的本质，从模糊中寻找出高层次的精确判断.

但是，模糊集合论与经典集合论都只描述了客观事物矛盾双方的差异，基本上是解决相容性问题，即存在可行解去寻求其解集，或者判定是不相容问题，指出其无解，而没能描述矛盾双方在一定条件下可相互转化，特别是中介过渡物可向矛盾双方转化的现象. 事实上，不相容问题不等于无解，也不是一成不变的，从辩证的观点看，不相容问题也可以随条件的变化而转化为相容. “可拓集合”正好可以用来描述这种矛盾转化现象，它是物元分析的理论支柱之一. 物元分析以事物可转化性的规律为研究对象，并努力把解决不相容问题的思维规律形式化、规范化和数学化，这是数学体系的一次新的扩展，其前景是很可观的.

不同于经典集合与模糊集合的是，可拓集合的哲学基础在于：在处理不相容问题的思维过程中，最为突出的表现在于以辩证思维为主导的创造性，特别是变通思想及事物可转化性的定量分析，对此，经典数学的工具就显得有些无能为力. 在以下准则基础上可以建立可拓集合：

(1) 元素 x 具有性质 P（如合格成品）；

(2) 元素 x 不具有性质 P（如废品）；

(3) 元素 x 由原来不具有性质 P 变为具有性质 P（如可返工品）；

(4) 元素 x 具有性质 P 又不具有性质 P（如半导体）.

所谓在某种限制条件下，对象集 X 上的一个可拓子集$\tilde{A}$，是指对于任何 $x\in X$ 规定了一个实数$K_{\tilde{A}}(x)\in(-\infty,+\infty)$，用它来表示 x 与 $\tilde{A}$ 的关系，映射

$$K_{\tilde{A}}:X\rightarrow(-\infty,+\infty),$$
$$x\rightarrow K_{\tilde{A}}(x),$$

称为 $\tilde{A}$ 的关联函数，且

当$K_{\tilde{A}}(x)>0$ 时，表示 $x\in A$，称 $A=\{x\mid K_{\tilde{A}}(x)>0,x\in X\}$为 $\tilde{A}$ 的经典域；

当$-1<K_{\tilde{A}}(x)<0$ 时，表示 $x\notin A$，但在该限制下，x 能变为 $y\in A$，称 $\underset{\cdot}{A}=\{x\mid -1<K_{\tilde{A}}(x)<0,x\in X\}$为 $\tilde{A}$ 的可拓域；

当$K_{\tilde{A}}(x)<-1$ 时，表示 $x\notin A$，且在该限制下，x 不能变为 $y\in A$，称 $\dot{A}=\{x\mid K_{\tilde{A}}(x)<-1,x\in X\}$为 $\tilde{A}$ 的非域；

当$K_{\tilde{A}}(x)=0$ 时，称 $J_0=\{x\mid K_{\tilde{A}}(x)=0,x\in X\}$为 $\tilde{A}$ 的零界；

当$K_{\tilde{A}}(x)=-1$ 时，称 $J_e=\{x\mid K_{\tilde{A}}(x)=-1,\ x\in X\}$为 $\tilde{A}$ 的拓界.

记可拓集 $\tilde{A}=A\ \tilde{\cup}\ \underset{\cdot}{A}\ \tilde{\cup}\ \dot{A}\ \tilde{\cup}\ J_0\ \tilde{\cup}\ J_e$.

可见，可拓集合将全集分为三部分：经典域、非域和可拓域. 可拓域中的元素，本不具备某种性质，但在一定条件下，又可变为具备某性质，即可拓域通过映射、变换可以化不相容为相容.

以上说明，可拓集合与经典集合、模糊集合的差别在于，它“在一定条件下，$x\notin A$ 可以变为 $x\in A$”，即可以用可拓运算刻画事物的转化关系和规律，这就增强了可拓集合的实用性. 而在可拓集合基础上建立起来的可拓决策方法，将无疑会为促使不相容问题的转化，科学描述客观实际问题，开拓一种新的思维方法与途径，从而为解决各种宏观与微观决策中的不相容问题提供最优决策与满意解.

二、实例

某厂打算引进一条新的生产线，需要投资 2000 万元，但只有流动资金 600 万元，对于“引进生产线所需金额”若用经典集合描述，则为区间[2000，+∞)(单位：万元)，其特征函数为

$$\mu(x)=\begin{cases}1, & x\in[2000,+\infty),\\ 0, & x\in[0,2000).\end{cases}$$

按上述特征函数所示，少于 2000 万元(即使差 1 元)亦不属于“可以引进生产线”之列.可见，用经典集合描述对象集具有很大的不足之处.

显然，为成功引进新生产线，工厂可以通过贷款、合股或向社会集资等方式解决问题.假设该厂最多可筹集 1500 万元，那么共有 2100 万元(加上原有的 600 万元)，此时，就可引进新生产线了.

在此例中，对象集为[0，+∞)，根据上述分析，它可分为三大域：

第一部分：经典域[2000，+∞)，当该厂拥有的资金超过或恰好为 2000 万元时，该厂可以引进生产线；

第二部分：可拓域[500，2000)，当该厂原有资金在 500 万元到 2000 万元之间时，可以通过各种集资方式，筹得所需资金；

第三部分：非域[0，500)，当该厂原有资金在 500 万元以下时，由于前提是最多只能筹得 1500 万元，所以，工厂不能引进生产线.

关于“可以引进生产线所需资金”的论域就是由以上三部分组成的.

不难看出，关联函数与可拓集合是对“孪生兄弟”，上例的关联函数可表为

$$K_{\tilde{A}}(u)=\frac{u-2000}{1500},$$

其中 u 表示该厂筹集资金总额.

(1) 当 u 属于经典域($u\geqslant 2000$)时，关联值 $K_{\tilde{A}}(u)\geqslant 0$；

(2) 当 u 属于可拓域($500\leqslant u<2000$)时，关联值大于等于 -1 小于 0，即 $-1\leqslant K_{\tilde{A}}(u)<0$；

(3) 当 u 属于非域($0\leqslant u<500$)时，关联值小于 -1，即 $K_{\tilde{A}}(u)<-1$.

关联函数具有以下主要特点：

(1) 用经典集合描述时，仅从特征函数来看，不能判别金额的大小，而用关联函数描述时，可以区分大小；

(2) 当 u 属于可拓域时，表明该厂通过变换条件，可以引进生产线，且从关联值的大小，可以判断可变性的难易度，如由

$$K_{\tilde{A}}(1000)=\frac{1000-2000}{1500}=-\frac{10}{15},$$

$$K_{\tilde{A}}(600)=\frac{600-2000}{1500}=-\frac{14}{15},$$

得知 $K_{\tilde{A}}(1000)>K_{\tilde{A}}(600)$.

以上不等式的含义是原有资金越多，能够筹足 2000 万元的可能性越大.

经典集合、模糊集合、可拓集合的相继产生逐步弥补了人们认识事物的不足，使人们认

识问题不断深化.在模糊集合上确定的隶属函数使人脑思维由传统的二值逻辑发展到多值逻辑,而在可拓集合上确定的关联函数却使人们可以从质和量同时进行研究,进而使得解决不相容问题的结果定量化,促进了不相容问题的圆满解决,开拓了容许一定矛盾前提下的逻辑,即辩证逻辑与形式逻辑相结合的可拓逻辑.

第二节　不相容问题及其解法

一、两类不相容问题

现实世界中充满着大量的不相容问题,物元分析是研究解决不相容问题的有效方法.所谓不相容问题,就是由目的和使该目的不能实现的条件构成的问题.它包括可拓问题($-1<K_{\tilde{A}}(x)<0$)和矛盾问题($K_{\tilde{A}}(x)<-1$).前者表示在某种限制下,该问题为不相容问题,但可以转化为相容问题;后者则不能.

也就是说,现实世界中存在的两类不相容问题,一类是可以解决的(可化为相容),另一类则不能,至少目前是不可能解决的.可以解决的不相容问题,某些人之所以不能解决,不是客观不存在可以解决的条件,而是由于主观不认识,不会变通或者错过了时机.

给定称量 200 斤的小秤,要称重达几千斤的活大象,对于曹操的部下来说,这是个不能解决的不相容问题;而对于曹操的儿子曹冲来说,则是个可以转化为相容问题的不相容问题.再如,切 3 刀要把一块蛋糕切成 8 块,或者用 6 根火柴砌成 4 个正三角形,对于只有平面概念的人,属于不能解决的不相容问题;而对于具有立体概念的人,则属于可解决的不相容问题.

然而,像"小秤称大象"这一类简单、明确的不相容问题,在现实生活中,尤其是在当今生活中是不多见的.大量的问题带有不确定性.例如,如果笼统地问:"2000 元钱要买一台彩电"是不是一个不相容问题?姑且不说"2000 元"是人民币还是外币,就是定为人民币,也还未说明这台彩电是什么型号和尺寸大小,就算定为 21 吋日立牌,也还有因人、因时、因地的问题.可见,不相容问题又分为确定的不相容问题和非确定性的不相容问题.所谓确定的不相容问题,即"在给定的条件下,不能达到预期目的的问题",而非确定性的不相容问题,即条件既不能"给定",目的也不明确的问题.在此情况下,就需研究组成不相容问题的两个要求——目的和条件,以及如何把非确定的不相容问题转化为确定的不相容问题.

二、不相容问题的要素

不相容问题与逻辑上的不相容关系是不同的.前者研究问题两个要素——目的与条件的关系,而后者却是指两个概念的全部外延都不相同.要研究不相容问题,必须先弄清它的两个要素:

(1) 目的:即事物所要达到的目标.而目标则是决策方案要达到的目的和标准.由此可见,目的和目标是难分难解的.不相容问题的目的应考虑两点:一是这个目的必须是客观存在的;二是这个目的是有利于今后发展的.

(2) 条件：即影响事物发生、存在或发展的因素. 而条件又可分为广义条件和狭义条件. 广义条件是指事物赖以存在和发展的一切因素，包括内部的和外部的、精神的和物质的、主要的和次要的. 狭义条件是专指外部条件或客观条件. 此外，还有共同条件和特殊条件、客观条件和主观条件、外部条件和内部条件、顺利条件和困难条件等.

对于不相容问题的条件，要考虑以下三点：

① 一切事物的转化、问题的解决和物元的变换，都依赖于条件，决定于条件.

② 所谈及的条件是指广义的条件，想不到、不认识和不会应用的条件，不等于客观不存在.

③ 创造条件、变换条件一定要在已有条件的基础上，且要遵循客观规律. 在曹冲称象中，石头之所以能代替大象，是在地心引力下两者都具有重量；大船之所以能顶替大秤，是符合阿基米德浮力定律.

(3) 目的与条件所构成的不相容问题

目的和条件所构成的不相容问题，基本上分为三类：

第一类是目的和条件不一致，包括相差、相左和相反三种情况. 相差是目的要求高，具备的条件比较差；相左是目的和条件相互不一致；相反是目的和条件相互矛盾、排斥.

第二类是在一定条件下，目的与目的不相容. 包括主目的与次目的、次目的与次目的的不相容. 例如，某人在某个特定条件下，名和利的不相容. 名和利不可兼得，是在某种限制条件下发生的. 归根结底，这仍然是目的和条件的不相容.

第三类是要达到一定目的，条件与条件的不相容. 同样，这也是不相容问题系统内部子系统之间的不相容，却表现在条件系统上. 例如，在狭窄的房间里挥舞较长的彩带，难以施展、表现自己的才艺，不会达到预期的目的. 但其实质仍是条件与目的的不相容.

三、非确定性的不相容问题

现实生活中大量存在非确定性的不相容问题，不仅存在于复杂的大系统之中，也出现在简单的问题中. 例如，用 6 根火柴摆出 4 个正三角形，严格来说也是非确定性的不相容问题，因为没有确定是在平面还是在空间.

所谓非确定性的不相容问题，即条件确定，但目的不确定或不全确定，或是目的确定，但条件不确定或不全确定，或者目的和条件都不全确定的不相容问题. 造成不相容问题的原因是主观对事物类属的不清晰，对事物性态的不确定. 由于客观事物的复杂性和主观认识的局限性，除简单的问题和用数学表达式抽象化了的理论问题能够得出确定的不相容问题外，大量现实中的不相容问题都或多或少地带有不确定性. 扩大解决非确定性不相容问题的领域，势必可将可拓学提高到一个新的高度.

处理非确定性不相容问题的方法有：

(1) 模糊法. 非确定性的不相容问题的不确定性，其本质是客观的，但又包含有一定的主观成分. 由于人们认识事物受主观、客观条件的限制，只能近似地复现客观事物. 或者说总是以确定性的模型去逼近不确定的对象，因而不能不在认识的结果中打上主观性的印记，把本来属于非确定性的不相容问题，视为确定性的不相容问题. 例如，用 6 根火柴摆出 4 个正三角形，这本来是条件未全部确定的非确定性的不相容问题. 但由于平面上办不到就认为它是个(确定的)不相容问题，在空间办到了，又认为解决了不相容问题. 模糊法实质是对非确定性问题模糊对待的方法.

(2) 择主法.择主法是择取清晰的非确定性不相容问题的主要目的或主要条件,放弃其不清晰的次要目的或条件,使不相容问题明朗化、确定化的方法.例如,某省环保中心要完成全省环境投资的决策,由于环境污染投资决策涉及方面广,投资的方向也很多,故这是一个非确定性的不相容问题.但如果抓住水、气、渣三项主要指标,便使问题明确化,再借助物元分析的方法,这一不相容问题就可化为相容.

(3) 分解法.非确定性的不相容问题一般由若干个确定的子集组成.如果把它们分解出来,变成非确定性的不相容问题的并集,就可使非确定性的不相容问题清晰化.

(4) 动化静法.不相容问题在运动变化中,常常带有模糊性.动变静了,就能使问题清晰起来.动化静的方法有二:一是截化,即截取事物运动中的一个断面;二是用比动态的事物更快的速度来观察.

四、不相容问题的解法及步骤

不是所有的不相容问题都有解,违反自然规律的不相容问题就无解,不具备解决条件的不相容问题,在条件未具备前也没有解.

要解决不相容问题,首先要改变主观状态,包括开阔视野、增长知识、学会联系与变通等,其次是把握变换的几个原则:

(1) 关键性原则.对于不相容问题而言,关键即指起决定性作用的因素,它是主要目标、主要条件、主要矛盾之所在.抓住关键,就等于把握了问题的本质,起到"牵一发而动全身"之作用.

(2) 调和性原则.调和、折中、妥协是处理不相容问题的一个重要原则.所谓调和,就是要寻找矛盾双方共同利益的交叉点、相互退让点和双方接受度.善于寻找和把握这些点和度,是恰当处理不相容问题的前提.

(3) 互补原则.在不相容问题这个系统中,各个要素之间有着千丝万缕的联系.在体现某种功能时,有的有余,有的不足,以有余补不足,就能最大限度地发挥系统的潜在功能,使得本来不相容的问题变成相容.

(4) 适时原则."机不可失,时不再来",解决不相容问题最讲究时机.许多不相容问题处理早了达不到预期目的;处理迟了,又丧失时机.把握时机是一种高超的艺术,需要在实践中不断总结和提高.

(5) 逆反原则.不少不相容问题,从它的目的或条件的反面去思考,往往能找到问题的症结或起决定作用的因素,这样问题就等于解决了一半.现实生活中,不相容问题常常会遇逆而解,遇反而化.善于逆思也是解决不相容问题的一种有效途径.

总之,要解决不相容问题我们应该注意采用灵活变通的方法,使问题沿着我们期望的方向发展,进而最终解决问题实现预期的目标.

现将本章第一节实例中的不相容问题解法的基本步骤介绍如下.

第一步,建立问题的物元模型中的目的物元:

$$R_0=(\text{引进某生产线},\text{金额},2000\text{ 万元}),$$

条件物元:

$$r_0=(\text{某厂},\text{流动资金},600\text{ 万元}),$$

关联度：

$$K_{R_0}(r_0)=K(600)=\frac{600-2000}{1500}=-\frac{14}{15}<0,$$

问题 $W_0=R_0*r_0$ 为不相容问题，其中 $W_0=R_0*r_0$ 称为该问题的表达式.

第二步，进行物元变换.

$T_r r_0$：变换条件物元，如贷款、集资等.

$T_R R_0$：变换目的物元，如通过价值工程等方法降低成本.

$$T_r r_0=r=(\text{某厂},\text{资金},x\text{ 万元}),$$

$$T_R R_0=R=(\text{引进生产线},\text{金额},y\text{ 万元}).$$

第三步，计算关联度 $K_R(r)$.

若 $K_R(r)\geqslant 0$，即问题解决；若 $-1\leqslant K_R(r)\leqslant 0$，待反馈，再做物元变换；若 $K_R(r)<-1$，引进生产线是不可行的. 例如：

$$T_r(r_0)=r=(\text{某厂},\text{资金},1600\text{ 万元}),$$

$$T_R(R_0)=R=(\text{引进生产线},\text{金额},1500\text{ 万元}).$$

此时，关联度

$$K_R(r)=\frac{1600-1500}{1500}=\frac{1}{15}>0,$$

其含义是：引进生产线的成本降低到 1500 万元，而总共筹集到 1600 万元的资金，因此，关于引进新生产线资金的问题得以解决.

第四步，把物元变换具体化，找出问题的解，进而通过评价，找出问题的最优解. 若不合理，再反馈修改变换.

科学技术的发展表明，现代科学已从对事物的研究发展到对复杂大系统的研究，从对单一数值研究发展到对多种数值的复合研究，从对单一定性或定量的研究发展到对复杂定性且定量的研究，这就不仅要将研究范围从必然现象扩大到偶然现象，从精确现象扩大到模糊现象，而且还要进一步研究客观世界中大量涌现的不相容问题. 而基于物元变换的可拓决策正好能以其广泛的研究对象与独特的研究手段逐步形成自己的一套理论与方法，为进一步开拓人们的思路提供一条理想决策的新途径.

第五篇

展　望

第一章
智能数学发展趋势

第一节　第三次数学危机的出现与突破

智能数学是研究智能领域中事物数学化的一门崭新的数学学科. 它的产生不仅拓广了经典数学的应用范围，是使人工智能、计算机科学向自然机理方面发展及决策民主化、科学化、智能化的重大突破.

20 世纪，罗素悖论的出现震动了整个数学界，引发了数学史上的第三次危机.

我们知道，经典数学的理论基础是经典集合论，而经典集合在逻辑上所表现的就是一种非此即彼绝对化的二值逻辑，即一个元素 x 是否属于集合 A 是明确的，要么 $x\in A$，要么 $x\notin A$，两者必居其一，且仅居其一，绝不模棱两可. 然而许多不确定性现象与不确定性信息却无法用经典数学的“二值逻辑”来刻画.

1902 年罗素发现的集合论悖论（简称罗素悖论）即其例证. 罗素提出非议的论点与经典集合论的论点针锋相对. 其论点是：

设 $X=\{x|x\notin X\}$，即若 $x\in X$，则 $x\notin X$；若 $x\notin X$，则 $x\in X$，由经典集合的观点，$x\in X$ 与 $x\notin X$ 自相矛盾. 若罗素悖论成立，这就从根本上否定了二值逻辑的普遍性. 多值逻辑就是在它的启发下发展起来的，事实上罗素悖论是可以证明的，在现实生活中也的确存在有不少这样的事例，罗素悖论可以写成多种形式. 所谓的“理发师悖论”就是罗素悖论的一个形象例子：

一个理发师在城里宣称他要为所有自己不刮胡子的人刮胡子，而不为那些自己刮胡子的人刮胡子.

下面我们就来分析理发师本人是否该属于这个集合集，即理发师自己该不该为自己刮胡子呢？如果理发师为自己刮了胡子，则按他的宣称，他就不该为自己刮胡子，而如果理发师不为自己刮胡子，则按他的宣称，他又应该为自己刮胡子.

由此可见，罗素悖论在现实生活中是的确存在的.

所谓“秃头悖论”也是向二值逻辑的又一挑战. 在日常生活中，我们要判断某人是否秃头似乎比较容易，但要给秃头下一个精确的定义，却又难乎其难. 如果我们首先约定只有 n_0 根头发的人称为秃头，当 n 大于 n_0 则非秃. 那么挑战者问：“n_0+1 秃乎？才一根之差耳！”显然不能以一发之差作为秃与非秃的分界，继而再约定：“若 $n=n_0$ 为秃头，则 $n=n_0+1$ 亦秃”，从而便导致了一切人都是秃头的悖论.

可见，对于一个是非界限本来就模糊不清的概念，如果勉强用“是非”标准来做划分，必将导致谬论. 秃头悖论揭露了经典数学的局限,说明这一类命题是不能用二值逻辑来判断的. 这类悖论俯拾皆是.

在人工智能中这样的不确定性概念与信息是很多的,显然目前的二值机(即第四代计算机)不可能处理这些不确定性概念与信息.

21 世纪最重要的科研焦点是智能计算机,而在这场伟大的计算机革命中,智能数学将会起到很大的作用. 另外,智能决策是一种非常重要的现代信息决策方法,它在工农业生产、经济管理以及自然科学、社会科学的各个领域中有着非常广泛的运用.

在信息社会中,计算机科学的索求使得智能数学应运而生. 我们知道,新时期电子计算机、机器人将进入千家万户,第四代电子计算机已不能适应科学技术发展的需求,因此就迫切需要研制第五代电子计算机(机器人)与第六代电子计算机(智能机). 比如我们需要计算机代替人煮饭、炒菜、买东西、进入化学车间操作等,这就需要它能执行一些智能指令. 为此,我们就必须要配置一套能让机器人接受的模糊算法语言,而传统的经典数学对此是无能为力的,这就要靠运用智能数学的理论与方法来实现.

第二节　智能数学为人工智能与计算机技术提供了新理论、新方法、新手段

随着全球信息化时代的到来以及科学技术发展带来的信息爆炸,决策过程涉及的问题日益复杂和多样化,决策研究也成为一个多层次、多学科、多方位的研究体系. 决策过程正处在一场新的技术革命之中. 这场革命不仅与程序化决策有关,而且与非程序化决策也有关,它是一场被称为“探索程序”或“人工智能”技术领域的决策过程技术革命. 通过这场技术革命,我们可以取得使所有决策——包括程序化和非程序化的——实现自动化的技术手段.

程序化决策与非程序化决策并非截然不同的两类决策,也并不是非此即彼的两种事物,它们之间可以有着一段连续的过渡状态. 从智能数学的观点来看,我们可用隶属函数来衡量一种决策方法是更接近于程序化或者还是更接近于非程序化. 从这个意义上来说,程序化决策和非程序化决策也就只是作为标志而已了. 而在现代式的程序化决策技术中,自动程序设计又是现代式程序化决策技术的一个重要组成部分,其中“智能决策”将以其极强的前瞻性与谋略性为现代式程序化决策提供更富创造性的战略决策.

“智能数学”研究的内容非常广泛,其在人工智能、计算机技术与管理方案中有着广泛的应用. 随着我们愈来愈多地将“智能数学”的新理论、新方法与新手段运用于人工智能与计算机技术,人工智能与专家系统必将绽放出极其诱人的光彩,将会朝着更为健康、更加成熟的方向发展,其应用范围也将不断拓广.

在当今的信息社会中,随着科学发展的高度分化和高度综合以及系统论、信息论、控制论与智能数学的产生与发展,科学决策的“开拓型思维方式”正在成为一种系统网络的思维方式,可以说,这是一个辩证唯物的“开拓型思维方式”的阶段性飞跃. 可以预言,随着信息社会的不断发展以及信息高速公路和多媒体等计算机主流技术的新突破,人工智能与专家系统的研究必将进一步活跃起来,并将结出更加丰硕的成果.

第二章
智能数学应用前景展望

第一节　智能数学在新型专家系统中的应用

自从世界上第一个专家系统 DENDRAL 问世以来，专家系统已经走过了许多年的发展历程. 从技术角度看，基于知识库（特别是规则库）的传统专家系统已趋于成熟，但仍存在不少问题，诸如知识获取问题、知识的深层化问题、不确定性推理问题、系统的优化和发展问题、人机界面问题、同其他应用系统的融合与接口问题等都还未得到满意解决. 为此人们就针对这些问题，应用智能数学的理论与方法，对专家系统做进一步研究，引入了多种新思想、新技术，开发出了形形色色的所谓新型专家系统.

一、深层知识专家系统

深层知识专家系统，即不仅具有专家的经验性表层知识，还具有深层次的专业知识. 这样，专家系统的智能就更强了，也更接近于专家水平了. 例如一个故障诊断专家系统，如果不仅有专家的经验知识，而且也有设备本身的原理性知识，那么，对于故障判断的准确性将会进一步提高. 要做到这一点，存在一个如何运用智能数学的手段把专家知识与领域知识成功融合的问题.

二、模糊专家系统

模糊专家系统的主要特点是通过模糊推理解决问题. 这种系统善于解决那些含有模糊性数据、信息或知识的复杂问题，但也可以通过把精确数据或信息模糊化，然后通过模糊推理处理复杂问题.

这里所说的模糊推理包括基于模糊规则的串行演绎推理和基于模糊集并行计算（即模糊关系合成）的推理. 对于后一种模糊推理，其模糊关系矩阵也就相当于通常的知识库，模糊矩阵的运算方法也就相当于通常的推理机.

模糊专家系统在控制领域非常有用，现已发展成为智能控制的一个分支领域.

三、神经网络专家系统

利用神经网络的自学习、自适应、分布存储、联想记忆、并行处理，以及鲁棒性和容错性强等一系列特点，用神经网络来实现专家系统的功能模块.

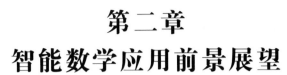

这种专家系统的建造过程是:先根据问题的规模构造一个神经网络,再用专家提供的典型样本规则对网络进行训练,然后利用学成的网络对输入数据进行处理,便得到所期望的输出.

可以看出,这种系统把知识库融入网络之中,而推理过程就是沿着网络的计算过程.基于神经网络的这种推理,实际是一种并行推理.

这种系统实际上是自学习的,它将知识获取和知识利用融为一体.而且它所获得的知识往往还优于专家知识,因为它所获得的知识是从专家提供的特殊知识中归纳出的一般知识.

这种专家系统还有一个重要特点,就是它具有很好的鲁棒性和容错性.

还需指出的是,用神经网络专家系统也可构成神经网络控制器,进而构成另一种智能控制器和智能控制系统.

研究发现,模糊技术与神经网络存在某种等价和互补关系.于是,人们就将二者结合起来,构造模糊神经系统或神经模糊系统,从而开辟了将模糊技术与神经网络技术相结合、将模糊系统与神经网络系统相融合的新方向.由于篇幅所限,这里不详述,有兴趣的读者可参阅有关文献.

四、大型协同分布式专家系统

这是一种多学科、多专家联合作业,协同解题的大型专家系统,其体系结构是分布式的,可适应分布和网络环境.

具体来讲,分布式专家系统的构成可以把知识库分布在计算机网络上,或者把推理机分布在网络上,或者两者兼而有之.此外,分布式专家系统还涉及问题分解、问题分布和合作推理等技术.

问题分解就是把所要处理的问题按某种原则分解为若干子问题.问题分布是把分解好的子问题分配给各专家系统去解决.合作推理就是分布在各节点的专家系统通过通信进行协调工作,当发生意见分歧时,甚至还要辩论和折中.

需指出的是,随着分布式人工智能技术的发展,多代理系统将是分布式专家系统的理想结构模型.

五、网上(多媒体)专家系统

网上专家系统就是建在 Internet 上的专家系统,其结构可取浏览器/服务器模式,用浏览器(如 Web 浏览器)作为人机接口,而知识库、推理机和解释机构等则安装在服务器上.

多媒体专家系统就是把多媒体技术引入人机界面,使其具有多媒体信息处理功能,并改善人机交互方式,进一步增强专家系统的拟人性效果.

将网络与多媒体相结合,则是专家系统的一种理想应用模式,这样的网上多媒体效果将使专家系统的实用性大大提高.

六、事务处理专家系统

事务处理专家系统是融入专家模块的各种计算机应用系统,如财物处理系统、管理信息系统、决策支持系统、CAD 系统、CAI 系统等.这种思想和系统,打破了将专家系统孤立于主流数据处理应用之外的局面，而将两者有机地融合在一起. 事实上，也应该如此，因为专家系统并不是什么神秘的东西，它只是一种高性能的计算机应用系统. 这种系统也就是把基于知识的推理，与通常的各种数据处理过程有机地结合在一起. 当前迅速发展的面向对象方法，将会给这种系统的建造提供强有力的支持.

第二节　智能数学在智能机器人领域的应用

从广泛意义上理解所谓的智能机器人，给人最深刻的印象是一个独特的进行自我控制的“活物”. 其实，这个自控“活物”的主要“器官”并没有像真正的人那样微妙而复杂.

大多数专家认为智能机器人至少要具备以下 3 个要素：一是感觉要素，用来认识周围环境状态，为了实现这一点，机器人可能需要各种各样的传感器，才能像人一样去感知周围的世界；二是思考要素，根据感觉要素所得到的信息，思考出应采用什么样的动作，这里要解决的问题就是机器人规划(或机器人问题求解)；三是运动要素，对外界做出反应性动作，这些动作通常由一些机械设备来完成，当然最初需要计算机程序来控制这些设备. 而控制这些设备的计算机程序都是由应用智能数学的理论与方法的专家系统来完成的.

一、机器人感知

机器人的感觉要素一般包括能感知视觉、接近、距离等的非接触型传感器和能感知力、触觉等的接触型传感器. 这些要素实质上就是相当于人的眼、鼻、耳等五官，它们的功能可以利用诸如摄像机、图像传感器、超声波传感器、激光器、导电橡胶、压电元件、气动元件、行程开关等机电元器件来实现. 其中目前研究比较广泛的就是机器视觉，机器视觉的主要目的是让机器人从整体上理解一个给定的三维景物，常见的立体摄像机和激光测距仪是机器人获得三维视觉的两类实用传感器.

二、机器人规划

感知能力使机器人能感知外界环境，但要解决问题，仍需规划能力来产生相应的有序的动作，通俗地说就是要有类似于人的思考能力. 因此机器人规划又称机器人问题求解. 机器人规划包括低层规划(low-level planning)和高层规划(high-level planning)两类. 其中，低层规划具有较高的精度和较低的智能，主要涉及轨迹规划等；高层规划具有较高的智能和较低的精度，主要涉及各种任务规划等.

(一)机器人高层规划专家系统

机器人高层规划是机器人学和人工智能的一个重要分支，自 20 世纪 70 年代以来，国外已经提出和开发了几个机器人高层规划系统. 它们各具特色，都是对机器人高层规划研究的贡献. 然而，它们都存在一些不足之处：不适合可分解为独立子系统的大型系统，运行效率较低等. 而国内由蔡自兴、傅京孙等人开发的机器人规划专家系统(robot planning expert system，ROPES)有了很大的改进. 他们建立了一个性能较好的基于专家系统的机器人规划方案，由 4 个规划子系统构成：

(1) 机器人任务规划子系统，在感知模块建立机器人对外部环境的分析，给出机器人解决问题的一个操作序列.

(2) 寻找机器人碰撞运动路径规律规划系统，为每一步操作寻找合适的无碰撞的一条路径，以完成对应动作，可能需要通过感知外部环境的变化适时地改变策略，并为总体决策提供依据.

(3) 机器人柔性装配规划系统，使得机器人能够“随机应变”，实现同一环境下，根据不同的规划，执行不同的动作，从而产生不同的效果.

(4) 机器人零件运送规划系统，该系统用于机器人配送线，进行搬运作业规划.

上述各个规划子系统，具有同样的系统结构，它们之间的重要区别在于其知识库内容的不同. 知识的表达、知识库的设计是建立这些规划子系统最艰巨和最关键的任务. 下面结合实例看一下这些理论的应用.

(二)机器人足球比赛

机器人足球比赛(robot world cup，RoboCup)是近年来人工智能和机器人中迅速发展起来的一个重要研究领域. 机器人仿真赛是一种分布式结构模式，每一个机器人都有独立的客户端程序. 每一个客户端程序可以看成是一个独立机器人的大脑，而机器人独立调度、独立控制，相互之间的通信因为周围环境的影响也是受限制的不完全的通信. 在机器人足球赛的具体应用中，基于规划的机器人规划专家系统一般由 6 部分构成.

(1) 知识库. 用于存储机器人足球比赛的专家知识和经验，包括球场和球场上对象、状态、世界模型及不同状态下的动作规则等. 知识库中存取的信息将按照智能体系结构分为球场初试状态、场上状态、行为状态、方案库、决策库等几个层次.

(2) 控制策略. 包含综合机理，确定系统应当应用什么规则以及采用什么方式去寻找该规则，设立控制策略就是首先考虑这个团队的最高利益，并能够通知队友. 其次根据需要完成的任务在多个智能体中选择一个核心. 例如，进攻时带球队员作为核心，而防守时直接防守对方带球队员的智能体就是核心. 同时这个核心也是一个领导者，它同时可以协调其他智能体的动作，其动作也具有最高的优先级.

(3) 推理机. 用于记忆所采用的规则和控制及推理策略. 根据知识库的信息，推理机能够使整个机器人决策系统以逻辑方式协调地工作：进行推理，做出决策，寻找出理想的机器人操作序列.

(4) 知识获取. 从人类足球比赛的数据库中提取专家知识，得到 RoboCup 机器人足球比赛领域的专家知识，利用计算机程序将知识规范化，最后把它们存入知识库待用.

(5) 解释与说明. 通过接口，在专家系统与用户之间进行交互，从而使用户能够输入数据，提出问题，得到推理结果及了解推理过程等，可以根据比赛中某一时刻的具体情况，设计多种的阵型来测试程序的推理过程和推理结果，便于选择最好的规划和策略.

(6) 机器学习. 机器人规划专家系统的学习目的是征求理解性学习模式，它能用于需要适应环境的多智能体系统的学习，并能用标准任务来评价所提供方法的优点和缺点. 学习是智能体系统的重要方面，在机器人规划专家系统的学习挑战中，任务是为一组智能体创建学习和训练的方法. 根据学习的事件不同，机器学习有两种类型：在线学习(根据当前球场上的情况进行学习)和离线学习(机器人设计者事先“教”机器人).

显然，以上6个部分便是专家系统概念结构中的6个模块在机器人足球赛这个实例中的具体实现.

(三)智能水下机器人任务规划专家系统

我国智能水下机器人的研究从“八五”开始.作为水下机器人智能的一个重要体现，任务规划的研究是十分必要的.为此，我国在研究国外水下智能机器人任务规划专家系统的基础上，借鉴国内外其他领域机器人如工业机器人动作规划的经验，结合当前软件水平研制了一个仿真环境下机器人任务规划专家系统.

(1) 结构.智能水下机器人任务规划专家系统针对海洋实验环境围绕清除海底障碍、检查锚链、平台救险展开规划，将任务命令分解成一系列可执行的任务单元，下达给水下机器人.它主要由推理机、知识库、数据库、任务下达与评估系统等部分组成.

(2) 任务单元.任务单元是一个可执行的子任务，它不仅包括任务的性质，还包括有关任务的参数.传感器和作业工具(如水下电视、扫描声呐、作业机械手)的使用是根据任务单元确定的.

(3) 控制与探索策略.从控制策略上讲，本规划专家系统是条件推动的正向推理，若全部条件满足，则推动系统完成预定目标；从搜索策略上讲，它是一个深度有限搜索系统.

(4) 知识表达方式.从原理上分析，本规划专家系统是一个基于规则的产生式系统.它的知识库由规则组成.知识库就是全部规则的集合，在程序中以外部文件的形式存放，便于知识库的更新和扩展.

(5) 推理机设计.作为任务规划专家系统，除具备上述推理步骤外，对“任务冲突”及任务规则失败与重规划问题还应有不同的处理.为了达到这一要求，在系统中心需动态地修改规则的顺序，并要在断点处插入必要的新规则.

三、机器人控制

机器人控制(运动控制)，即让机器人怎么运动.这里面有很多关于力学等方面的问题，但当这些机械力学方面的问题解决了之后，随之而来的就是：机器人动作繁多复杂，怎么动、向哪个方向、速度多少等这些参数该如何根据实际环境予以选择？

首先可以将机器人运动需要的所有动作参数以一定的方式存储在计算机中，其实就是存储了机器人的所有“动作”.然后将已知有用的动作组合形成我们的知识库，再用这些动作组合，结合实际问题设计开发推理机和控制策略，从而实现一个基于专家系统的机器人控制系统.下面以一个机器人多手抓取的例子来解释一下专家系统在机器人控制方面的应用.

(一)基于专家系统的多手抓取系统

在机器人抓取系统中，一般认为需要4种规划器：策略规划器、触觉规划器、轨迹规划器及抓取规划器.抓取规划器对成功抓取来说是非常重要的.在抓取规划器中，视觉模块用来把图像变换成物体的描述，接着用抓取模式选择模块把对物体的描述变换成一系列控制信号.研究发现，人类的抓取有一组固定的抓取布局，每种布局与一定的抓取任务相适应.抓取规划的目的就是为具体的抓取任务选择适当的抓取模式.有人为细小的机械产品的装配设计了一个基于知识的抓取规划器，另有学者针对非结构化的危险环境设计了基于专家系统的抓取规划器. 这些为利用专家系统解决此问题提供了一种思路. 下面介绍多手抓取模式的构成模块来说明用专家系统实现这一系统的可行性.

(1) 物体的描述. 机器人抓取物体时总是要根据物体的形状和尺寸来选择初始抓取布局，而物体的形状是选择抓取模式时的重要参数. 在定义物体时可采用面模型来描述，机器人进行手眼协调时可将物体定义一种广义的几何形状，以适应抓取推理模式.

(2) 任务的描述. 抓取任务通常包括 3 方面的内容：动作（如拧、插等）、对象（如扳手、锤子等）和前后关系. 不同的任务具有不同的任务属性. 任务属性指的是稳定性、可操作性、灵巧性、精度、扭矩可施加性和可转动性. 任务属性由专家系统中的推理机导出.

(3) 抓取模式. 当前，比较一致的看法是抓取可以定义为下面的 8 种模式：强力抓取、圆柱抓取、夹握、勾握、跨握、侧捏、精密捏、包裹，每一种抓取模式对应一组任务属性. 近年来，又有专家针对其研究的机器人系统，将抓取模式简化为 3 种：抓、握、捏. 这 3 种模式又称为抓取时手的预抓取形状，预抓取形状的参数是虚拟手指数.

(4) 产生有效抓取的推理过程. 将任务描述映射成任务属性需要一个基于动作和对象知识的推理过程，动作首先转换成类动作，接着用类动作选择有关的任务属性或动作焦点. 一方面，一些动作，如插入、放置，直接映射成与对象无关的动作焦点；另一方面，有些动作，如转动、移动或拉等必须依据数据库中物体的信息做进一步细化，专家系统中推理机的进一步推理将激发一些启发信息. 这些启发信息将为给定的任务选择一种合适的抓取. 启发信息之间一旦发生冲突，将由元启发信息根据任务属性对已触发的启发式信息进行排序.

总之，通过专家系统中的基于规则的推理机推导出任务属性，然后综合考虑一些准则和启发信息产生合适的抓取模式，最后就可将抓取模式变换成控制变量了.

（二）专家系统与机器人

专家系统和机器人同为人工智能的两个重要领域，彼此之间关系紧密，专家系统在机器人研究领域的扩展也为机器人领域带来很多新的成果和发现，其在机器人系统领域的应用可以概括为：增加了机器人系统的可靠性和易用性；增加机器人系统的安全性；可用于机器人规划和控制. 不难看出，在不久的将来专家系统和智能机器人将在工业、服务业、军事、航空航天等领域发挥越来越重要的作用.

第三节　智能数学在自然语言处理中的应用

如何运用智能数学的理论与方法，使计算机能够理解、处理自然语言，将是计算机技术的一项重大突破. 自然语言理解的研究在应用和理论两个方面都具有重大的意义.

以下首先介绍自然语言理解的概念以及发展历史，然后从应用角度介绍机器翻译和语音识别技术.

一、自然语言理解的概念与发展历史

由于自然语言具有多义性、上下文相关性、模糊性、非系统性、环境相关性等，自然语言

理解(natural language understanding)至今尚无一致的定义.

从微观角度,自然语言理解是指从自然语言到机器内部的一个映射.

从宏观角度,自然语言理解是指机器能够执行人类所期望的某种语言功能.这些功能主要包括如下几方面:

(1) 回答问题.计算机能正确地回答用自然语言输入的有关问题.

(2) 文摘生成.机器能产生输入文本的摘要.

(3) 释义.机器能用不同的词语和句型来复述输入的自然语言信息.

(4) 翻译.机器能把一种语言翻译成另外一种语言.

自然语言理解的研究历程,可以分为下列几个时期.

(一)萌芽时期

自然语言理解的研究可以追溯到20世纪40年代末和50年代初期.随着第一台计算机问世,英国A. Donald Booth和美国W. Weaver就开始了机器翻译方面的研究.美国、苏联等国展开的俄、英互译研究工作开启了自然语言理解研究的早期阶段.在这一时期,M. Chomsky提出了形式语言和形式文法的概念,把自然语言和程序设计语言置于相同的层面,用统一的数学方法来解释和定义.M. Chomsky建立了转换生成文法,使语言学的研究进入定量研究的阶段.Chomsky所建立的文法体系,仍然是目前自然语言理解中文法分析所必须依赖的文法体系,但还不能处理复杂的自然语言问题,必须运用智能数学的方法与手段来处理.

20世纪50年代单纯地使用规范的文法规则,再加上当时计算机处理能力的低下,使得机器翻译工作没有取得实质性进展.

(二)以关键词匹配技术为主的时期

从20世纪60年代开始,已经产生一些自然语言理解系统,用来处理受限的自然语言子集.这些人机对话系统可以作为专家系统、办公自动化及信息检索等系统的自然语言人机接口,具有很大的实用价值.但这些系统大都没有真正意义上的文法分析,而主要依靠关键词匹配技术来识别输入句子的意思.1968年,美国麻省理工学院(MIT)B. Raphael完成的语义信息检索系统SIR能记住用户通过英语告诉它的事实,然后对这些事实进行演绎,回答用户提出的问题.MIT的J. Weizenbaum设计的ELIZA系统能模拟一位心理医生(机器)同一位患者(用户)的谈话.在这些系统中,事先存放了大量包含某些关键词的模式,每个模式都与一个或多个解释(又叫响应式)相对应.系统将当前输入的句子同这些模式逐个匹配,一旦匹配成功便立即得到了这个句子的解释,而不再考虑句子中那些非关键词成分对句子意思的影响.匹配成功与否只取决于语句模式中包含的关键词及其排列次序,非关键词不影响系统的理解.所以,基于关键词匹配的理解系统并非真正的自然语言理解系统,它既不懂文法,又不懂语义,只是一种近似匹配技术.这种方法的最大优点是允许输入的句子不一定要遵循规范的文法,甚至可以是文理不通的;这种方法的主要缺点是技术的不精确性往往会导致错误的分析.为了做出正确的分析,同样必须运用智能数学的方法与手段来处理.

(三)以句法-语义分析技术为主的时期

20世纪70年代后,自然语言理解的研究在句法-语义分析技术方面取得了重要进展,出现了若干有影响的自然语言理解系统.例如,1972 年美国 BBN 公司 W. Woods 负责设计的 CUNAR 是第一个允许用户用普通英语同计算机对话的人机接口系统,用于协助地质学家查找、比较和评价阿波罗 11 号飞船带回来的月球标本的化学分析数据;同年,T. Winograd 设计的 SIIEDLU 系统是一个在“积木世界”中进行英语对话的自然语言理解系统,把句法、推理、上下文和背景知识灵活地结合于一体,模拟一个能够操纵桌子上一些积木玩具的机器人手臂,用户通过人机对话方式命令机器人放置那些积木块,系统通过屏幕给出回答并显示现场的相应情景.

(四)基于知识的自然语言理解发展时期

20 世纪 80 年代后,自然语言理解研究借鉴了许多人工智能和专家系统中的思想,引入了知识的表示和推理机制,使自然语言处理系统不再局限于单纯的语言句法和词法的研究,提高了系统处理的正确性,从而出现了一批商品化的自然语言人机接口和机器翻译系统.例如,美国人工智能公司(AIC)生产的英语人机接口 Intellect,美国弗雷公司生产的 Themis 人机接口等.在自然语言理解研究的基础上,机器翻译走出了低谷,出现了一些具有较高水平的机器翻译系统.例如美国的 META 系统,美国乔治敦大学的机译系统 SYSTRAN,欧共体在其基础上实现了英、法、德等多语对译.

(五)基于大规模语料库的自然语言理解发展时期

由于自然语言理解中的知识数量巨大,特别是由于它们具有高度的不确定性和模糊性,要想把处理自然语言所需的知识都用现有的知识表示方法明确表达出来是不可能的.为了处理大规模的真实文本,研究人员提出了语料库语言学(corpus linguistics).语料库语言学认为语言学知识的真正源泉是生活中大规模的资料,我们的任务是使计算机能够自动或半自动地从大规模语料库中获取处理自然语言所需的各种知识.

20 世纪 80 年代,英国奇切斯特大学利用已带有词类标记的语料库,经过统计分析得出一个反映任意两个相邻标记出现频率的“概率转移矩阵”.他们设计的 CLAWS 系统依据这种统计信息(而不是系统内储存的知识),对 LOB 语料库一百万词的语料进行词类的自动标注,准确率达 96%.

目前市场上已经出现了一些可以进行一定自然语言处理的商品软件,但要让机器像人类那样自如地运用自然语言,仍是一项长远而艰巨的任务.而智能数学的进入,将会是智能机器人对自然语言处理取得重大突破的关键.

二、语言处理过程的层次

语言虽然表示成一连串文字符号或一串声音流,但其内部是一个层次化的结构,从语言的构成就可以清楚地看出这种层次性.文字表达的句子的层次是“词素→词或词形→词组或句子”,而声音表达的句子的层次是“音素→音节→音词→音句”,其中每个层次都受到文法规则的制约.因此,语言的处理过程也应当是一个层次化的过程.

许多现代语言学家把语言处理过程分为三个层次:词法分析、句法分析、语义分析.如果接收到的是语音流,那么在上述三个层次之前还应当加入一个语音分析层.对于更高层次的语言处理,在进行语义分析后,还应该进行语用分析.虽然这样划分的层次之间并非完全隔离的,但这种层次化的划分更好地体现了语言本身的构成,并在一定程度上使得自然语言处理系统的模块化成为可能.

(一)词法分析

词法分析是从句子中切分出单词,找出词汇的各个词素,从中获得单词的语言学信息并确定单词的词义.

不同的语言对词法分析有不同的要求.例如,英语和汉语就有较大的差距.在英语等语言中,因为单词之间是以空格自然分开的,切分一个单词很容易,所以找出句子的各个词汇就很方便.但是,由于英语单词有词性、数、时态、派生及变形等变化,要找出各个词素就复杂得多,需要对词尾或词头进行分析.例如,importable 可以是 im-port-able 或 im-,-port-,-able,这三个都是词素.词法分析可以从词素中获得许多有用的语言学信息,这些信息对于句法分析是非常有用的.例如,英语中构成词尾的词素-s,通常表示名词复数或动词第三人称单数,-ly 通常是副词的后缀,而-ed 通常是动词的过去分词等.另外,一个词可以有许多的派生、变形.例如 work 可变化出 works,worked,working,worker,workable 等.如果将这些派生的、变形的词全放入词典,将会产生非常庞大的数据量.实际上它们的词根只有一个.自然语言理解系统中的电子词典一般只放词根,并支持词素分析,这样可以大大压缩电子词典的规模.

在汉语中,每个字就是一个词素,所以要找出各个词素是相当容易的,但要切分出各个词就非常困难,不仅需要构词的知识,还需要解决可能遇到的切分歧义.如"优秀人才学人才学",可以是"优秀人才-学人才学",也可以是"优秀人-才学人才学".又如组合歧义,"把-手-放在-桌上",可以是"把手-放在-桌上";交叉歧义,如"我们-研究所-有-东西",可以是"我们-研究-所有-东西".

(二)句法分析

句法分析是对句子或短语结构进行分析,以确定构成句子的各个词、短语之间的关系以及各自在句子中的作用等,将这些关系用层次结构加以表达,并对句法结构进行规范化.

在计算机科学中,形式语言是某个字母表上一些有限字串的集合,而形式文法是描述这个集合的一种方法.形式文法与自然语言中的文法相似.最常见的文法分类是 Chomsky 在 1950 年根据形式文法中所使用的规则集提出的.他定义了下列四种形式的文法:短语结构文法,又称 0 型文法;上下文有关文法,又称 1 型文法;上下文无关文法,又称 2 型文法;正则文法,又称 3 型文法.型号愈大所受约束愈多,能表达的语言集就越小,也就是说型号越大描述能力就越弱.但由于上下文无关文法和正则文法能够高效率地实现,它们成为四类文法中最重要的两种文法类型.

(三)语义分析

句法分析后一般还不能理解所分析的句子,至少还需要进行语义分析.语义分析是把分析得到的句法成分与应用领域中的目标表示相关联.简单的做法就是依次使用独立的句法分析程序和语义解释程序.但这样做使得句法分析和语义分析相分离,在很多情况下无法决定句子的结构.为有效地实现语义分析,并能与句法分析紧密结合,已经提出了多种语义分析方法,如语义文法和格文法.

语义文法是将文法知识和语义知识组合起来,以统一的方式定义为文法规则集.语义文法不仅可以排除无意义的句子，而且具有较高的效率，对语义没有影响的句法问题可以忽略. 但是实际应用该文法时需要很多的文法规则，因此一般适用于受到严格限制的领域.

格文法是为了找出动词和跟动词处在结构关系中的名词的语义关系，同时也涉及动词或动词短语与其他各种名词短语之间的关系. 也就是说，格文法的特点是允许以动词为中心构造分析结果. 格文法是一种有效的语义分析方法，有助于消除句法分析的歧义性，并且易于使用.

(四)语音分析

构成单词发音的最小独立单元是音素. 对于一种语言，如英语，必须将声音的不同单元识别出来并分组. 在分组时，应该确保语言中的所有单词都能被区分，两个不同的单词最好由不同的音素组成.

语音分析是根据音位规则，从语言流中区分出各个独立的音素，再根据音位形态规则找出各个音节及其对应的词素或词.

词语以声波传送. 语音分析系统传送声波这种模拟信号，并从中抽取诸如能量、频率等特征. 然后，将这些特征映射为称作音素的单个语音单元. 最后将音素序列转换成单词序列.

语音的产生是将单词映射为音素序列，然后传送给语音合成器，单词的声音从语音合成器发出.

(五)语用分析

语用分析就是研究语言所存在的外界环境对语言使用所产生的影响，是自然语言理解中更高层次的内容. 而智能数学正好可以给出一套表达自然语言的理论与方法，使自然语言转化为计算机可以“理解”与“接受”的东西，从而可以大大提高智能机器人的“智力”. 从这个意义上来讲，智能数学的进入，将为自然语言理解系统的科学化、智能化打开一个新局面.

第四节　智能数学在机器翻译中的应用

一、机器翻译及其智能化

人类对机器翻译(machine translation，MT)系统的研究开发已经持续了 50 多年. 起初，机器翻译系统主要是基于双语字典进行直接翻译，几乎没有句法结构分析. 直到 20 世纪 80 年代，一些机器翻译系统采用了间接方法. 在这些方法中，源语言文本被分析转换成抽象表达形式，随后利用一些程序，通过识别词结构(词法分析)和句子结构(句法分析)解决歧义问题. 其中有一种方法将抽象表达设计为一种与具体语种无关的“中间语言”，可以作为许多自然语言的中介. 这样，翻译就分成两个阶段：从源语言到中间语言，从中间语言到目标语言. 另一种更常用的间接方法是将源语言表达转化成为目标语言的等价表达形式. 这样，翻译便分成三个阶段：分析输入文本并将它表达为抽象的源语言；将源语言转换成抽象的目标语言；最后，生成目标语言. 由于机器翻译中存在许多不确定性，所以智能数学的引入对机器翻译的智能化起到至关重要的作用.

机器翻译系统有如下类型.

(一)直译式机器翻译系统

直译式机器翻译系统(direct MT system)通过快速的分析和双语词典,将原文译出,并且重新排列译文的词汇,以符合译文的句法.直译式机器翻译系统如图 5-1 所示.

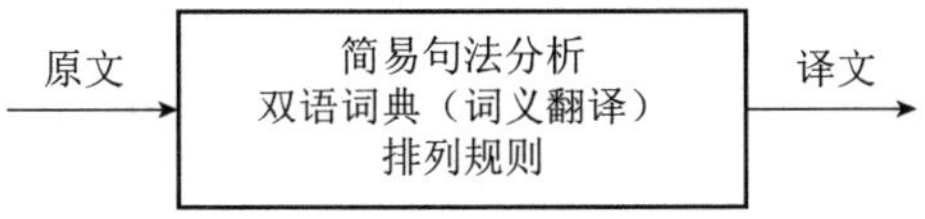

图 5-1 直译式翻译

大多数著名的大型机器翻译系统本质上都是直译式系统,如 Systran、Logos 和 Fujitsu Atlas.这些系统是高度模块化的系统,很容易被修改和扩展.例如,著名的 Systran 系统在开始设计时只能完成从俄文到英文的翻译,但现在已经可以完成很多语种之间的互译.Logos 开始只针对德语到英语的翻译,而现在可以将英语翻译成法语、德语、意大利语,以及将德语翻译成法语和意大利语.只有 Fujitsu Atlas 系统至今仍局限于英日、日英的翻译.

(二)规则式机器翻译系统

规则式机器翻译系统(rule-based MT system)是先分析原文内容,产生原文的句法结构,再转换成译文的句法结构,最后再生成译文.基于规则翻译系统通过识别、标注兼类多义词的词类,对多义词意义进行排歧,对某些同类词性的多义词再按其词法规则不同消除歧义.规则式机器翻译系统如图 5-2 所示.

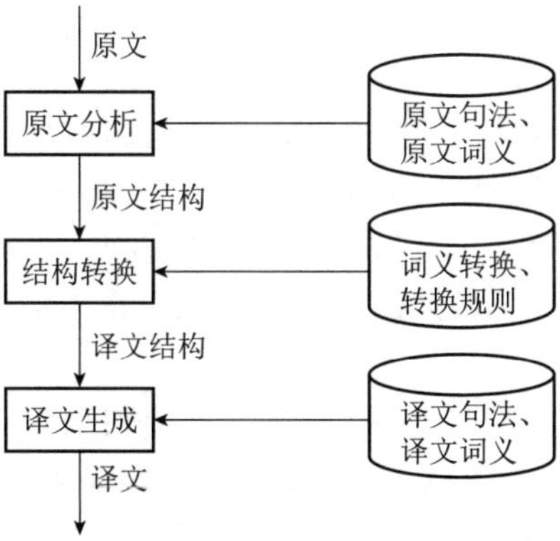

图 5-2 规则式翻译

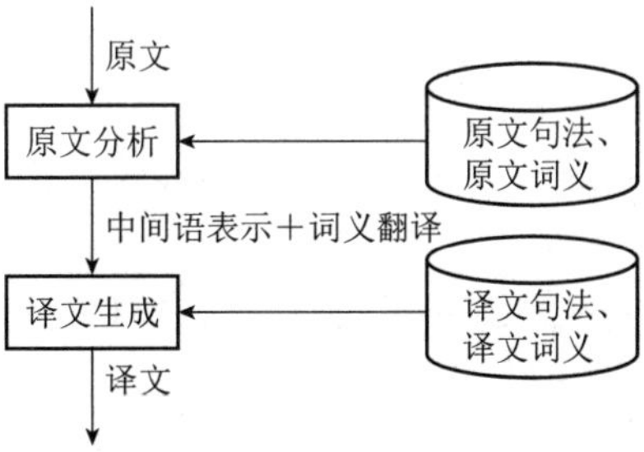

图 5-3 中介语式翻译

当前主流的机器翻译还是基于规则的机器翻译系统.

(三)中介语式机器翻译系统

中介语式机器翻译系统(inter-lingual MT system)先生成一种中介的表达方式,而非特定语言的结构,再由中介的表达式转换成译文.程序语言的编译常采取此策略.中介语式机器翻译系统如图 5-3 所示.

最重要的大型机中介语式机器翻译系统 METAL 从 20 世纪 80 年代初期,由德国西门子公司提供了大部分资金支持,直到 20 世纪 80 年代末才面市.目前最有名的两个中介语式机器翻译系统是 Grenoble 的 Ariane 和欧共体资助的 Eurotra. Ariane 有望成为法国国家机器翻译系统，而 Eurotra 是非常复杂的机器翻译系统之一. 20 世纪 80 年代末，日本政府出资支持开发用于亚洲语言之间互译的中间语言系统，中国、泰国、马来西亚和印度尼西亚等国的研究人员均参加了这一研究.

(四)知识库式机器翻译系统

知识库式机器翻译系统(knowledge-based MT system)建立一个翻译需要的知识库，构成翻译专家系统. 由于知识库的建立十分困难，因此目前此类研究多半有限定范围，并且使用知识获取工具，自动或半自动地大量收集相关知识以充实知识库.

(五)统计式机器翻译系统

1994 年，IBM 公司的 A. Berger、P. Brown 等用统计方法和各种不同的对齐技术，给出了统计式机器翻译系统(statistics-based MT system)Candide.

源语言中任何一个句子都可能与目标语言中的某些句子相似，这些句子的相似程度可能都不相同，统计式机器翻译系统能找到最相似的句子.

(六)范例式机器翻译系统

范例式机器翻译系统(example-based MT system)是将过去的翻译结果当成范例，产生一个范例库. 在翻译一段文字时，参考范例库中近似的例子，并处理差异处.

为了更加准确且高效率地完成机器翻译，在实际的混合式机器翻译系统(hybrid MT system)中，我们往往采用智能匹配的方法，即同时采用多种翻译策略，以达到正确翻译的目标.

二、翻译记忆

由于目前还没有一种机器翻译产品的效果能让人满意，因此，目前广泛采用翻译记忆(translation memory，TM)技术辅助专业翻译. 以欧盟为例，每天都有大量的文件需要翻译成各成员国的文字，翻译工作量极大，自采用德国塔多思(TRADOS)公司的翻译记忆软件以来，欧盟的翻译工作效率大大提高. 如今，欧盟、国际货币基金组织等国际组织，微软、SAP 、Oracle 和德国大众等跨国企业以及许多世界级翻译公司都以翻译记忆软件作为信息处理的基本工具.

翻译记忆是一种通过计算机软件来实现的专业翻译解决方案. 与期望完全替代人工翻译的机器翻译技术不同，翻译记忆实际只是起辅助翻译的作用，也就是计算机辅助翻译(computer aided translation, CAT). 因此，翻译记忆与机器翻译有着本质的区别.

翻译记忆的基本原理是：用户利用已有的原文和译文，建立起一个或多个翻译记忆库，在翻译过程中，系统将自动搜索翻译记忆库中相同或相似的翻译资源(如句子、段落等)，给出参考译文，使用户避免重复劳动，只需专注于新内容的翻译. 翻译记忆库同时在后台不断学习和自动存储新的译文，变得越来越“聪明”.

由于翻译记忆实现的是原文和译文的比较和匹配，因此能够支持多语种之间的双向互译. 以德国塔多思公司为例，该公司的产品基于 UNICODE(统一字符编码)，支持 55 种语言，覆盖了几乎所有语言版本的 Windows 操作系统.

第五节 智能数学在语音识别中的应用

一、语音识别与智能决策

用语音实现人与计算机之间的交互，主要包括语音识别(speech recognition)、自然语言理解和语音合成(speech synthesis). 语音识别是完成语音到文字的转换. 自然语言理解是完成文字到语义的转换. 语音合成是用语音方式输出用户想要的信息.

现在已经有许多场合允许使用者用语音对计算机发命令，但是，目前还只能使用有限词语的简单句子，因为计算机还无法接受复杂句子的语音命令. 因此，需要研究基于自然语言理解的语音识别技术. 而要计算机能够识别复杂句子，必须借助智能数学的方法与手段.

相对于机器翻译，语音识别是更加困难的问题. 机器翻译系统的输入通常是印刷文本，计算机能清楚地区分单词和单词串. 而语音识别系统的输入是语音，其复杂度要大得多，特别是口语有很多的不确定性. 人与人交流时，往往是根据上下文提供的信息猜测对方所说的是哪一个单词，还可以根据对方使用的音调、面部表情等得到很多信息. 特别是说话者会经常更正所说过的话，而且会使用不同的词来重复某些信息. 显然，要使计算机像人一样识别语音是很困难的. 因此，在语音识别中，如何借助智能数学的方法与手段来准确地传递信息是很重要的.

按照服务对象划分，针对某个用户的语音识别系统称为特定人工作方式，针对任何人的语音识别系统则称为非特定人工作方式.

通俗地说，特定人的语音识别是要识别说话人是谁，而非特定人语音识别是要识别说的什么话.

二、语音识别方法

语音识别过程包括从一段连续声波中采样，将每个采样值量化，得到声波的压缩数字化表示. 采样值位于重叠的帧中，对于每一帧，抽取出一个描述频谱内容的特征向量. 然后，根据语音信号的特征识别语音所代表的单词.

(一)语音信号采集

语音信号采集是语音信号处理的前提. 语音通常通过话筒输入计算机. 话筒将声波转换为电压信号，然后通过 A/D 装置(如声卡)进行采样，从而将连续的电压信号转换为计算机能够处理的数字信号.

目前多媒体计算机已经非常普及，声卡、音箱、话筒等已是个人计算机的基本设备. 其中声卡是计算机对语音信号进行加工的重要部件，它具有对信号滤波、放大、A/D 和 D/A 转换等功能. 而且，现代操作系统都附带录音软件，通过它可以驱动声卡采集语音信号并保存为语音文件.

对于现场环境不好或者空间受到限制的场合，目前广泛采用基于单片机、DSP 芯片的语音信号采集与处理系统.

(二)语音信号预处理

语音信号在采集后首先要进行滤波、A/D变换、预加重(pre-emphasis)和端点检测等预处理然后才能进入识别、合成、增强等实际应用.

滤波的目的有两个:一是抑制输入信号中频率超出$f_s/2$的所有分量(f_s为采样频率),以防止混叠干扰;二是抑制50 Hz的电源工频干扰.因此,滤波器应该是一个带通滤波器.

A/D变换是将模拟信号转换为数字信号.A/D变换中要对信号进行量化,量化后的信号值与原信号值之间的差值为量化误差,又称为量化噪声.

预加重处理的目的是提升高频部分,使信号的频谱变得平坦,保持在低频到高频的整个频带中,能用同样的信噪比求频谱,便于频谱分析.

端点检测是从包含语音的一段信号中确定出语音的起点和终点.有效的端点检测不仅能减少处理时间,而且能排除无声段的噪声干扰.目前主要有两类方法:时域特征方法和频域特征方法.时域特征方法是利用语音音量和过零率进行端点检测,计算量小,但对气音会造成误判,不同的音量计算也会造成检测结果不同.频域特征方法是用声音的频谱变异和熵的检测进行语音检测,计算量较大.

(三)语音信号的特征参数提取

人说话的频率在10 kHz以下.根据香农采样定理,为了使语音信号的采样数据中包含所需单词的信息,计算机的采样频率应是需要记录的语音信号中包含的最高语音频率的两倍以上.一般将信号分割成若干块,信号的每个块称为帧.为了保证可能落在帧边缘的重要信息不会丢失,应该使帧有重叠.例如,当使用20 kHz的采样频率时,标准的一帧为10 ms包含200个采样值.

话筒等语音输入设备可以采集到声波波形,如图5-4所示.虽然这些声音的波形包含了所需单词的信息,但用肉眼观察这些波形却得不到多少信息.因此,需要从采样数据中抽取那些能够帮助辨别单词的特征信息.在语音识别中,常用线性预测编码(linear predictive coding,LPC)技术抽取语音特征.

线性预测编码的基本思想是:语音信号采样点之间存在相关性,可用过去的若干采样点的线性组合预测当前和将来的采样点值.线性预测系数可以通过使预测信号和实际信号之间的均方误差最小来唯一确定.

语音线性预测系数作为语音信号的一种特征参数,已经广泛应用于语音处理各个领域.

声波的采样数据可以绘制成一个x-y平面图,x轴表示时间,y轴表示波幅.如图5-4所示,声波有两个主要特征:振幅和频率.图5-4所示的声波波形实际上由3个正弦波叠加组成,但用肉眼很难分辨.为了能够看清楚声波中包含的主要频率波形,通常将采样信号经过傅里叶变换得到相应的频谱,再从频谱中看出波形中不同音素相匹配的主控频率组成成分.图5-5是图5-4中声波波形的频谱,清楚地显示了这段声音包含的正弦波的振幅和频率.可以看出,它们的幅值分别是3个峰值的幅值,频率分别是3个峰值对应的频率.

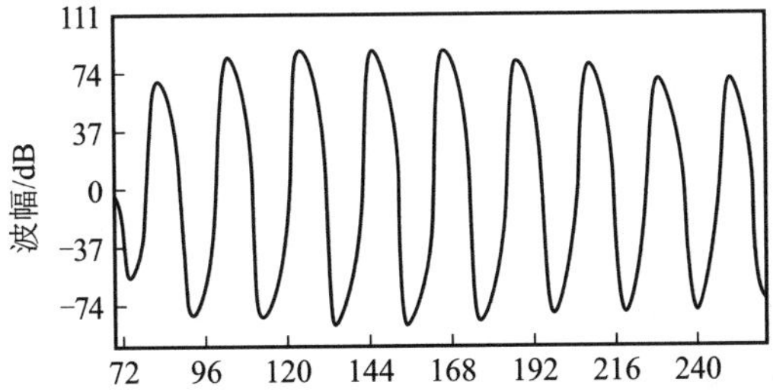

图 5-4 声波波形

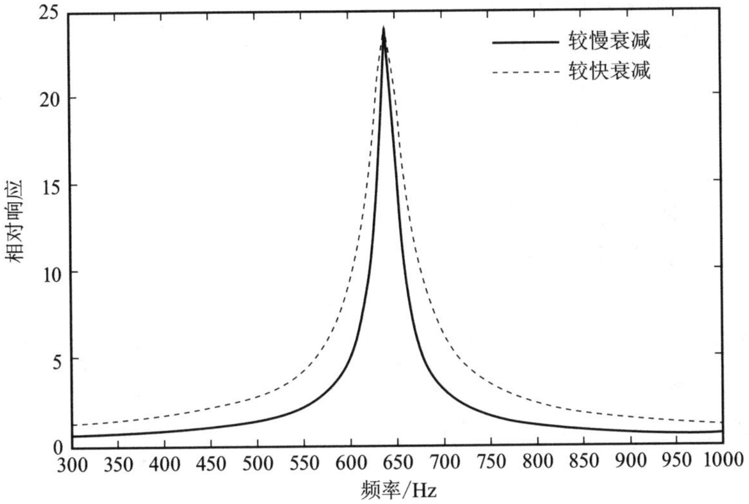

图 5-5 声波频谱

(四)向量量化

向量量化(vector quantization,VQ)技术是 20 世纪 70 年代后期发展起来的一种数据压缩和编码技术,经过向量量化的特征向量也可以作为后面隐马尔可夫模型中的输入观察符号.

在标量量化中整个动态范围被分成若干个小区间,每个小区间有一个代表值,对于一个输入的标量信号,量化时落入小区间的值就用这个代表值代替.因为这时的信号量是一维的标量,所以称为标量量化.

向量量化的概念是用线性空间的观点,把标量改为一维的向量,对向量进行量化.和标量量化一样,向量量化是把向量空间分成若干个小区域,每个小区域寻找一个代表向量,量化时落入小区域的向量就用这个代表向量代替.

向量量化的基本原理是将若干个标量数据组成一个向量(或者是从一帧语音数据中提取的特征向量),在多维空间给予整体量化,从而可以在信息量损失较小的情况下压缩数据量.

(五)识别

当提取声音特征集合以后,就可以识别这些特征所代表的单词,重点关注单个单词的识别. 识别系统的输入是从语音信号中提取出的特征参数，如 LPC 预测编码参数，当然，单词对应于字母序列. 语音识别所采用的方法一般有模板匹配法、随机模型法和概率语法分析法三种. 这三种方法都是建立在最大似然决策贝叶斯(Bayes)判决的基础上的.

1. 模板(template)匹配法

在训练阶段，用户将词汇表中的每一个词依次说一遍，并且将其特征向量作为模板存入模板库. 在识别阶段，将输入语音的特征向量序列依次与模板库中的每个模板进行相似度比较，将相似度最高者作为识别结果输出.

2. 随机模型法

随机模型法是目前语音识别研究的主流. 其突出的代表是隐马尔可夫模型. 语音信号在足够短的时间段上的信号特征近似于稳定，而总的过程可看成是依次相对稳定的某一特性过渡到另一特性，隐马尔可夫模型则用概率统计的方法来描述这样一种时变的过程.

3. 概率语法分析法

这种方法是用于长度范围的连续语音识别. 语音学家通过研究不同的语音语谱图及其变化，发现虽然不同的人说同一语音时，相应的语谱及其变化有种种差异，但是总有一些共同的特点足以使它们区别于其他语音，也即语音学家提出的“区别性特征”. 同时，人类的语言要受词法、语法、语义等约束，人在识别语音的过程中充分应用了这些约束以及对话环境的有关信息. 于是，将语音识别专家提出的“区别性特征”与来自构词、句法、语义等语用约束相互结合，就可以构成一个“自底向上”或“自顶向下”的交互作用的知识系统，不同层次的知识可以用若干规则来描述.

除了上面的三种语音识别方法外，还有许多其他的语音识别方法. 例如，基于人工神经网络的语音识别方法是目前的一个研究热点. 目前用于语音识别研究的神经网络有 BP 神经网络、Kohonen 特征映射神经网络等，特别是深度学习用于语音识别取得了长足的进步.

三、小结

自然语言理解是指机器能够执行人类所期望的某种语言功能，包括回答问题、文摘生成、释义、翻译.

自然语言理解的五个层次：语音分析、词法分析、句法分析、语义分析和语用分析.

机器翻译系统可以分成下列几种类型：直译式、规则式、中介语式、知识库式、统计式范例式.

翻译记忆是用户利用已有的原文和译文，建立起一个或多个翻译记忆库，在翻译过程中，系统将自动搜索翻译记忆库中相同或相似的翻译资源（如句子、段落等），给出参考译文，使用户避免重复劳动，只需专注于新内容的翻译. 翻译记忆库同时在后台不断学习和自动储存新的译文，变得越来越“聪明”.

语音识别包括语音信号的采集与处理、特征参数的提取与识别等. 语音识别所采用的方法一般有模板匹配法、随机模型法和概率语法分析法三种.

第六节 智能数学在游戏设计中的应用

一、人工智能游戏的概念及其发展

人工智能游戏的快速发展,为计算机游戏产业提供了新的机遇,目前人工智能技术已经成为优秀计算机游戏开发中不可缺少的部分.

计算机游戏(computer game)始于1958年的"两人网球"(tennis for two)游戏.但直到20世纪70年代,Atari公司成功开发Pong打砖块游戏,才使得更多人重视计算机游戏开发,使其迅速发展成为新兴产业.人工智能技术的快速发展,为计算机游戏业提供了新机遇.无论玩家是在任天堂的游戏机上与马里奥赛车的车手比赛,还是用微软的Xbox360游戏手柄与外来入侵者对抗,人工智能技术都是目前优秀计算机游戏开发中不可缺少的部分.角色的智能水平是一款游戏可玩性的决定因素之一,也是游戏开发中需要着重考虑的问题.

应用人工智能技术设计的游戏称为人工智能游戏(AI Game),或简称为智能游戏.

人工智能游戏软件给人以某种程度智能的感觉,让玩家感觉更"好玩",更能令人沉迷于其中,这成为计算机游戏产品畅销的一个决定性因素.

人工智能游戏软件通过分析游戏场景变化、玩家输入获得对环境态势的理解,进而控制游戏中各种活动对象的行为逻辑,并做出合理决策,使它们表现得像人类一样智能,旨在提高游戏娱乐性,挑战智能极限.人工智能游戏是结果导向的,最关注决策环节,可以看作"状态(输入)"到"行为(输出)"的映射,只要游戏能够根据输入给出一个看似智能的输出,那么就认为此游戏是智能的,而不在乎其智能是怎么实现的.

游戏开发者利用人工智能让无数的角色看起来好像是有智慧的生命一样,让他们表现出不同的人格特质,或者呈现出人类特有的情绪或脾气,从而吸引玩家.

对游戏的智能性,具有代表性的几种观点是:

(1) 如经典游戏小精灵里的魔鬼、第一人称射击游戏里的虚拟战友以及其他游戏角色,看起来都是具有智能的生命.这种游戏可以认为是有智能的.

(2) 有人将游戏中的路径搜索、碰撞检测等也列入游戏智能的范畴.

(3) 游戏角色从简单的追逐、闪躲、移动,到复杂的神经网络和遗传算法应用等,能够体现角色行动的"自主性",则说明游戏具有智能性.

自香农1950年发表计算机象棋博弈编写程序的方案以来,游戏人工智能取得的成果数不胜数,为人工智能游戏的进一步发展奠定了很好的基础.然而要游戏人工智能计算机具有更高的智能,还必须有待于智能数学的介入,才能达到真正完美的境界.

二、游戏人工智能

(一)游戏人工智能的概念与分类

适合于游戏开发的人工智能技术称为游戏人工智能(game AI).

与一般的人工智能技术不同,游戏人工智能算法不一定要满足通用性,只要能够使角色的行为在某些场合内合理就行了.实际上,即使出现了一些人工智能错误,只要不是很明显,而且不降低游戏的娱乐性,玩家不会太在乎,甚至还会给玩家带来意想不到的兴奋.而对于医疗诊断等专家系统,这些错误就不能存在了.

游戏人工智能分为定性和非定性两类.

定性技术是游戏人工智能的基础.用定性技术设计的角色行为是特定的、可预测的.游戏中的角色分为玩家和非玩家两种角色.例如,可以用定性技术设计一个非玩家角色(NPC),令其沿着坐标轴前进,向某一个目标点移动,直到该角色坐标值与目标点的坐标相同就停止前进.定性技术容易实现,理解方便,也便于游戏软件的调试和测试.在用定性技术设计游戏时,游戏开发者必须考虑所有的可预测行为,而且无法帮助非玩家角色学习或演化.玩家只要重复玩几次用定性技术设计的游戏,就可知道 NPC 的行为,这样,玩家就会失去玩这些游戏的兴趣,从而影响游戏软件的"生命".

非定性技术是定性技术的一种升级.用非定性技术设计的角色行为具有某种程度的不确定性和不可预测性.在用非定性技术设计的游戏中,NPC 能够学习到玩家的作战行为,并推出新行为,甚至引发突现行为.例如,用非定性技术设计海里的一群鱼,鱼群总体会跟着最前面带路的那条鱼游动,不会出现鱼和鱼之间的穿透现象,这是属于 NPC 群聚行为,使鱼群表现得更加逼真.非定性的不可预测性,会给游戏软件的调试和测试带来一定的难度,但也增加玩家对游戏的兴趣,延长游戏软件的"生命".

未来的游戏人工智能越来越注重非定性技术的研究与应用.主流游戏都采用非定性技术,并具有一定的学习功能.所有 NPC 的行为不再是事先安排好的,而是随着游戏的进展,NPC 从玩家那里不断学习得来的,这使玩家难以预测 NPC 的行为,从而使游戏更具挑战性,也扩展了游戏的生命周期.

成功的游戏软件应该采用定性技术和非定性技术相结合的方法,用定性技术解决软件的一部分调试和测试问题,用非定性技术增强软件的智能性,赋予软件更强的生命力和挑战性.

目前,在人工智能技术中,采用神经网络、模糊智能决策、模糊逻辑控制、遗传算法、贝叶斯技术、有限状态机等来实现游戏中的非定性行为与智能行为.

(二)基本的游戏人工智能技术

目前,基本的游戏人工智能技术有:

1. 搜索技术

搜索技术在现代游戏中应用得非常广泛,特别是用于路径规划.当前棋类游戏几乎都使用了搜索的方式来完成决策,其中最优秀的是搜索树、蒙特卡洛搜索树.搜索的游戏人工智能更关注的是预测和评估,决策的制定只要挑选出预测的最好方式即可.在追捕游戏中，只要追逐角色与任一非追逐角色相邻，所对应的状态就是目标状态. 对于简单的情况，广泛采用宽度优先和深度优先等非启发式搜索算法. 在游戏设计中广泛应用 A^* 算法，例如，在追捕游戏中以两点间欧氏距离为启发函数，A^* 算法能够保证以最少的搜索找到最优的路径.

2. 遗传算法

遗传算法是一种随机优化搜索技术，它模拟达尔文进化论的物竞天择原理，不断从种群中筛选最优个体，淘汰不良个体，使得系统不断自我改进. 遗传算法可以使得游戏算法通过不断的迭代进化，从一个游戏白痴进化成为游戏高手，这是一个自学习的算法，无需任何人类知识的参与. 遗传算法已经广泛地应用于智能游戏设计. 例如，游戏设计中经常需要为某个角色寻找最优路径，往往只考虑距离是远远不够的. 游戏设计中利用了一个 3D 地形引擎，需要考虑路径上的地形坡度. 当角色走上坡路时应该慢些，而且更费油料. 当在泥泞里跋涉时应该比行驶在公路上慢. 采用遗传算法进行游戏设计时，可以定义一个考虑所有这些要素的适应度函数，从而在移动距离、地形坡度、地表属性之间达到较好的平衡. 可以为游戏中不同的地表面创建不同的障碍值或者惩罚值并加入适应度函数，如果道路泥泞则惩罚值大，该道路总的适应度就小，选择这条路径的可能性就小. 当然，如果这条路径比较短，使得适应度增加，选择这条路径的可能性变大. 对地形坡度的处理也是类似的. 最终路径的选择是所有因素的折中考虑. NPC 要平衡好这些因素是比较困难的，但最后一般都会像真人选择路径那样能够为各种地形找出最优路径，而不是仅仅找到距离最短的路径.

3. 模糊逻辑

在游戏设计中广泛应用模糊逻辑方法. 例如，用模糊逻辑控制队友或者其他非玩家角色能够实现平滑运动，看上去更自然. 在战争游戏中，计算机军队经常得配置防卫兵力，以抵抗构成潜在威胁的敌军. 计算机军队可以根据敌军的距离以及规模等用模糊逻辑评估玩家对非玩家的威胁. 其中，距离可以用很近、较近、较远和很远等表示；规模可以用零星、少量、中等、大量等表示；而威胁程度可以用无、小、中、大等表示. 可以根据玩家或者非玩家角色的体力、武器熟练度、被击中的次数、盔甲等级等因素，将玩家或者非玩家的战斗能力分为弱、较弱、一般、较强、很强五个等级.

4. 神经网络

神经网络是基于生物大脑和神经系统中的神经连接结构的一系列机器学习算法的总和. 在具体使用中，通过反复调节神经网络中互连结点之间的参数值(权重)来获得针对不同学习任务的最优和近似最优反馈值. 本章最后将介绍一个用神经网络控制扫雷机的实例.

DRY 是 Google DeepMind 结合深度学习和强化学习形成的神经网络算法，旨在无需任何人类知识，采用同一算法就可以在多款游戏上从游戏白痴变成游戏高手. 首先使用数据预处理方法，把 128 色的 210×160 色图像处理成灰度的 110×84 的图像，然后从中选出游戏画面重要的 84×84 的图像作为神经网络的输入；接着使用 CNN 自动进行特征提取和体征表示，作为 BP 神经网络的输入进行监督学习.

Google DeepMind 的 AlphaGo 使用值网络来评价棋局形式，使用策略网络来选择棋盘着法，使用蒙特卡洛树来预测棋局，试图冲破人类智能最后的堡垒. 策略网络使用“有监督学习＋强化学习”共同训练获得，而值网络仅使用强化学习训练获得，通过这两个网络结构总结人类经验，自主学习获得对棋局的认知；然后使用蒙特卡洛树将已经学得的知识应用于棋局进行预测和评估，从而制定着法的选择.

5. 一阶谓词逻辑

在游戏设计中，用一阶谓词逻辑描述变化的世界的方法，称为情景演算（situation calculus）. 用一阶谓词逻辑来计算给定情况下智能主体的应有动作，用自动推理来决定达到最优状态所需采取的动作序列. 正是由于需要智能角色去思考变化的世界，而情景演算正好适合描述变化的事物，因此得到较为广泛的应用. 但它不适用于对性能要求很高的实时游戏，而且用逻辑语言来描述复杂游戏是比较困难的.

6. 专家系统

专家系统用于模拟专业玩家的行为，游戏开发人员编写知识库控制角色的行为. 尽管智能游戏的知识库在表达上不需要像其他专家系统的知识库那样复杂，但随着游戏的日益复杂化，专家系统越来越难以建立. 现在少数游戏专家系统已引入机器学习. 机器学习将在未来智能游戏开发中得到越来越广泛的应用.

7. 机器学习

1956 年阿瑟·塞缪尔的西洋跳棋程序仅通过强化学习算法让自己和自己对战就可以战胜康涅狄格州的西洋跳棋冠军. 强化学习来源于行为主义学派，它通过代理人与环境的交互获得“奖惩”，然后趋利避害，进而做出最优决策. 强化学习有着坚实的数学基础，也有着成熟的算法，在机器人寻址、游戏智能、分析预测等领域有着广泛应用. 成熟算法有值迭代、策略迭代、动态规划、时间差分等学习方法.

分类是有监督学习方法，旨在从具有标签的数据中挖掘出类别的分类特性，也是游戏人工智能的重要方法. 有些玩家就是通过学习前人经验成为游戏高手的，棋类游戏更是如此. 经过几千年的探索，人类积累了包括开局库、残局库、战术等不同的战法来指导玩家游戏. 而数据挖掘就是在数据中挖掘潜在信息，并总结成知识然后指导决策.

Google DeepMind 的围棋程序 AlphaGo 就使用了有监督学习训练策略网络，用以指导游戏决策. 它的 SL 策略网络是从 KCS GO 服务器上的棋局记录中使用随机梯度上升法训练的一个 13 层的神经网络，在测试集上达到 57.0％的准确率，为围棋的下子策略提供了帮助.

8. 多智能体

通过多个彼此竞争和协作的智能主体描述角色之间的交互. 游戏中存在的众多角色彼此既有竞争也有合作，因此可以用多智能体来自然地产生智能行为.

9. 人工生命

由简单的个体行为组合成复杂模式的研究，称为人工生命（artificial life）. 这是多智能体系统中的一种，着重研究如何为虚拟环境中的智能主体赋予某些生物体的共性. 游戏 The Sims 和 SimCity 的成功证明了人工生命技术的有效性和娱乐价值. 例如，用人工生命设计群聚，控制对象的智能化运动，协调多个智能主体的动作，使它们在整体上看起来像逼真的动物群.

10. 基于范例的推理

这种技术分析数据库中存放着的（历史）输入数据和相应的最优输出结果，然后通过对比现有输入数据和历史数据来推知输出结果. 这种技术模拟了人们在处理新的情况时参考以前相似经历的做法.

11. 有限状态机

有限状态机是表示有限个状态以及在这些状态之间进行转移和动作等行为的特殊有向图,可以通俗地解释为"一个有限状态机是一个设备,或是一个设备模型,具有有限数量的状态". 它可以在任何给定的时间根据输入进行操作,使得从一个状态变换到另一个状态,或者促使一个输出或者一种行为的发生. 这是一种简单的基于规则的系统,它包含有限个"状态"和状态之间的"转移",彼此连成一个有向图. 有限状态机在每一时刻都只能处于某一状态. 在智能游戏设计中,通过完成状态之间的相互转换可以增加游戏的娱乐性和挑战性. 有限状态机把游戏对象复杂的行为分解成"块"或状态进行处理. 首先接收游戏环境的态势和玩家输入;然后提取低阶语义信息,根据每个状态的先决条件映射到响应的状态;接着根据响应状态的产生式规则生成动作方案;最后执行响应动作序列并输入游戏,进入下一步循环. 有限状态机方法是计算机游戏机理的一种简单实现:根据规则人为将原始数据映射到"状态"完成"特征工程和识别",根据产生式系统将"状态"映射到响应的动作,完成"决策制定". 有限状态机在智能游戏设计中应用最为广泛,其主要原因是游戏中的非玩家角色常可以设计为含有单个状态变量,而变量值可以表达为有限状态机当前结点的形式. 结点的输入和输出则驱动角色在那个状态下的行为. 有限状态机的缺点是当状态数目和状态转移数目增加时复杂度大大增加.

12. 决策树

决策树表达一系列产生式规则 if-then 形式的条件判断,容易转化为一组产生式规则. 在决策过程中,从决策树的根结点输入一组数据,在每个分叉处根据某个输入值选择其中一个子结点,依此类推. 国际象棋和西洋双陆棋等许多棋类游戏中成功采用了游戏树及其搜索方法. 决策树在计算机游戏中经常被用来表达控制器. 决策树的编程容易实现. 非专业程序设计人员可以通过图像用户界面方便地建立与维护决策树. 如果每个叶结点所对应的不是单一的行动选择,而是一个所有可能行动的概率分布函数,那么,就成为随机决策树,可用于表达随机化控制器.

13. 置信网络

置信网络采用了概率理论来解决现实世界中的不确定性问题,是描述不同现象之间内在因果关系的工具,还可以用于推导现实世界的状态,预测各种动作的可能结果. 这种技术特别适用于解决智能游戏中涉及的许多子问题.

人工智能游戏设计中或多或少地采用了上述技术,所获得的效果也不尽相同. 在开发期限紧张和资源有限的情况下,很多游戏开发人员都倾向于采用基于规则的系统,因为编写、理解和调试基于规则的智能游戏程序比较容易.

(三)游戏中的角色与分类

游戏中的活动对象分为两类. 一类是背景中的活动对象,如天上飘着的云、飞过的鸟等. 这类对象的造型和行为要显得逼真也不容易,需要掌握 2D 或者 3D 图形和动画技术,还需要有艺术修养. 但它们在游戏中无需人工干预,变化也不多,控制的逻辑比较简单.

另一类活动对象是游戏中的各种角色,或者称为游戏代理,如虚拟的人、兽、怪物、机器人等.角色的活动方式必须变化多端才行,否则游戏就不好玩,所以需要设计比较复杂的角色控制逻辑,尤其是玩家对手的代理的控制逻辑最复杂.例如,要开发一个猫捉老鼠的游戏.假设你是玩家,你的代理是猫,即猫的行为由你操纵,而老鼠的行为则完全由计算机程序来控制.当猫不出现时,老鼠必须到处觅食或者打洞,以解决生存必需的吃住问题.一旦发现有猫,则立即躲进洞里.如果附近没有洞,则要立即逃窜.逃窜的方向应该和猫是反方向的.如果途中遇到障碍物挡住了去路,则要改变方向,可以向左或者向右,但不应该回头跑,除非前面是死胡同.老鼠能遵循这样的逻辑来行动,就是游戏编程中为老鼠设计的智能.虽然游戏里的猫也需要人工智能,但很简单,那就是听话,能够听从你用键盘或者鼠标进行的指挥.

所有角色扮演类游戏都需要智能,越是好玩的游戏越是需要复杂的智能,但并不是所有的游戏都需要人工智能.例如,Windows 提供的接龙和挖地雷等游戏就没有人工智能问题.网上提供的两人对弈的象棋、围棋、军棋类游戏也不需要人工智能技术.但一旦要求机器与人对弈那就需要很高的智能了.

游戏角色的智能水平是一款游戏可玩性的决定性因素之一,因而也是游戏开发中需要考虑的重要问题.人工智能技术能够实现智能角色,增强游戏体验并改善游戏的可玩性.

游戏中的角色除了根据角色的属性分为玩家和非玩家两种类型,还可以有下面几种分类方法.

(1) 根据运动方向与朝向的相关性,游戏角色分为靠转向力改变方向的角色和自由运动的角色两种类型.靠转向力改变运动方向的角色,如汽车、飞机之类的物体,它们的速度向量的方向必须与其朝向相同或相反,速度方向的改变只能靠施加在头部或尾部的转向力(steering force).特别是有的角色要求当速度大小不为 0 时,施加转向力才有效.例如,静止的汽车,对其方向盘的操作是毫无效果的.

(2) 根据角色的智能性,游戏角色分为智能性角色和无智能性角色两种.角色运动的结果主要是位置和朝向的变化,而运动的方式可有多种.对玩家来说,通过操控键盘、鼠标或游标来实现玩家化身的运动,如行走、跑步、转向、坐蹲等.对智能非玩家角色来说,通过预置各种运动算法,当运动条件和环境符合时,自动产生运动方式.对无智能性非玩家角色,则不产生任何运动,只能靠场景切换或摄影机移动来实现隐藏或现身.

(四)智能游戏角色设计基本技术

角色的智能性具体表现在指导与运动、追逐与躲避、群聚、路径搜索、智能搜索引擎等方面,下面做个简单介绍.

1. 游戏角色的指导与运动

有两种方法指导角色行为:预定义行为(predefined behavior)和目标导向行为(goal-directed behavior).区分预定义行为和目标导向行为的依据是:角色是否唯一地选择行动.

预定义行为指导角色行为方法中,角色的所有行为都是动画师和程序设计人员预先设计的.这里讨论的主要是如何处理预先并不完全确定的角色行为的技术.两种比较流行的方法是反应行为规则(reactive behavior rules)和分层有限状态机(hierarchical finite state machine,HFSM).下面简单介绍反应行为规则.

当角色的行为仅仅取决于对当前外部环境的感知时,称为反应行为.在反应行为中,角色不记忆以前经历的情景,没有自己内部情景的表达,因此,无论角色收到的信号顺序如何,只要是同样的刺激信号，其反应行为就是一样的.

反应行为规则是目前最普及的生成角色行为的方法，用一些简单的产生式规则就能够产生复杂的行为.例如，一个简单的左转规则：

若 有障碍在前面 则 向左转 否则 直走

IF blocked ahead THEN turn left ELSE go straight

角色没有必要知道关于迷宫的知识，只要依据上面的规则执行，就能够找到走出迷宫的道路.

由于行为规则是预先确定的，所以一旦选定了行动，就不能再改变.许多情况下，角色依据领域知识，可以很快预测出所选的行动是不合适的.但是，不管是否有其他更合适的行动方案，自主角色都必须按照当前情景预定义行为规则行动.因此，像分层有限状态机为角色保留了某些简单的内部状态信息，设计控制器就比较容易.

在游戏设计中，许多角色选择行动是非确定性的，有多个方案可以选择.当角色选择了某个行动方案后，如果后来看出这个方案不能达到期望的目标，可以返回选择其他方案，直到选出合适的方案.非确定性选择行动的角色容易接受指导，通过给角色指定目标，使角色能够利用自己的领域知识，了解它选择的行动方案是否能够达到目标.但非确定性选择行动的响应速度比较慢.游戏设计时应该折中考虑预定义行为和目标导向行为指导角色的方法.因此，指导角色的第三种方案是将预定义行为和目标导向行为结合起来.

2. 游戏角色的追逐与躲避

在游戏中，追逐与躲避是角色最普遍的行为.它与随机移动一起构成了早期游戏中主要使用的运动模式.

(1) 随机移动

随机移动能够产生角色漫无目的徘徊的感觉.对于自由运动的角色，可以不断地产生随机的速度向量；对于靠转向力来改变速度方向的角色，可以不断产生随机的转向力.若使用完全的随机数来控制角色的移动，行动看起来不稳定，所以应该保持随机过程的一致性，可采用噪声函数法、投射目标法，也可以通过记录从前走过的路，避免走回头路等来体现随机性.

(2) 追逐与躲避

追逐与躲避是功能相反的两种运动模式，在游戏中到处可见.例如，在太空战机射击游戏或角色扮演游戏，游戏中的非玩家角色都有机会试着追逐或躲避玩家角色；在第一人称射击游戏和飞行模拟游戏中，需要算出导弹的轨迹，攻击玩家或玩家的飞行器等.对于任何一种情况，都需要一种逻辑手段，使角色进行追逐或躲避.

(3) 躲避障碍物

玩家与非玩家角色在游戏中都应该符合现实场景的客观规律，不能出现互相穿透现象.如玩家穿过非玩家角色、玩家走出虚拟场景、玩家穿越地面等.对于这些现象，在设计过程中，可以理解为是追逐与躲避的一种特例.躲避障碍物的方法往往采用传感器、球包围盒等方法，自动检测玩家与物体的距离，当达到测定距离时，可以自动实现玩家不能靠近障碍物的效果.

使用传感器来判断障碍物的基本方法是利用传感器从当前位置依当前速度向前方一段

距离做投射.传感器的末端表示按照当前的速度将要到达的位置.若在这个投射上发生了碰撞,则表示按当前速度行进将会发生碰撞,以此要求角色改变速度.传感器的长度可以与角色的速度成正比.转向力的方向为障碍物表面的碰撞点的法向量的方向,转向力的大小可以与传感器的末端穿进障碍物的深浅成正比.

球包围盒或长方体包围盒是将物体抽象地定义为一个位置坐标和一个碰撞半径来检测角色是否将与物体相碰撞.

3. 游戏角色的群聚

角色的群聚(flocking)行为是基于 Craig Reynolds 提出的 Boids 算法,该算法由三个简单的规则组成:

(1) 聚合(cohesion):每一个成员移向它的邻居成员的平均位置.

(2) 对齐(alignment):每一个成员朝向它的邻居成员的平均朝向.

(3) 分离(separation):每一个成员与邻居保持一定的距离,以免相撞.

这些规则都可以利用追逐或躲避算法来实现,可以产生非常逼真的群聚效果.

团队中的各个成员所考虑的邻居成员的数量可以通过该成员的视角和视野来控制,只有在视角和视野范围内的成员才予以计算.设置大的视角会使队形向横向排开,而小的视角会使队形纵向排开,形成细长的队列.可以为不同的规则制定不同的视角和视野,这些需要在游戏的实现过程中进行调整.

一个成员的行为结果是上述三个规则计算出的转向力的组合.实际上这三个规则计算出的转向力还可以和由其他行为,如追逐、躲避、跟随首领等计算出的转向力组合.有如下几种组合方法:

(1) 为每一个转向力设置一个权值,将所有的转向力加权,再截取不超过转向力的最大值.这种方法的缺点是权值难以设定和调整,因为有些转向力的施加是必需的,例如,障碍物躲避是必需的,即使它与群聚的转向力发生冲突,也应该保证角色不与障碍物相撞.若过多增加该转向力的权值,会产生不理想的行为,两个成员接近时行为会不稳定,且容易使团队分离.

(2) 在(1)的基础上为每个转向力增加一个优先级.除了按照权值组合外,每一次更新按照转向力的优先级的高低顺序组合,若组合的结果大于转向力的最大值,则进行截取并忽略低优先级的转向力.

(3) 不设定权值,而是为每个转向力增加一个概率和一个优先级.每一次更新只有一个转向力起作用.首先考虑优先级高的转向力,只有在有概率命中,并且结果不为 0 时才进行组合;否则,考虑下一个优先级的转向力.在这种方法中,由于每一次更新只计算一个转向力,减少了计算量却是以降低精度为代价的.

4. 游戏角色的路径搜索

路径搜索是智能游戏软件中最基本的问题之一.有效的路径搜索方法可以让角色看起来很真实,使游戏变得更有趣味性.

在简单的情况下,有以下几种路径搜索算法:

(1) 在不考虑躲避障碍物的情况下,路径搜索算法即为追逐算法.

(2) 若考虑躲避障碍物,则随机移动;如果直线上没有障碍物,则沿直线向目标移动.这种方法在开阔的场景中，且障碍物数量较少、体积较小的情况下（如只有少量的树木）是可行的.

(3) 当场景中有体积较大的障碍物，则从追逐者位置向目标做投射得到一条直线，然后沿直线向目标移动.当碰到障碍物时，则沿着障碍物的边缘移动，直到又回到直线上，继续沿着直线移动.但当碰到障碍物的内转角时，不太适合采用这种方法.

(4) 面包屑寻路法，是记录目标走过的路径，让追逐者沿着这条路径移动.记录目标移动路径的方法是在目标走过的地方留下玩家看不见的记号（面包屑），追逐者可以按照不同的面包屑顺序移动.采用这种方法可能会出现追逐者走回头路的现象.

(5) A^* 搜索算法，是一种启发式搜索策略，能保证在任何起点与终点之间找到最佳路径.由于A^* 搜索算法相对比较复杂，要求 CPU 做大量的计算，因此，现在还不是游戏软件开发中最常用的路径搜索算法.特别是当 CPU 功能不太强，又需要解决多角色游戏的路径选择问题时，A^* 算法不是最佳选择，否则会影响游戏效果.由于路径的类型很多，寻求路径的方法应与路径的类型、寻径的需求有关，A^* 算法不一定适合所有场合.例如，如果起点和终点之间没有障碍物，有明确的视线，就没有必要使用A^* 算法.

5. 智能搜索引擎

在游戏开发中，核心技术是构架游戏引擎，它是决定游戏质量的关键.游戏引擎就像赛车的引擎，引擎是赛车的心脏，决定着赛车的性能和稳定性.赛车的速度、操作感这些直接与车手相关的指标都是建立在引擎的基础上的.游戏也是如此，玩家所体验到的剧情、关卡、美工等内容都是由游戏引擎直接控制的.它扮演着中场发动机的角色，将游戏中所有元素捆绑在一起，在后台指挥它们同时、有序地工作.简单地说，引擎就是用于控制所有游戏功能的主程序.

从狭义上讲，游戏引擎就是指在对部分通用技术细节进行整理和封装的基础上，形成一个面向游戏应用的应用程序接口（API 函数），使得游戏开发人员不必再关心底层技术的实现细节，只需要调用游戏引擎中相关的 API 函数.同样在游戏里，剧情的进行、形形色色的角色衬托、各种场景的交换，也都是由游戏引擎事先就约定的一种模式或大体的框架，然后依靠一些复杂的数据库来组织完成.

游戏引擎从 20 世纪 90 年代初开始，经历了诞生、发展、成熟三个阶段.在每个阶段，都有优秀的游戏引擎产生，它们组成了游戏引擎的演化史.从 2000 年开始，游戏引擎朝着两个不同的方向分化.一是通过增加更多的叙事成分和角色扮演成分及加强游戏的人工智能来提高游戏的可玩性；二是向着纯粹的网络模式方向发展.

在人工智能方面真正取得突破的游戏是 Looking Glass 工作室的“神偷：暗黑计划”.这个游戏的故事发生在中古年代.玩家扮演一名盗贼，任务是进入不同的场所，在尽量不引起别人注意的情况下窃取物品.“神偷”采用的是 Looking Glass 工作室自行开发的 Dark 引擎.Dark 引擎在图像方面比不上“雷神之锤 2”或“虚幻”，但在人工智能方面，它的水准却远远高于“雷神之锤 2”和“虚幻”.这个游戏中的角色懂得根据声音辨认敌人的方位，能够分辨出不同地面上的脚步声，在不同的光照环境下有不同的视力，发现同伴的尸体后会进入警戒状态，还会针对玩家的动作做出合理的反应，玩家必须躲在暗处不被敌人发现才有可能完成任务. 这些在以前那些纯粹的杀戮游戏中是根本看不到的. 此后的绝大部分第一人称射击游戏都或多或少地采用了这种隐秘的风格.

(五)智能游戏开发方法与开发工具

1. 智能游戏开发方法

实现游戏智能有两种不同的方式. 一种是采用传统的编程技术，使系统呈现智能的效果，而不考虑所用方法是否与人或者动物所用的方法相同. 这种方法称为工程学方法(engineering approach)，它已经在文字识别、电脑下棋等许多领域得以应用. 另一种是模拟法(modeling approach). 它不仅要看效果，还要求实现方法也和人类或动物机体所用的方法相同或相类似，如遗传算法神经网络等.

为了得到相同的智能效果，两种方法通常都可以使用. 采用前一种方法，需要人工详细规定程序逻辑. 因此，如果游戏简单，这种方法还是很方便的. 但如果游戏复杂，角色数量和活动空间增加，相应的逻辑复杂度就会以指数增长，人工编程就会非常复杂，容易出错. 而采用后一种方法，设计者不需要详细规定程序逻辑，而是给每个角色设置一个智能模块来进行控制. 这个智能模块开始什么也不懂，就像初生婴儿那样，但它能够学习，能够渐渐地适应环境. 利用这种方法来实现游戏智能，无须对角色的活动规律做详细规定，应用于复杂问题时，通常会比前一种方法准确有效.

2. 智能游戏开发工具

选择合适的游戏开发工具，对于游戏功能的实现、游戏的智能性、游戏的开发效率、游戏功能的可扩充性和移植性，以及开发者使用工具的能力、游戏软件实现的难易程度等，都起着至关重要的作用.

游戏开发工具分为创作工具类和编程语言类两大类.

创作工具类是由软件开发商开发的集各种功能在内的专业软件，主要采用“拖、拉、放”的形式进行开发. 如 Virtools、PRG Maker XP、FPS Creator、Vega、Game Jackal Pro 等.

编程语言类主要利用各种高级语言，通过编程实现游戏的开发，如 VC＋＋、C、Java、J2ME、VC. NET、Delphi、VB 等.

选择游戏开发工具应综合考虑各种因素，可以选择创作工具类，也可以选择编程语言类，或者是两者的结合.

(六)扫雷机智能游戏开发

扫雷机工作在一个很简单的环境中，只需要若干扫雷机和随机散布的许多地雷. 游戏设计目标是设计一个 BP 神经网络，能够自己演化去寻找地雷.

基本方法是用一个 BP 神经网络控制一个扫雷机. 它的权值用遗传算法进行演化，使扫雷机更聪明.

可以把扫雷机看成与坦克一样，通过左右两个能够转动的履带式轮轨来行动. 通过改变两个轮轨的相对速度来控制扫雷机前进的速度以及向左或者向右转弯的角度. 因此,选择左右两个履带轮的速度作为 BP 神经网络的两个输出.

为每个扫雷机装上触觉器,从而能够避开障碍物. 这里的触觉器是从扫雷机向外辐射出来的几根线段,如图 5-6 所示. 线段的长度和数目都是可以调整的.

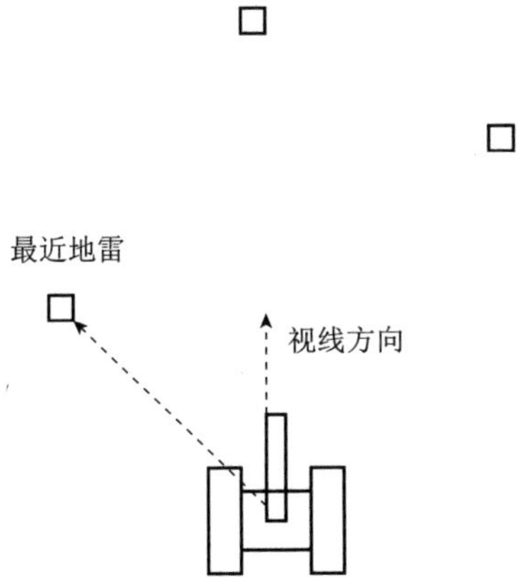

图 5-6　扫雷机的控制

在每一帧中都要调用一个函数来检测每个触觉器是否与周围世界的障碍物的边界线相交. 这些触觉器检测到的数据输入扫雷机的神经网络. 因此,选择控制扫雷机的输入信息是扫雷机的视线向量和扫雷机到最近地雷的向量.

选择几个(例如 10 个)神经元作为隐层,构成一个三层 BP 神经网络,如图 5-7 所示. 神经元的非线性函数取 S 型函数.

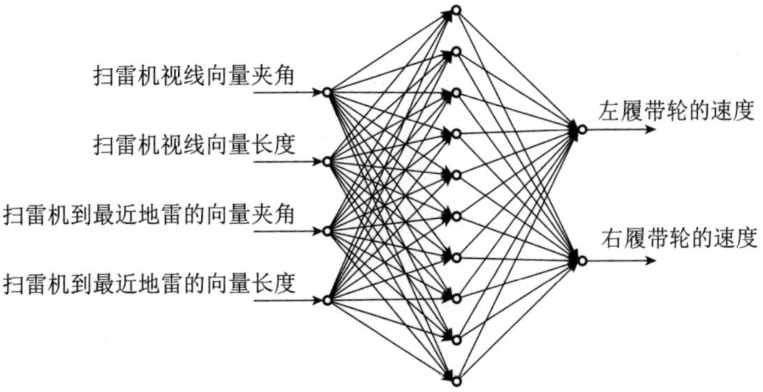

图 5-7　控制扫雷机的神经网络

可以将神经网络的所有输入进行规范化. 扫雷机的视线向量已经是一个规范化向量,即长度等于 1,分量都在 0～1 之间. 而扫雷机到达最近地雷的向量可能很大,其中的一个分量甚至可能达到窗体宽度或者高度. 如果把这个数据以它的原始状态输入网络,将使它的影响比视线向量大很多,会使网络性能变差. 因此需要把它规范化,变换到 0～1 之间.

首先随机设置权值,然后用遗传算法进行进化. 对上面得到的神经网络从左到右依次读每一层神经元的权值以及阈值,保存到一个向量中,就实现了神经网络的编码. 然后采用各种方法进行选择、交叉与变异. 当产生新的一代,就用新个体表示的权值替换扫雷机神经网络的权值. 当某个扫雷机找到了地雷就增加它的适应度. 扫雷机对应的神经网络不断进化,扫雷机的智能就不断提高.

可以用神经网络解决许多游戏中的避障和搜索这两个人工智能问题.在扫雷机游戏中增加了一些要求扫雷机躲避的障碍物.障碍物的顶点坐标存放在一个缓冲区里.

设置适应性函数反映扫雷机与障碍物的碰撞情况,适应度的值越高,表示扫雷机避障性能越好.如果扫雷机发生一次碰撞,就降低这个扫雷机的适应度.

(七)人工智能游戏的现状与未来

虽然多数游戏软件都具有一些人工智能的表现,如经典游戏“小精灵”里的魔鬼.但现阶段游戏中的人工智能的开发不是人工智能算法理论上的改进和实现,而是呈现给玩家一个看上去合理的行为.主要原因有以下几个方面:

(1) 游戏软件的实时性限制了计算量较大的人工智能算法的应用.

(2) 来自人工智能理论本身发展的限制.虽然专家系统、模糊逻辑、人工神经网络等方法渐渐为游戏AI开发者所考虑,但由于建模的复杂性,这些工具不能很好地求解游戏中的问题.

(3) 游戏中的角色并不是真正的智能体.例如,由于应用环境的相似性.游戏AI开发者大量借鉴机器人学的成果,然而即使是比较先进的机器人,它的机械复杂性也是有限的.相比之下,骨架动画的艺术创作的复杂度几乎是无限的.这些角色的基本行为更大程度上是美术工作者创造结果的回放,甚至是通过动作捕捉(motion capture)技术所做的人类行为的记录.现有的人工智能技术水平无法与之匹配.

(4) 游戏中实现人工智能的主要目的是让玩家产生真实的环境的错觉,并不是为了使求解问题的性能度量最大化.例如,游戏中一个按照路径规划算法寻路的对手,玩家可能认为它的寻路能力过于完美,不符合人类真实的情况.

计算机游戏不仅是人工智能的重要应用领域,而且是人工智能的高效研究平台.利用计算机游戏进行人工智能研究相对其他应用领域既方便又富有乐趣.例如,在机器人等实际应用系统中研究人工智能,首先要解决复杂的底层的检测、识别与控制问题.但在虚拟的计算机游戏中,角色只要查询图像数据库,就可以解决障碍识别等问题.计算机游戏中的“玩家”能够直接观察角色的行为,及时提供反馈信息,进行人机交互,发出控制指令.这些对于人工智能研究及应用都是很重要的.许多人喜欢玩游戏,也容易验证人工智能技术的有效性.游戏开发中的人工智能正处于一场革命之中,必将迅速得到发展并推动整个游戏产业的飞速发展.

(八)小结

应用人工智能技术设计的游戏称为人工智能游戏.适合于游戏开发的人工智能技术称为游戏人工智能.

游戏人工智能分为定性和非定性两类.用定性技术设计的角色行为是特定的、可预测的.用非定性技术设计的角色行为具有某种程度的不确定性和不可预测性.

基本的游戏人工智能技术有搜索技术、专家系统、遗传算法、模糊逻辑、神经网络、一阶谓词逻辑、多智能体、人工生命、基于范例的推理、有限状态机、决策树、置信网络等.

游戏中的角色根据角色的属性分为玩家和非玩家;根据运动方向与朝向的相关性,分为靠转向力改变的角色和自由运动的角色;根据角色的智能性,分为智能性角色和无智能性角色.

角色的智能性具体表现在指导与运动、追逐与躲避、群聚、路径搜索、智能搜索引擎等方面.如何指导角色行动有两种方法:预定义行为和目标导向行为.区分预定义行为和目标导向行为的依据是:角色是否唯一地选择行动.

预定义行为方法中,角色的所有行为都是动画师和程序设计人员预先设计的.当角色的行为仅仅取决于对当前外部环境的感知时,称为反应行为.

路径搜索是智能游戏软件中最基本的问题之一.A^* 搜索算法是人工智能中的一种启发式搜索策略,用来解决最短径优化问题.A^* 算法能保证在任何起点与终点之间找到最佳路径,但要求 CPU 做大量的计算.

智能游戏不仅是人工智能的重要应用领域,而且是人工智能的高效研究平台.人工智能技术将迅速推动整个游戏产业的飞速发展.

第七节 智能数学在电力大数据分析中的应用

随着智能数学与人工智能技术的不断成熟,智能数学与人工智能技术已经广泛应用于许多非线性问题求解与现代化电力系统建设中,并在电力系统故障诊断、电力巡检、电网改造和电力大数据分析中发挥了非常重要的作用,为逐步提高电网自动化与智能化水平,为安全可靠、经济、灵活的电力供应提供了可靠保障.

一、智能电网

智能电网(smart grid)是以物理电网为基础,将现代先进的传感测量技术、通信技术、信息技术、计算机技术和控制技术与物理电网高度集成形成的新型电网.它是以充分满足用户对电力的需求,优化资源配置,确保电力供应安全、可靠、经济、环保、优质,以适应发展为目标的现代电网.

从智能电网的基本技术组成来说,它包括先进的传感与量测技术、电力电子技术、数字仿真技术、可视化技术、可再生能源与新能源发电技术、储能技术等.在智能电网概念中,这些技术的应用将渗透到电力系统发、输、配、变、用的每个环节中.以下列出了智能电网建设中部分常用的人工智能相关技术.

(1) 人工神经网络,用于继电保护、自适应保护、故障诊断、安全评估、负荷预报、设备工作状况监测、电力系统暂态稳定评估、谐波源位置识别等方面.

(2) 专家系统,用于继电保护、电力系统运行规划、电力系统恢复、故障诊断与警报、配电自动化、电力系统稳定控制等方面.

(3) 模糊理论,用于负荷管理、变电站选址规划、故障检测、潮流与状态估计、配电系统负荷水平估计、配电系统能量损耗估计、变压器保护等方面.

(4) 计算智能,用于电力系统经济调度、发电规划、电动机转子时间常数识别、输电系统扩展规划、参数优化配置、电压控制等方面.

(5) 分布式人工智能,主要集中在多代理系统方面,如用于电力市场模拟、智能保护、最优潮流问题、输电系统规划、短期负荷预报等方面.

(6) 机器学习,用于负荷预测、安全评估、安全稳定控制、自动发电控制、电压无功控制及电力市场等方面.

智能数学与人工智能技术在智能电网的发展中正在起着重要的推动作用.

二、大数据分析与智能数学及人工智能

大数据分析处理经历了 3 个阶段:第一个阶段是存储、展示及简单分析阶段,目的是描述“发生了什么”以及“为什么发生”;第二个阶段是实时分析阶段,面向在线监测系统获得的海量数据,此阶段更注重“正在发生什么”;第三个阶段是当前的预测分析阶段,研究“即将发生什么”.大数据的核心和本质是预测,通过分析方法和工具探索隐藏在数据表面背后的本质和规律,从而对未来趋势进行预测.

结构化数据分析一般通过关系数据库实现,而非结构化数据分析需要利用自然语言处理、图像解析、语音识别等技术,而这些技术正是智能数学与人工智能的研究领域.尤其对于电力大数据来说,非结构化数据占据了主要地位,人们需要通过智能数学与人工智能手段在海量数据中挖掘未知的有用信息.因此,将大数据与人工智能结合使用已经成为新的工作模式.

从人工智能到大数据,它的发展历程可以分为 4 个阶段,第一阶段是 1950 年提出人工智能,第二阶段是 1960 年提出机器学习,第三阶段是 1995 年提出数据挖掘,第四阶段就到了近些年的大数据阶段.大数据分析属于传统数据分析技术在海量数据分析下的新发展,因此很多传统的数据分析方法是大数据分析的基础.大数据分析的目标是寻求更合理的挖掘算法,准确、有效地挖掘出大数据的真正价值.大数据环境下的数据挖掘与机器学习算法,可以从以下几个方面着手.

(1) 将大数据小数据化.

(2) 开展大数据下的聚类、分类算法研究,如基于共轭度的最小二乘支持向量机、随机可扩展等.

(3) 研究大数据的并行算法,将传统的数据挖掘方法并行化.

大数据分析可以视为传统数据分析的特殊情况,可用于大数据分析的关键技术源于统计学和计算机科学等学科,它的许多方法来源于统计分析、机器学习、模式识别、数据挖掘等人工智能领域的常规技术.

(1) 人工神经网络.训练后的神经网络可以看作具有某种专门知识的“专家”,其缺点是网络的知识获取过程不透明,受训后的神经网络所代表的预测模型也不具有透明性.

(2) 决策树方法.决策树学习采用自顶向下的递归方式,将事例逐步分类成不同的类别.目前决策树方法仅限于分类任务,主要的策树算法包括 ID3 及其改进算法、C4.5 算法、CART 算法、基于交叉内外聚类方法的自适应决策树等.

(3) 进化算法.进化计算包括遗传算法(GA)、遗传编程(GP)、进化策略(ES)、进化规划(EP).此类算法在适应度函数的约束下进行智能化搜索,通过多次迭代,逐步逼近目标得到全局最优解.

(4) 粗糙集理论.粗糙集理论能够发现客观事物中的不确定性知识,发现异常数据,排除噪声干扰,对于大规模数据库中知识发现研究极为重要.由于神经网络、决策树这类方法不

能自动选择合适的属性集，可以采用粗糙集方法进行预处理，滤去多余属性，以提高发现效率.

这里仅列举用于数据分析的典型方法，当然，还存在其他分析方法，此处不再逐一介绍.对于电力大数据分析，在实际应用中可根据具体的任务要求来选择使用一种或多种人工智能技术.

三、电力大数据分析典型应用场景

下面从智能电网的应用场景出发，分别介绍电力大数据分析技术在电力负荷预测、运行状态评估与预警、发电生产控制与用电规划等方面的应用.

(一)电力负荷预测

我国电网供电区域辽阔，不同区域负荷特征各异，不同类型的电力用户负荷不同，受气候条件等外部因素影响而引起的变化规律也不同，只有将市场分成相应的群组并分析用户特点，预测短期/长期用电需求量以及长期价格走势，才能协助企业管理人员更好地制定出最佳决策.

短期负荷预测是能量管理系统(energy management system，EMS)的重要组成部分.准确的短期电力负荷预测，可以对整个系统供用电模式进行优化，提高系统的安全性、稳定性及清洁性，因此，及时的短期电力负荷预测是当前电力市场主体共同关注的焦点.

电力负荷预测根据历史负荷数据预测未来负荷变化趋势，首要任务就是建立历史负荷数据仓库，然后通过优化模型对数据进行深度挖掘和分析，自学习地发现负荷变化规律，建立负荷模型，在此基础上进行预测的结果将会更加合理和准确.随着配电网信息化的快速发展和电力需求影响因素的逐渐增多，用电预测的大数据特征日益凸显，常规的负荷预测算法难以准确把握各区域的负荷变化规律，海量数据挖掘分析能力有限.基于大数据的分布式短期负荷预测方法，综合利用大数据和人工智能方法的优势，使得负荷预测精度更高.智能预测方法具备良好的非线性拟合能力，近年来用电预测领域出现了大量的研究成果，人工神经网络、遗传算法、粒子群算法和支持向量机等智能预测算法开始广泛地应用于用电预测.

人工神经网络具有快速并行处理能力和良好的分类能力，能够避免人为假设的弊端，可以较好地满足短期电力负荷预测的准确度和速度要求，基于神经网络的负荷预测技术已成为人工智能在电力系统最为成功的应用之一.利用人工神经网络的非线性预测能力建立电力负荷预测模型，综合考虑短期电力负荷预测受到天气、季节、节假日和经济等因素影响，提高了电力负荷预测精度.另外，为了防止神经网络陷入局部最优陷阱，有的学者提出采用遗传算法对人工神经网络的连接权值进行优化.这种采用多种人工智能算法的预测技术能有效提高短期电力负荷的预测准确度，降低平均预测误差.基于 BP 神经网络和遗传算法的短期电力负荷预测流程描述如下.

(1) 收集数据.选择某地区某个月份(如 1 月 1 日—31 日)的电力负荷数据作为训练样本集，对 2 月 1 日的数据进行预测.

(2) 数据样本预处理.根据 BP 神经网络输入/输出函数的要求和特点，对短期电力负荷原始数据进行预处理.

(3) 构建电力负荷预测模型，确定 BP 神经网络的输入层、输出层以及隐含层的结点个数、学习率等参数，初始化 BP 神经网络的连接权值，确定遗传算法的初始种群、最大迭代次数、复制、交叉和变异操作方法等，利用遗传算法对 BP 神经网络连接权值优化，直到找到满意的个体，将最优个体解码作为优化后的 BP 神经网络连接权值.

(4) 利用 BP 神经网络和历史数据对电力负荷进行预测，输出预测结果. 有些文献用自适应决策树对存储在数据库中用电记录、季节、气候和其他一些相关的属性进行聚类分析，不仅划分了用户群组行为模式及负荷要求情况，制定出合适的收费表，而且分析出用户与其他属性相关联的一些特点. 如果用关联规则对客户的模式和用电需求进行划分，这样可预测出客户使用的模式，从而改进发电管理，增加自身的竞争力.

由以上分析可见，通过将电力大数据作为分析样本可以实现对电力负荷的实时、准确预测，为规划设计、电网运行调度提供可靠依据，进一步提升了决策的准确性和有效性.

(二)电力系统运行状态监测与预警

电力系统故障的发生往往在偶然性背后隐藏着某种规律. 通过集成各分散系统的信息，规范数据类型，形成大数据样本，对不同类型、不同型号、不同状态的设备进行故障发生可能性预测，进一步提升设备运行管理水平，为电网安全运行、智能电网自愈提供保障.

数据挖掘技术具有定性分析能力，从大量数据中去除冗余信息，通过对历史数据和缺陷信息进行数据挖掘，可将每一种状态的故障特征及关联参数值提取出来，成为判断机组状态、快速故障处理、准确决策的依据. 进一步地，将挖掘得到的信息与设备当前运行监测值进行对比分析，即可判断设备当前运行状态是否正常. 目前，如何利用好大数据，充分挖掘企业大数据信息，更好地服务电力行业和广大电力用户，已经成为电力企业持续发展的重要研究课题.

在线监测系统实时采集并自动传输监测数据，在此基础上建立电力系统数据仓库. 这些数据不仅包括运行过程中各类设备的状态信息以及设备异常时出现的各类信号，还包含大量的相关数据，如地理信息、天气、现场温度与湿度、监测视频、图像以及相关试验文档等. 这些数据共同构成了状态监测大数据，在线状态监测与预警系统对状态监测大数据进行分析，包括以下内容：

(1) 用数据挖掘技术中的分类和聚类分析方法可以将各种设备划分为适当的故障类型.

(2) 应用关联分析方法可以确定各种故障因素之间的相互关系，提供早期故障预测及原因分析.

(3) 应用序列模式分析方法能够发现并预测设备的故障率分布.

(4) 应用神经网络可以自动发现某些不正常的数据分布，从而暴露设备运行中的异常变化，辅助预测机组运行状态.

状态监测大数据的分析结果可用于辅助决策以提高供电可靠性和经济效益，体现在以下几个方面.

(1) 电网安全性评价. 涉及主变线路负载率、结点电压水平等，便于合理安排检修计划，减少气候和负荷变化对系统安全性的影响.

(2) 供电能力评价. 电网最大供电能力是指在电网中任意设备均不超过负荷条件下网络所能供应的最大负荷. 综合负荷重要性、经济社会效益以及历史电压负荷等因素，可以知道哪些地区的用电负荷和停电频率过高，当供电能力不足时，如何进行甩负荷.

(3) 电网可靠性和供电质量评价. 电力系统运行控制的一个基本目标就是在经济合理的条件下向用户提供高质量的电能. 对电网可靠性和供电质量进行评价，如负荷点故障率、系统平均停电频率、系统平均停电时间、电压合格率、电压偏移、频率偏差、线损率和设备利用效率等，可以有助于电网的升级、改造、维护等工作.

(4) 电网故障诊断与预警. 通过计算风险指标，判断出所面临风险的类型；预测从现在起未来一段时间内配电网所面临的风险情况；依据对多源异构的数据分析，对突发性的风险和累积性风险进行准确辨识、定位、类型判断，生成预防控制方案等，供调度决策人员参考.

(三)发电生产控制与智能规划

理想的电网应该是发电与用电的平衡，而传统电网是基于发—输—变—配—用的单向思维进行电量生产，无法根据用电量的需求调整发电量，造成电能的冗余浪费. 电力用户是一个广泛、复杂的用户群，根据智能电网中的用户资料和历史数据建立用电数据仓库，采用数据挖掘的方法有针对性地分析不同时间、地域、行业中的用户需求，得到需求模型，根据此模型来制定电网规划和供电计划，从而能够降低发电成本，提高效益.

美国、意大利等国家的电力公司已经开展此方面的工作，使用人工神经网络、模糊逻辑等技术，把用户的管理、消费、交易等数据进行综合处理，用于辅助用户分析. 有的研究者提出通过对智能电网中的数据进行分析，设计一张“电力地图”，将人口信息、用户实时用电信息和地理、气象信息等全部集合在一起，为城市和电网规划提供直观、有效的负荷预测依据，分析主要用电设备的用电特性，包括用电量出现的时间区间、用电量影响因素以及是否可转移、是否可削减等，通过分类和聚合，可得到某一片区域或某一类用户可提供的需求响应总量及可靠性，分析结果可为实现用电与发电的互动提供依据，在不同区域间进行及时调度，平衡电力供应缺口，实现发电生产智能控制与决策，提高供电效率.

从用户侧角度出发，针对此类应用，研究者开发出了智能的用电设备——智能电表，供电公司能每隔一段时间(如 15 min)读一次用电数据，而不是过去的一月一次. 由于能高频率快速采集分析用电数据，供电公司能根据用电高峰和低谷时段制定不同的电价，利用这种价格杠杆来平抑用电高峰和低谷的波动幅度，实现分时动态定价. 在激烈的电力市场竞争机制下，电力公司制定出合理的经济模型以及具有竞争力的实时电价表，实行动态的浮动电价制度，实现整个电力系统优化运行，无疑是具有极其重要价值的.

当供电能力不能满足负荷需求时，配电网停电优化系统综合分析配电网运行的实时信息、设备检修信息等，根据计划停电(包括检修和限电等)的要求，进行系统模拟，以最小的停电范围、最短的停电时间、最小的停电损失、最少的停电用户来确定停电设备，以找出最终的最优停电方案. 为了更加准确地计算配网停电损失，降低停电影响，需要利用多个业务系统的海量数据进行联合分析和数据挖掘，完成停电信息分类、停电预警、配电网停电计划制定，采用大数据分析技术制定合理的停电计划，完善配网停电优化分析系统.

智能电网承载着电力流、信息流、业务流，集成信息技术、计算机技术、人工智能技术，是对传统电网的继承与发扬. 智能数学与大数据技术为智能电网的发展注入了新的活力，利用大数据技术对电力数据进行深度数据挖掘和分析，将进一步提升整个电力系统的自动化、智能化和信息化水平.

参考文献

［1］ XIAO X N. The establishment and information processing analysis of a kind of multi-information statistical inference optimization decision model［J］. Journal of Applied Science and Engineering Innovation，2022，9(1)：15-18.

［2］ XIAO X N. Intelligent computing and algorithm analysis for a class of fuzzy comprehensive decision optimization mode［J］. Journal of Applied Science and Engineering Innovation，2020，7(1)：49-51.

［3］ 肖筱南.一类统计决策优化模型的建立及其应用研究［J］.西北大学学报（自然科学版），1996，26(6)：471-476.

［4］ 肖筱南，李怀琳.多因素 Fuzzy 积分最佳综合评判及其应用研究［J］.当代经济科学，1994，72(3)：85-89.

［5］ 李思一.战略决策与信息分析［M］.北京：科学技术文献出版社，2001.

［6］ GAZIZOV R K，LUKASHCHUK S Y Higher-order symmetries of a time-fractional anomalous diffusion equation［J］. Mathematics，2021，9(3)：1-10.

［7］ OUYANG L H，ZHENG W，ZHU Y G，et al. An interval probability-based FMEA model for risk assessment：A real-world case［J］. Quality and Reliability Engineering International，2020.36(1)：125-143.

［8］ XIAO X N. Optimal modeling analysis and intelligent calculation of a class of stochastic signal systems［J］. Journal of Physics：Conference Series(JPCS)，2021，2004(012017)：1-6.

［9］ 徐国祥.统计预测和决策［M］.2 版.上海：上海财经大学出版社，2005.

［10］ 冯文权，茅奇，周毓萍.经济预测与决策技术［M］.4 版.武汉：武汉大学出版社，2002.

［11］ 肖筱南.一类信号传递随机系统下可容许编码函数的最佳运算与优化分析［J］.厦门大学学报（自然科学版），2009，48(2)：170-173.

［12］ 王筱，周维博.基于优化的灰色-权马尔科夫模型的径流量预测［J］.数学的实践与认识，2019，49(22)：179-186.

［13］ 韩伯棠.管理运筹学［M］.2 版.北京：高等教育出版社，2005.

［14］ 肖筱南.企业活力评判决策中的多指标优选 Fuzzy 聚类分析［J］.当代经济科学，1996，83(1)：101-105.

［15］ KO Y H，KIM K J，JUNC H. A new loss function-based method for multiresponse optimization［J］. Journal of Quality Technology，2018，37(1)：50-59.

［16］ 肖筱南.基于物元变换的可拓决策分析方法［J］.当代经济科学，1997，89(1)：81-84.

［17］ 邓聚龙.灰色理论基础［M］.武汉：华中科技大学出版社，2002.

［18］ 肖筱南.一类广义非平稳过程泛函结构的特征刻画与随机分析［J］.厦门大学学报（自

然科学版),2006,45(5):624-627.

[19] 蔡文,杨春燕,林伟初.可拓工程方法[M].北京:科学出版社,1997.

[20] CHOO K K, DOMINGO F J,ZHANG L. Cloud cryptography theory, practice and future research directions[J]. Future Generation Computer Systens,2016,62(9):51-53.

[21] 肖筱南,赵小平.智能控制中一类随机信号的信号检索优化算法[J]. 西安石油大学学报(自然科学版),2022,37(5):123-126.

[22] 邢传鼎,杨家明,任庆生.人工智能原理及应用[M].上海:东华大学出版社,2005.

[23] 肖筱南.关于二维部分可观测随机过程非线性滤波的最优化[J].系统工程,1995,13(6):7-9.

[24] 卢卫,雷鸣.现代经济预测[M].天津:天津社会科学院出版社,2004.

[25] 贾乃光.统计决策论及贝叶斯分析[M].北京:中国统计出版社,1998.

[26] XIAO X N. The Optimal non-linear filtering and majorized algorithm of a kind of nonstationary stochastic transmission system[J]. Journal of Mathematical Study,2010,43(4):342-351.

[27] 肖筱南.一类可测空间中随机扩散过程测度的绝对连续性与等价性[J].陕西师大学报(自然科学版),1995,23(4):21-24.

[28] 肖筱南.关于广义测度与泛函空间积分下随机变量 Bayes 公式的拓广[J].工程数学学报,1996,13(1):101-105.

[29] 肖筱南.一类待 Gauss 白噪声的随机信号传递系统的优化建模与系统分析[J].西安石油大学学报(自然科学版),2004,19(6):81-83.

[30] XIAO X N. Best efficiency unbiased estimation of several kinds of essential random truncated distribution functions parameter in reliable analysis of existence and life [J]. Journal of Mathematical Study,2012,45(1):16-24.

后　记

进入21世纪以来，全球新一轮科技革命和产业革命的兴起，以及信息技术的飞速发展，带动了智能数字技术的加速演进，引领了数字经济的蓬勃发展，对各国的科技、经济、社会等产生了深刻的影响，进而完全改变了人们的学习、工作和生活方式. 智能数学及人工智能作为信息科学的一个核心研究领域，从其提出到现在已经历了半个多世纪的发展历程. 近年来，在算力大幅提升与大数据的助力下，智能数学的发展之快、应用之广实在令人高兴！智能数学与人工智能正处于一个蓬勃发展、更加深入的阶段.

智能数学研究的范围甚广，是一门典型的交叉学科. 由于智能本身就是一个极其复杂的存在，不同的人从不同的角度和不同的观点出发都可以获得对智能的不同认识，因此，本书从多个角度对智能数学进行剖析. 事实上，智能数学的许多应用已经超越了人们的想象. 智能数学作为新一轮科技革命和产业革命的重要驱动力量，验证了对社会的真正价值. 智能数学的广泛应用也因此遍地开花，进入人类工作与生活的各个领域，真正成为人类的"智能帮手".

随着智能数学的深入研究，以及人工智能与模式识别的兴起，机器思维可以代替人脑进行各种计算、决策和分析，有效解放了人们的双手，智能计算技术越来越受到人们的欢迎. 越来越多的学者、专家坚信，智能数学与人工智能将为人类带来第三次技术革命. 作为智能数学的新生领域，智能优化算法在自然计算、启发式方法、遗传算法、神经网络等分支发展相对成熟的基础上，通过相互之间的有机融合形成新的科学方法，具有较强的全局搜索能力和推广适应性，使其正在成为智能科学、信息科学、人工智能中最活跃的研究方向之一，并在诸多工程领域中得到迅速推广和应用，成为智能理论和技术发展的崭新阶段.

肖筱南

2023年10月于厦门